戦前日本のエレクトロニクス
―ラジオ産業のダイナミクス―

平本 厚 著

ミネルヴァ書房

はしがき

　現代経済はエレクトロニクスの時代である，といったら言い過ぎだと思われるだろうか。現代経済を特徴づける用語法はもちろん，多様である。情報化，グローバル化，サービス化などが語られない日はない。しかし，そうした現代経済の特徴の技術的基盤となっているもののもっとも重要なものはエレクトロニクスではないかと思う。情報化の技術的基盤はエレクトロニクスであり，グローバル化は情報技術の発達なしにはありえなかった。サービス化も情報化やエレクトロニクスにともなうソフトウェアの発達が重要な推進要因となっていることは明らかであろう。エレクトロニクスという技術は，現代経済を支える基幹的な技術であるといって間違いないと思うのである。

　また，それ自体の産業規模としてもエレクトロニクスは自動車と並んで大きく，今日の主導的な位置をしめている。企業のレベルでも巨大企業群からベンチャー企業まで，エレクトロニクスを舞台に活躍する企業は多い。その点でも，エレクトロニクスは現代経済の主導的産業の一つといってよいであろう。

　本書は，その日本での歴史的な形成を明らかにしようとするものである。エレクトロニクスの歴史は前世紀初頭の無線通信から始まるが，本格的発展の契機となったのは，無線通信の技術的課題の解決の一つとして行なわれた真空管の発明であった。20世紀初めの真空管の発明は，電子流の人為的な整流，増幅，発振を可能にし，電子の移動を利用した技術の飛躍的発展の幕を開けることとなったからである。この真空管の開発と革新は無線電話の画期的な進歩に結びつき，そこから1920年代にはラジオ放送が出現した。そして，そのラジオ放送の開始は，ラジオ受信機の革新，真空管の革新をもたらし，やがてその延長上に，テレビ，レーダー，コンピュータ，トランジスタ，IC（集積回路）という革新が続いていくのであった。

　経済の面でも，ラジオの出現は，放送機器と受信機の大量需要を発生させて，

1920年代のアメリカの永遠の繁栄を支える産業的基礎の一つを形成した。産業規模としても主要なものの一つになっていくのである。

また社会的にも，ラジオ放送という新しいメディアの生成は，社会や文化のあり方に大きく影響した。その点でも画期的な意味をもっていたのであった。

そうした意味で，20世紀初頭の真空管の発明と第一次大戦後のラジオの出現は，エレクトロニクスの技術と産業の発展の大きな契機となったのであった。今日のエレクトロニクスの興隆の基礎はここに形成されたのである。

そこで本書では，日本における真空管とラジオの技術と産業の形成を明らかにしたい。これまで経済史，産業史の文脈では，この二つはほとんど採り上げられてこなかった。本書はその意味で日本のエレクトロニクスの歴史的形成を初めて問題とするものである。今日，強い国際競争力をもち，日本の主導的な産業の一つにあげられるエレクトロニクスはどのように発展してきたのか，「電子立国日本」の源流を探ろうとする試みである。

著者は，以前に戦後のテレビ産業の発展を分析した（平本 1994）。何故，エレクトロニクスで日本は強い国際競争力をもっているのか，そのメカニズムを分析したのであった。特有な産業形成の仕組みにその主因があるというのが解答であったが，しかし，いうまでもなく，技術と産業の発展は累積的な性格をもっている。戦後の発展は，それ以前の発展の上にあるはずである。エレクトロニクスの発展を最初からやってみるとどうなるのか，という問題に取り組んでみたいと思うようになった。

1990年代前半にテレビ産業の研究に一区切りをつけて以降，テレビ自体はデジタル化，画面の薄型化など急速に革新を続けていったが，その華々しい進化を横目にみながら，こんどは戦前の「ラヂオ」に沈潜していく日々が始まった。その作業を始めてみて驚いたことは，戦後のテレビとはまったく異なった光景が現われたことであった。戦前のラジオは戦後のテレビのように，後れていた者が追いつき，追い越していく過程ではなく，逆に，当初はそれほど差がなかった者が引き離されていく，つまり後れていく過程であったことである。もちろん，ラジオの普及率は着実に高まっていったし，ラジオの技術革新もそれなりに進んだ。その発展過程を分析することは重要な課題ではあった。しかし，

同時にそれを国際比較のなかにおくとき，普及率も技術革新も欧米に後れていったことが特徴的であった。何故，戦前日本のエレクトロニクスは後れていったのか，というのが大きな問題となった。それまでいかに日本産業は発展してきたかを考えてきた者にとっては，この逆方向の問題を解くことはそう容易なことではなかった。

　しかも，この場合，技術の後れそのものが問題の焦点の一つであった。既にテレビ産業の研究で技術革新の重要性には気がついていたものの，技術そのものの変化の過程を分析するのは容易ではなかった。それも，追いつき，追い越していくというような，プロセスをある種の目標をもった合理的ないしは効率的なものとして見るのではなく，非合理的あるいは不効率なものとして分析するのはなかなか困難なことであった。産業史分析としては異例と思われるほど，技術革新のプロセスにこだわらざるをえなくなったのである。

　同時代のエレクトロニクスの華々しい変化に背を向けながら，ひたすら戦前の文献を読み，関係者とのヒアリングを重ねてこの問題を考える日々が続いたが，しかし実は，戦前「ラヂオ」で解こうとしていたこの問題は，この研究が行われた1990〜2000年代では「時代の問い」でもあった。経済を主導しているような技術と産業で日本は何故，他の国に後れていくのかが，「失われた10年」の，あるいはその後の日本経済の緊急な課題の一つとなったからである。歴史研究に沈潜しているとはいえ，問題としては同形のものを解いているという思いが研究を進めるもう一つの刺激となった。

　この「時代の問い」にたいする本書の貢献がもしあるとすれば，その問題は日本経済にとっては初めてではなく，過去にもあったことであることを発見したことだと考えている。ややもすれば常識的に考えられがちであるように，1990年代以降の問題は日本経済が一度キャッチアップを遂げてしまったから発生した問題ではないのである。戦前エレクトロニクスにもあり，そしておそらくこれまでいろいろな技術や産業で繰り返して生じていた問題であろう。そういうものとして解答されねばならない問題なのである。

　本書が取り組んだ戦前エレクトロニクスの場合には，技術と産業の後れの主な要因はシステムの性格のなかにあり，そしてそれは社会のあり方と関連して

いたというのが大きな解答である。もちろん,「同じ川に二度,足を踏み入れることはできない」(ヘラクレイトス)から,単純に過去の現象が繰り返すとはいえないであろう。本書での分析が直接,この「時代の問い」の解答に役に立つということはないであろうが,ラジオもパソコンも技術が個人的に処理できるようになり,個人の能力が重要な意味をもつようになったという点では基本的に同じ性格を有しているし,パソコンや携帯電話,テレビのデジタル化などにみられる,孤立した国内市場の意味など類似の現象も多いように思われる。戦前日本のエレクトロニクスの分析が現状の分析にも何らかの示唆を与えることができれば望外の幸せと考えている。

　戦前ラジオの研究を始めてもう一つ直ぐに気がついたことは,資料が極端に乏しいということであった。これまでまったく研究が行われてこなかったのはその意味では故無いことではなかったのである。資料を諸方面から集め,関係者からヒアリングを重ね,情報をつきあわせてようやくある種の全体像を描くことができたが,それは多くの方々のご教示とご支援のおかげである。

　まず何より,電気工学と電気技術史がご専門の高橋雄造先生に感謝申し上げたい。エレクトロニクスの歴史も研究されていた先生からは,数々のご教示と多くの資料をいただいた。時には,技術的にはまったく無知な私にラジオの初歩的知識を丁寧に教えてくださった。大学の電気工学の教授に中学校レベルの教えを請うのは赤面の至りではあったが,初学者には大変有益であった。先生のご支援,ご指導がなければこの研究は成就しなかったであろう。感謝の言葉もない。

　また,戦後テレビの研究とこの戦前ラジオの研究とが異なっていたことの一つは,ここではラジオ・アマチュアという方々が多くおられ,その方々のご支援を得られたことであった。ご自身もその一員であられた高橋先生は,ラジオ・アマチュアの方々をご紹介くださった。その方々から,当時の資料や技術,企業などについて様々なご教示をいただけたことは研究を進めるうえで大いに役立った。なかでも岡部匡伸氏には,貴重な当時のラジオの現物の数々を見せていただいたばかりでなく,幾多の専門的な事柄で示唆をいただいた。深く感謝したい。

はしがき

　その他，ラジオに限らず，電子部品など広くエレクトロニクス関係のエンジニアや経営者，官僚の方々からもご事情を伺うことができた。何分，長期間の研究だったので，ご教示いただいた方をすべて網羅することができないのが残念であるが，次の方々からはとくに有益なご教示や資料の提供を受けた。あらためて感謝を申し上げたい。

老川正次郎，小山内洋，鬼鞍信夫，久野古夫，桑原詮三，後藤正夫，斉藤雄一，佐塚昌人，佐藤清，島宗正次，関壮夫，高野留八，高安龍典，田中浩太郎，田山彰，千葉義孝，永田伊佐也，長谷鉚三，中村正夫，野村彰，野村新，橋都久，服部式，服部正夫，廣田慶次郎，藤室衞，古庄源次，堀田博司，本多静雄，真野国夫，水月洋，村岡桂次郎，宮川邦昭

　また，幾つかの機関からはとくに所蔵資料の閲覧を許された。資料の乏しいこの研究ではそれが研究の進展には不可欠であった。とくに，日本電気公論社から戦前の同社『ラヂオ公論』のマイクロフィルム撮影を許可していただいたことは決定的であった。業界事情を知るにはまずは業界新聞が有益であるが，国会図書館所蔵の『無線タイムス』や『日刊ラヂオ新聞』は1930年代前半で終了しており，その後については情報が乏しかった。同社の『ラヂオ公論』で初めて1930年代後半のラジオ産業の状況が具体的に判明し，多くのことが明らかとなったのである。それでようやく産業の大きな流れをおさえることができた。同社に深く感謝申し上げたい。

　株式会社東芝，松下電器産業株式会社（社名は当時）からは，社史編纂関係の資料の閲覧を許可していただいた。株式会社ダイヘン，シャープ株式会社からもご協力をいただいた。とくに真空管の東京電気とラジオの松下電器という，両産業を代表する企業の社内事情が判明したことは誠に大きな意味をもった。新たに多くのことが発見できたし，そのことで産業事情の基本は押えることができたと考えている。それは研究をまとめるうえでの大きな自信にもつながった。関係者の方々に厚く御礼申し上げたい。

　その他，特別に資料の閲覧を許していただいたのは，NHK放送博物館，逓

信総合博物館(郵政資料館),社団法人日本アマチュア無線連盟,社団法人日本電子機械工業会(名称は当時)である。これら各機関に感謝申し上げたい。

　この研究には,日本学術振興会から科学研究費補助金をいただいた。平成8～10年度の「基盤研究(C)(2)」(課題番号:08630070,代表者:平本厚),平成16～19年度の「基盤研究(B)」(課題番号:16330062,代表者:平本厚),平成17～19年度の「基盤研究(B)」(課題番号:17330077,代表者:橘川武郎)である。

　また,資料の撮影や筆写には,青木洋さん,岩間剛城さんのご協力,平本毅の助力を得た。感謝したい。

　この研究にとりかかってから思わぬ長い年月が流れてしまったが,大きくいえば愉しく研究を続けてこれたのは幸せであった。モノマニアックな仕事と揶揄されながら(「真空管」や「ラヂオ」)も同僚や友人からは様々にご支援をいただいた。とくに長谷部弘さん,柘植徳雄さんとは日々,軽口をいいあいながら互いに励まし合ってきた。鈴木和雄さんは論文をおくる度に的確なコメントをくださった。野村正實さんからは常に変わらぬ叱咤激励を受けた。ある好きな点描の洋画家の言葉に,「雄々しく事物に立ち向うと言うより,流れされながらもただ一つのことを守り通す」(『山田嘉彦画集』)というのがある。長い期間にわたってまさにそのように仕事を続けてこれたのは,これらの方々のおかげである。

　本書の刊行については,厳しい出版事情にもかかわらず快く引き受けてくださったミネルヴァ書房の杉田啓三氏に厚く御礼申し上げたい。また,東寿浩氏には種々お手配をいただいた。

　最後に私事で恐縮だが,長い間,研究生活を支えてくれた妻,美恵子,また老父母にも感謝したい。

2010年9月　秋薔薇と唐檜の庭を眺めつつ

　　　　　　　　　　　　　　　　　　　　　　　　　　　　平本　厚

戦前日本のエレクトロニクス
―――ラジオ産業のダイナミクス―――

目　次

はしがき……i
凡　　例……x

序　章　研究の目的と特徴……………………………………………1
　　1　ラジオの経済史上の位置……………………………………1
　　2　日本のラジオ普及の特質——本書の目的…………………2
　　3　キャッチアップ仮説とラジオ——日本産業・技術研究史上のラジオ……6
　　4　アプローチの視角——産業ダイナミクスとイノベーション・システム……11
　　5　本書の構成と特徴……………………………………………13

第1章　ラジオ産業の形成………………………………………19
　　1　放送制度の構想と実現………………………………………19
　　2　ラジオメーカーの形成………………………………………31
　　3　企業間競争の展開……………………………………………49
　　4　産業組織の特質………………………………………………59

第2章　受信機革新と「セット戦」の展開……………………67
　　1　受信機の交流化とセット生産の本格化……………………67
　　2　流通部門の構成………………………………………………76
　　3　「セット戦」と受信機革新の進展…………………………83
　　4　大量生産戦略の登場と破綻…………………………………89

第3章　放送事業の改組と受信機革新の停滞…………………99
　　1　放送事業の改組………………………………………………100
　　2　受信機革新の停滞……………………………………………103

第4章　寡占企業の成立…………………………………………119
　　1　大量生産戦略の成功…………………………………………120
　　2　量産体制の形成………………………………………………128

3　大量販売体制の形成 ……………………………………………… 139
　　　4　資本蓄積の構造 ……………………………………………………… 146
　　　5　寡占体制の成立 ……………………………………………………… 154

第5章　戦時下のラジオ産業 ……………………………………………… 163
　　　1　戦争とラジオ ………………………………………………………… 164
　　　2　戦時統制の展開 ……………………………………………………… 172
　　　3　戦時下の受信機革新 ………………………………………………… 184
　　　4　戦争と企業 …………………………………………………………… 193

第6章　戦前ラジオの産業ダイナミクスとイノベーション・システム‥ 205
　　　1　産業発展のダイナミクス …………………………………………… 205
　　　2　後れていくシステム ………………………………………………… 212
　　　3　戦前ラジオの技術と産業のダイナミクス ………………………… 229

終　章　戦前ラジオの位置 ………………………………………………… 233
　　　　──イノベーションと産業発展の社会的能力
　　　1　技術・産業システムの歴史的位置──戦後との対比 …………… 233
　　　2　技術・産業システムと社会経済 …………………………………… 239

付　　表……245
参考文献……247
初出一覧……259
索　　引……261

凡　例

1．頻出する下記の雑誌，新聞，年鑑の引用は，下記の略称を用いる。

　　タイトル　　　　　　　　　　略称

　　『日刊工業新聞』　　　　　　—　日刊工

　　『日刊ラヂオ新聞』　　　　　—　日ラ新

　　『日本工業新聞』　　　　　　—　日本工

　　『日本産業経済』　　　　　　—　日産

　　『日本無線史』（電波監理委員会）—　日無史

　　『無線タイムス』　　　　　　—　無タ

　　『無線電話』　　　　　　　　—　無電

　　『無線と実験』　　　　　　　—　ＭＪ

　　『ラヂオ公論』『東京ラヂオ公論』—　ラ公　東ラ公

　　『ラヂオ年鑑』（日本放送協会）—　ラ年鑑

　　『ラヂオの日本』　　　　　　—　ラ日

2．その引用は，下記のように表記して文中に挿入する。

　　『日本無線史』第10巻，59頁　　⇨　日無史：第10巻：59

　　『ラヂオ公論』1935年2月25日，2頁 ⇨　ラ公19350225：2

　　『ラヂオの日本』1935年2月号，12頁 ⇨　ラ日193502：12

　　『ラヂオ年鑑』1935年版，120頁　⇨　ラ年鑑1935：120

3．上記以外の雑誌，新聞からの引用は下記のように表記して文中に挿入する。

　　『調査月報』第1巻第1号，1928年5月，19頁 ⇨　『調査月報』192805：19

4．巻末参考文献の引用は，下記のように表記して文中に挿入する。

　　岩間政雄編（1944），『ラジオ産業廿年史』無線合同新聞社，14頁

　　　⇨　岩間 1944：14

　　日本放送協会編（各年），『業務統計要覧』同協会，の昭和15年度，12頁

　　　⇨　日本放送協会『業務統計要覧』1940：12

池谷理（1975-1979），「受信管物語」(1)〜(33)『電子』1975年11月号〜1979年7月号のうち，(2)『電子』1975年12月，37頁
⇨ 池谷 1975：(2)：37

5．社団法人，株式会社などの法人名称は，適宜，省略する。
安立電気株式会社（1964），『創立30年史』同社，50頁
⇨ 安立電気 1964：50

6．引用文中の旧漢字，旧仮名遣いは，史料にたいする忠実度よりも読みやすさを優先して，原則として新字体，現代仮名遣いに改める。ただし，「ラヂオ」はそのままとする。

7．引用文中の／は，原文の改行を示す。

序章
研究の目的と特徴

　ラジオの実質的な経済的意義に加えて，その発達史が歴史家の関心を引くのは，それが現代技術進歩の特質の解明に光を投げかけているからである。誠に，さまざまな国からのそしてしばしば時を同じくしてなされる多面的な貢献，科学から工学，さらに企業への着想の流れ，助成金を受けた協同研究の役割，技術上の切磋琢磨がもたらす高い生産性，といった過程の特質をこれほど申し分なく例証している装置は他にはほとんどない。ラジオこそ，蓄積されてきた着想・資料・方法を共有財産として活用し合う一体化した知識世界が存在することを証明するものに他ならなかった。
（ランデス『西ヨーロッパ工業史』訳書，2，524頁）

1　ラジオの経済史上の位置

　今日，エレクトロニクス（electronics，電子装置のなかの電子の流れを研究する科学や技術，また電子回路，部品や電子工業）の産業としての重要性を否定する人はいないであろう。[1] エレクトロニクスは，それ自身として大きな産業であることはいうまでもないが，情報処理をその機能とすることから，現在ではその技術は社会経済のいたるところに浸透し，他の産業や消費のあり方を変容させているからである。経済成長を牽引し，社会経済のあり方を変容させていることは今日では常識であろう。過去にも，蒸気機関や鉄鋼，電力などは，それ自身の産業の大きさと社会の様々な分野での応用可能性で社会経済全体のあり様を変化させてきた。エレクトロニクスもそれらに比肩しうるのではないかと思われる（平本 2005a）。

エレクトロニクスがそうした発展をする契機となったのは，技術的には真空管の発明であり，産業的にはラジオの登場であった。1904年のフレミング（J. A. Fleming）による2極真空管の発明，1906年のド・フォレスト（L. De Forest）による3極真空管の発明は，無線通信の技術的発展のなかから出現したが，電子の流れの人為的な整流，増幅，発振を可能にすることで電子の移動を利用した技術の飛躍的発展の幕を開けることとなった。そこから第一次大戦後にはラジオが登場し，それがブームとなったことから産業規模が急速に拡大することになったのである。

　冒頭のD.ランデスの記述は，両大戦間期の西ヨーロッパ工業史についてのもので（Landes 1969：訳書2：524），ラジオの現代技術における意義を強調したものであるが，その「実質的な経済的意義」はいわずもがなのこととされている。

　ラジオは，経済発展のうえでも大きな意味をもっていたのである。ラジオ普及の先頭にたっていたアメリカでは，1920年代半ばにはラジオの年間販売高は約5億ドルに達し（Allen 1931：訳書：221），1920年代末には消費者耐久財産出額全体の5.8％を占めた（1929年）（アメリカ合衆国商務省 1986：700）。アメリカの1920年代の永遠の繁栄を支え，またそれを象徴するアイテムの一つとなったのであった。

　また，ラジオは新しいメディアの生成を意味していた（水越 1993）。その登場は社会や文化のあり方に大きな影響を与えたことはいうまでもない。その面でもラジオは，今日のエレクトロニクスの源流にふさわしい性格をもっていた。産業規模の大きさ，社会的な影響力という点で両大戦間期のラジオの登場は，今日のエレクトロニクスの時代の始まりをつげるものであったのである。

2 日本のラジオ普及の特質——本書の目的

　日本もその点ではもちろん例外ではなかった。1920年にアメリカで始まったラジオ放送は，数年の間に他の諸国にも広まった。ラジオ・ブームは先進各国共通の現象となったのであった。

図序-1，序-2にみられるように，1920～30年代にかけて各国でラジオは急速に普及していった。日本でも，ラジオ放送は1925年に始まり，1940年には世帯普及率は39％に達した。象徴的な事例をあげれば，このラジオの普及があってはじめて，戦争を終わらせることができた玉音放送は可能だったのである。産業規模としても，1940年の「家庭用ラヂオ受信機械器具」の生産高は約５千万円で電気機械器具の７％を占めた（『工業統計表』）。戦後，三種の神器と呼ばれた頃のテレビが電気機械器具の12％（1960年），同じく３Cと呼ばれた頃のカラーテレビが８％（1970年）であったから（『工業統計表』），この数値は低いものではなかった。戦前の電気機械のなかでは有力な位置を占める産業となったのであった。

　本書の第一の目的は，この日本におけるラジオとそのキー・デバイスである真空管の産業的発展を明らかにすることにある。これまで，日本におけるラジオ，真空管の産業的発展については，断片的な記述や概説を除けば本格的な研究は行われてこなかった。日本におけるエレクトロニクスの形成という課題は未開拓のままに残されてきたのである。本書は，まず，その研究史上の空白を埋めることを目指すものである。

　日本でのラジオの普及と産業としての勃興は，他の先進各国と比べると幾つかの特徴があった。まず第一に，日本の普及率は他の諸国に比べると上昇のペースが遅かった。図序-1でアメリカと世帯普及率を比較してみると，カーブの傾きがかなり異なることがわかる。そもそもの放送の開始は日本は５年後れていたが，その後の普及過程では後れはもっと拡大した。普及率が10％に達した時点で比べると７年，20％では９年，30％では10年の後れであった。日米のラジオ普及の差は拡がっていったのである。ヨーロッパ各国の場合は世帯普及率が容易には判明しないが，事情は同じであったことは，人口千人当たりのラジオ聴取者数をみた図序-2から分かる。英独仏に比べて日本のカーブが寝ていることは明瞭である。日本ではなかなかラジオが普及しなかったのである。

　しかもそれは，戦前の日本の特徴であった。戦前のラジオと比肩する位置にある戦後のテレビの場合をみると，図序-3のとおり，日本の普及率の上昇カ

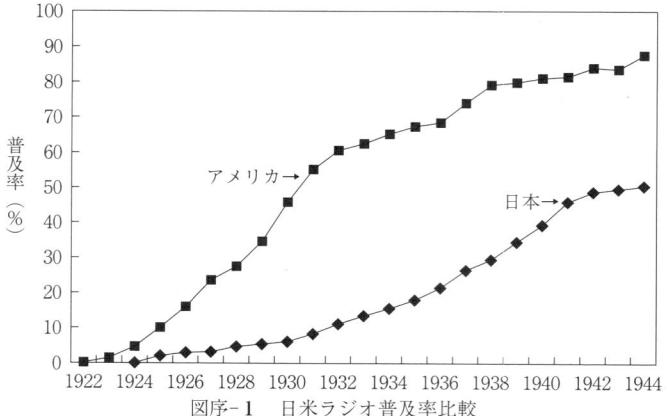

図序-1　日米ラジオ普及率比較

資料：日本は，日本放送協会編『日本放送史』上巻，1965年，図表・統計，アメリカは，Sterling and Kittross, *Stay Tuned*, p. 656.

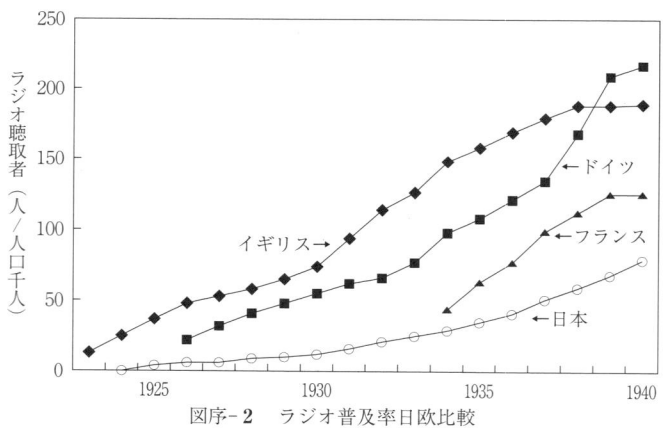

図序-2　ラジオ普及率日欧比較

注1）聴取者数は，何年かの例外はあるが原則として各年末の数値。

資料：日本放送協会編『ラヂオ年鑑』昭和9年版，449〜454頁，同10年版，333頁，11年版，260頁，12年版，278頁，13年版，316頁，14年版，316頁，15年版，343〜344頁，16年版，455〜456頁，17年版，420頁。

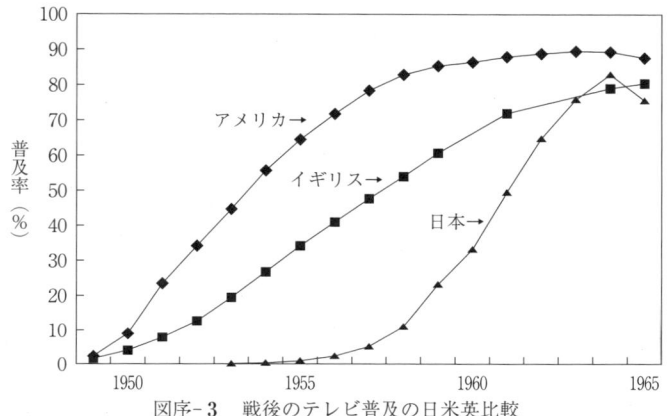

図序-3 戦後のテレビ普及の日米英比較
資料：平本『日本のテレビ産業』31頁。

ーブは，アメリカ，イギリスと比べて寝ているわけではない。テレビ放送の開始は確かに後れ（1953年），初期の普及率は低かったが，1950年代末からは急速に上昇した。放送開始後10年間で世帯普及率は76％に達した。1950年代末からの日本のテレビ普及のカーブはイギリス，アメリカより急勾配であった。戦後のテレビの場合は，日本は急速にキャッチアップしたのである。

つまり，戦前日本のラジオの普及は，同時期の先進各国と比べても，また，日本の戦後のテレビと比べても遅かったのが特徴的であった。

同じことは，実は，ラジオの技術についても起っていた。それを日本のラジオ普及の第二の特徴としてあげることができる。

今日のエレクトロニクスの技術としての大きな特徴は革新のスピードがきわめて速いことである。それはラジオで既に始まっていた。1920年代以降，鉱石式受信機から真空管式へ，真空管式のなかでも電池式から交流式へ，回路方式でもストレート・再生式からスーパーヘテロダイン（superheterodyne）へなど[3]，ラジオの製品革新は短期間に急速に進んだ。しかし，やがて1930年代半ばになると，世界的に製品技術のある安定した状態が出現することになった。回路方式としてはスーパーヘテロダイン，対象波長はオールウェーブ，スピーカーはダイナミックという構成である（Bussey 1990）[4]。もちろん，これ以降も製品技術の革新は続いていくが，この基本的な構成自体はその後も長く継続したのであ

った。この技術は，アメリカが先導し，ヨーロッパがそれに追随する形で先進各国に広まっていったのであった。

　ところが，日本ではこの技術は広まらなかった。日本では，この1930年代半ばには「並四球」と呼ばれる受信機が普及した。回路方式としては再生式，対象波長は中波，スピーカーはマグネチックという構成で，回路方式，対象波長，スピーカーそれぞれ，欧米のそれ以前の技術であった。日本では技術的に劣った受信機が普及したのであり，それが日本の大きな特徴であった。製品技術の面でも日本は先進各国に後れたのである。

　しかもこの二つの特徴は，本来なら相反する作用をもっているはずであった。技術的に劣った受信機はそれだけ安価なはずであり，それはラジオ普及にとってはプラスに作用するはずだからである。逆ならば逆であろう。現に，日本の「並四球」ラジオは先進各国のオールウェーブ・スーパーヘテロダインに比べてかなり安価であった。そうした受信機が普及したことは，普及率の上昇にはプラスに寄与したとみてよいであろう。しかし現実には，安価な受信機の日本の普及率は上昇ペースは鈍く，高価な受信機の先進各国の普及率の上昇は急であった。日本の普及率上昇の後れは，その点を考慮すれば，もっと事態としては深刻であった。

　つまり，日本のラジオの普及は，量的な意味でも（普及率），質的な意味でも（製品技術），先進各国に後れていったのであり，その産業的発展の解明としては後れていったメカニズムを問題にする必要があろう。先に述べたように，他の先進国同様，戦間期には日本でもラジオが普及し，エレクトロニクスが産業として形成されていくという産業発展のいわば積極面を問題にすることはもちろん重要であるが，それが他の諸国に比べると後れていく過程であるという消極的な面も見逃すことはできない。その過程の分析，要因の抽出が本書の第二の目的である。

3　キャッチアップ仮説とラジオ——日本産業・技術研究史上のラジオ

　この最後の点は，これまでの日本の産業史，技術史が当然としてきた問題の

把握の仕方とはやや異なるものである。これまでの近代日本における産業発展，技術発展についての研究史は，大きくいえば，それらを先進国にたいするキャッチアップの過程として捉えてきたといってよいであろう。キャッチアップを達成させた，発展の動因や担い手，その問題性やメカニズムなどについては様々な議論があるものの，日本が急速に発展を遂げて先進国に追いついていったということ自体は，共通の事実認識となっている。そのキャッチアップをまず前提とし，その仕組みを問うという問題把握の枠組みである。

ただ，当初の日本の近代技術史研究は少し異なっていた。当初，日本の技術発展を問題にしたのは，マルクス経済学の伝統的な観点からの研究であったが，そこでは日本の技術は特有な資本主義発展のあり方を反映してゆがんでおり，欧米各国には容易には追いつけないという議論が主流であった。代表的な論者をとりあげれば，星野（1956：1）は，「日本の技術は，官僚的な性格，軍事的な性格，植民地的な性格をもっている」とし，日本の技術発展の独特なゆがみを強調した。中村（1968：306-312）も，戦前日本工業技術の特質として模倣的・植民地的性格，技能的ないし非科学的性格，跛行的性格をあげた。これらは，技術そのものの把握などをめぐっては激しく対立していたが（技術論論争，中村1975），いずれも，日本の資本主義の後進性や特殊性から技術発展も独特な形をとり，先進国に容易には追いつけないし，様々な問題が生じることを強調するものであった。単純なキャッチアップ論ではなかったのである。

しかし，これらの議論も，技術発展の問題把握の枠組みとしては，欧米諸国の技術にたいして自立的に追いついていくことを自然の発展過程として分析の基準とし，そこからの乖離とそのメカニズムを問うという仕組みであった。追いつくのが自然であり，「模倣的・植民地的性格」が強調されるように，現に外国技術を導入して追いつこうとしながら追いつけない仕組みを問題としていたという意味ではここでもキャッチアップが暗黙の前提となっていたといってよいであろう。

やがて，こうしたマルクス経済学の伝統的な見方からは離れた研究が多くなるが，そこでは日本の技術のその後の発展を反映して，キャッチアップは当然の前提とされるようになった。代表的な議論をとりあげれば，清川（1987：

299）は,「日本の場合は,欧米技術から多大なインパクトを受けその導入→定着→国産化という一連のプロセスをくり返しながら技術格差全体を次第に縮小し,漸次技術集約度の高い技術の導入・生産へと移行しえた1つの成功事例であった」とし,後に,技術普及という観点から急速な技術の普及伝播や在来産業での技術改良を論じた（清川 1995）。技術発展の動因として全体のシステムの特性を重視した C. Freeman（1987）は,日本はその特有な「イノベーションの国民的システム」のおかげで,世界の技術先進国にキャッチアップできたとした。また,戦前日本の技術発展の特徴を民間企業の技術開発力の向上に見いだした橋本（1994）も,戦前からの高度成長の過程で日本と欧米諸国との間にあった技術格差は急速に縮小したとした。革新の社会的ネットワークに注目した Morris-Suzuki（1994：141）も,明治から日中戦争開始まで日本の政府と企業は先進国の技術軌道を追いかけるという考えに支配されていたという。これらは,在来産業などでの急速な技術普及,イノベーションの国民的システム,民間企業の技術開発力,社会的ネットワークなど,技術発展の分析の視角や動因についての分析結果は多様であるが,対象の認識枠組みは同一であったといってよいであろう。

　しかし,他面,技術革新研究の領域では,技術革新の進展はその社会のシステムのあり方と密接な関連のあることはほぼ自明の命題とされている。Rosenberg（1982）の社会的なプロセスとしての技術進歩,Bijker, Hughes and Pinch（1987）らの技術の社会構成主義的アプローチ,Poter（1990）の国の競争優位のダイナミクス,Lundvall（1992）,Nelson（1993）らのイノベーションの国民的システム,Saxenian（1994）の革新の地域的システム,Malerba（2004）の革新のセクトラル・システムなど,技術革新と社会の関連については様々な議論があるものの,その関連の存在自体についてはほぼ合意があるといってよい。

　この技術革新研究の合意は,しかし,先の日本技術史研究の認識枠組みとは必ずしも整合的ではない。これまでは,研究領域が異なることもあってとくにその整合性について問題にされなかったか,あるいは,技術革新研究の領域の研究者が日本の技術発展を問題にする場合には,暗黙のうちに後者の「キャッチアップ仮説」を前提として議論がおこなわれてきた（Freeman 1987, Odagiri and

Goto 1996)。しかし，前者を重視すれば，問題はそう簡単なものだとは思われない。

前者からすれば，「キャッチアップ仮説」が前提にする，先進各国と日本の技術ギャップ自体が，それぞれの国や社会のシステムの歴史的変化に応じて可変的であったはずだからである。ある時点の結果としてキャッチアップしたことには間違いない場合でも，その過程は一様に追い付く過程であったかどうかはあらためて問われる必要があろう。社会システムの変化につれて，それぞれの国々の技術発展のスピードも変化したのではないかと考えるのが自然だからである。

さらに，そもそも先進国でみられる発展コースを日本もたどろうとしているという認識の枠組み自身にも問題があることになろう。それぞれの国や社会のあり方で技術発展の仕組みや方向も異なるのは当然だからである。

そして，そうしたことに有力な実証的な証拠を提出するのがこのエレクトロニクスなのである。ラジオについては上に指摘したとおりであるが，それ以前の無線通信についても同様のことが指摘されている。エレクトロニクスのもっとも古い淵源は19世紀末の無線通信の開始にあったが，日本でも1897年には無線通信実験が行われ，その実用化が行われた。世界での発達とほぼ並行して日本でも無線通信が発展し，その成果の一つが日本海海戦の勝因の一つになったことはよく知られている。しかし，その後の発展は順調ではなかった。日本の無線技術の発展の歴史を詳細に記録した『日本無線史』は，無線機器製造の歴史を概観して次のように述べている。

無線通信に関する研究又は工業は，他の科学又は工業の部門と異なり，海外に於て最初の無線電信の発明の報が伝わるや，直ちに我国に於てもその研究が行われ，その揺籃時代に於ては海外に於けるものと並行して出発した。……然るに第一次欧州大戦中，欧米先進国に於て無線技術は急激に進歩発達し，戦後更に急潮を加うるに至った。……我国の研究機関や工業力は，永年の基礎を持った海外のそれに追いつくことが出来ず，他の部門と同様数段の開きを見せるに至った（電波監理委員会 1951：第11巻：13）

無線通信という技術そのものが先進国にとっても新しく出現したものであったし，日本での取り組みも早かったから，スタートはほぼ同時であった。しかも，当初は技術的にもそう変わらなかった。しかし，第一次大戦頃から日本は後れていったと指摘している。無線通信技術の発展の過程は，後れていた者が追いついていく過程ではなく，先進国とほぼ同時，かつ同水準の技術でスタートした者がそこから後れていく過程であった。同様の事態は，電話，電機や自動車，工作機械などでも指摘されている。

　もちろん，こうした無線通信やラジオなどの事例が，これまでの「キャッチアップ仮説」にたいする反証となるかどうかは上記の指摘だけでは何ともいえないであろう。例えば，その後れがこの『日本無線史』が記述しているように「永年の基礎」の問題，即ち社会全体の技術水準の低さや後れによるものだとすれば，それは「キャッチアップ」の特殊なあり方ということができるかもしれない。「日本の工業化は第一次産業革命の中心産業であった鉄鋼，繊維，造船，鉄道などの領域では急速にキャッチ・アップをとげ」たとして「キャッチアップ」仮説にたつ中岡（1986：102-103）も，この文章にすぐ続けて「第2次産業革命期の中心領域である電気機械，自動車，工作機械，有機化学工業などの領域ではむしろ急速に欧米に差をあけられてゆく，二面的な過程として進行してゆく」という事実を指摘している。とくに違和感のある事実としては受け止められていないのであり，その背後にはこうした認識があるものと考えられる。

　また，製糸業や織物業などの技術発展でみられる，移転西欧技術と在来技術の組み合せによる「適正技術」の開発や「中間技術」の成立と同様の性格のものとして解釈できる可能性もある。つまり，「中間技術」のように，一見，後れたと見えても，それはそれでキャッチアップの一つの経路かもしれないからである。

　つまり，上記の史実が「キャッチアップ仮説」に対する反証になるかどうかは，そのプロセスがどのようなものであるかに依存しているといえよう。

　本書は，この問題を念頭におきつつ，日本のラジオの産業的発展のメカニズムを明らかにしたいと思う。

4　アプローチの視角——産業ダイナミクスとイノベーション・システム

　その際，技術発展の歴史分析としては当然のことであるが，産業をとりまく諸アクターの活動とその相互連関の結果に注目したい。技術革新研究が示しているように，技術革新は多様な主体が関係するシステムのなかで起きると考えられるからである（Edquist 1997, 2005）。以下，このイノベーションが生起するシステムのことをイノベーション・システムと呼ぼう。

　また，技術発展を重要な要素とする産業自体の発展の分析としても，産業の全体としてのダイナミクス（運動の仕組み）に着目したい。戦前のラジオと対称的な位置にある戦後のテレビの産業発展についての以前の著者の分析では，個々の企業活動より産業形成のあり方こそが速い発展のカギであったというのがその結論であったからである（平本 1994）。技術革新テンポの速いエレクトロニクスではとくにその作用が重要であると分析した。ここでも，その視角を引き継ぎたい。産業自体をある種の主体として扱い，そのダイナミクスを問題にするのである。ただし，分析の課題は少し違っている。戦後のテレビでは何故，速く発展したかが問題であったが，ここではその成長とともに，何故，後れていくかが問題の一つだからである。それもしかし，産業全体のダイナミクスの問題であろうというのが前提とする仮説である。

　ただ，この技術発展のシステム（イノベーション・システム）と産業ダイナミクスの主体は，中核部分は重なっているが必ずしも同一のものではない可能性が高い。前者も後者もその外延を規定することは本来困難であるが，イノベーションのシステムの方がその性格上，市場や技術を中心とする産業よりも外延は曖昧でオープンな性格が強いであろう。冒頭のランデスの引用中にもあるように科学の進展，その工学への応用，また教育制度や法体系なども一般的には重要な要素だからである。ここでは，イノベーションのシステムによって技術革新が起こり（ないし停滞し），それが産業に強く影響して，ダイナミクスが展開すると考えている。

　ただ，分析対象の外延が曖昧でオープンになると，分析には恣意的な要素が

入り込む余地が大きくなるようにも考えられる。しかし，そうだとしてもそれはイノベーションのシステムを考察するときのやむを得ざるコストであろう。そのことには留意しつつ，ここでは主な課題である産業ダイナミクスにそって分析を行ないたい。

これらはとりたてて分析視角というほど概念的に洗練されたものではないし，類似のアプローチも少なくない。よく知られているようにA.マーシャルによる外部経済の指摘は，そうしたアプローチの重要性を示した一つの画期であった。マーシャルは産業の成長それ自体やその地理的集中から様々な外部経済が生まれ，個々の企業の生産要素の価格を低下させたり，生産性を向上させる効果に注目した（Marshall 1890：訳書：第2分冊第9章）。

ただ，この外部経済を重視した産業分析がこれ以降主流となったというわけではなかった。外部経済という概念は，M.ポーターが指摘しているように「経済学における古い，しかしよく無視される概念」（Porter 1990：訳書：上：210）にとどまったというのが実状であろう。

これにひきかえ，M.ポーターの国の競争優位についての分析（Porter 1990）は，グローバル化時代の産業分析の視角として幅広い影響力をもった。ある産業の競争力を，要素条件，需要条件，関連・支援産業，企業戦略・構造・競争という，企業をとりまく諸要因から説明しようとするこの視角は，多くの産業分析に取り入れられている。

また，その少し前の1980年代から盛んとなった技術革新研究では，社会との関連や全体としてのシステムを問題にする傾向が強かった。とくに，1980年代後半のFreeman (1987)，Lundvall (1988) らによるナショナル・イノベーション・システムの提唱以降，イノベーションを多様なアクター間の相互作用によって説明しようとするアプローチが盛んに行われるようになった。1990年代前半には，Lundvall (1992)，Nelson (1993) らによるナショナル・イノベーション・システム論，Saxenian (1994) の地域優位分析，Carlsson (1997) らによるテクノロジカル・システム論，Cooke (1998) らによるリージョナル・イノベーション・システム論，Mowery and Nelson (1999)，Malerba (2004) らによるセクトラル・イノベーション・システム論など，類似のアプローチによる研究

が様々に行われている。

　それぞれは，イノベーションのどんな違いに注目するか，国ごとの違いか，地域のそれかセクターのそれか，あるいは構成要素の何に注目するかなどによって具体的な分析は異なるが，大きな分析の枠組みは共通している。すなわち第一に，アプローチとしてシステム的ないし全体的（holistic）であること，第二に，システムのアクターとしては企業だけに注目するのではなく，大学，公的研究機関，政府機関，金融機関，ユーザー，消費者，個人，など多様な主体を対象とすること，第三に，それぞれのアクター間の関係を重視すること，しかもその関係は，競争や市場取引だけではなく，協調や協同，ネットワーキングなど，非市場的な関係にも注目すること，第四に，法，ルール，慣行，ルーティンなど，様々な制度の作用を重視すること，第五に，それら組織や制度の相互作用による知識の創造や学習のプロセスに注目すること，などである。大きくいえば，アプローチとしては進化論的なパースペクティブ（Nelson and Winter 1982 など）と親和的である。

　しかし，ここでは特定の分析視角を前提にするのではなく，産業をとりまく多様な諸アクターの相互作用に注目すること，および産業全体としてのダイナミクスを問題にすることを大きな視角として前提し，あくまで対象には実証的にアプローチしたい。いわば，産業を主体としてとりあげ，そのイノベーションのメカニズムやダイナミクスを問題にするのである。

5　本書の構成と特徴

　以下では，まず，ラジオ放送の開始と受信機製造業の生成をみる（第1章）。ラジオが他の製品と大きく違うところは放送がなければ意味がないことで，放送のあり方が受信機の技術や生産にも大きく影響するからである。ラジオのもう一つの特徴は，数多くのアマチュア（ホビイスト）達が存在したことで，彼らは産業形成の一環を担ったのであった。そのこともあって，当初の産業は中小零細企業を中心とする，偽造，模造が横行する粗製濫造的な世界となった。そこでは優良な製品や企業が淘汰されてしまう，市場の悪機能が出現した。

ラジオ産業のあり方を大きく変えたのは、ラジオが技術革新の結果、家庭用電源を利用できるようになったことで（受信機交流化）、本格的な家電製品としてのラジオがそこから始まった（第2章）。ラジオは自作できるようなものからメーカーの製品へと転換し、製品間競争が激しく展開するようになったのであった。

　欧米では、その後、受信機技術は高度化し、技術のある高原状態に達したが（スーパーヘテロダイン、オールウェーブ、ダイナミックスピーカー）、日本ではそうはならず、回路、対象波長、スピーカー、それぞれ技術的に劣った受信機が普及した（第3章）。それが技術面での日本のラジオの大きな特徴であった。

　企業の面では、当初の粗製濫造のなかから、安定した品質の製品を大量に生産することで安く供給しようとする戦略が発生した。フォーディズムに範をとったこの戦略は魅力的ではあったが、当時の環境では容易には成功しなかった。むしろ企業を破綻させる危険な戦略であった。

　その困難を克服したのが松下電器であり、そのことで松下は高いシェアを獲得し、急速な企業成長が可能となったのであった。早川（後のシャープ）、山中がこれに続いた。そのことで全体の産業ダイナミクスは、中小零細企業の粗製濫造的なそれから寡占的企業の相互作用によるそれへと大きく転換した（第4章）。

　戦時体制に入ると、ラジオ生産が禁止されたアメリカとは違って日本では生産は続行したが、原材料や機種の統制、需給の調整などが試みられた。しかし、諸官庁は対立し、民間は抵抗して統制は容易ではなかった（第5章）。ラジオは戦時下で必需品となって普及率は上昇したが、技術革新は終焉したのであった。

　第6章では、技術と産業の成長と停滞をもたらした産業ダイナミクスとイノベーション・システムを問題にする。それには様々な要因が複合して作用していることが明らかであった。個々の要因自体は異なる結果を生むことも可能であったが、それらの要因が組み合わさったとき、強力な作用をもったし、新しい状況も生じた。つまり、システムとしての特性がイノベーションと産業ダイナミクスにとっては重要だったのであり、そのなかに、発展と停滞の可能性はともに潜んでいたのであった。したがって、日本のラジオの技術と産業が後れ

たのは単に日本が後進的だったからではなかった。

　最後に終章では，この戦前ラジオの産業ダイナミクスとイノベーション・システムを戦後のテレビと比較して，その特性をより長い歴史的な視野の中に位置づけた。戦前ラジオと戦後テレビとはまったく結果は逆であり，したがってそのシステムには様々な相違があった。しかし，基本的なところでは類似点もあり，システム自体がまったく入れ代わったというわけではなかった。同様な要因でも違う結果に結びついたのであった。システムの機能の違いをもたらした要因は，戦前と戦後のそれぞれの社会経済のあり方と深く関連しており，その意味で戦前日本のエレクトロニクスが技術，産業発展両面で後れたのは，イノベーションと産業発展の社会的能力が劣っていたからだと結論した。

　こうした本書の分析は，これまでの産業史，産業論研究とはやや異質な面をもっている。とくに，イノベーションが生起する過程そのものを産業ダイナミクスの中核において分析しようと試みている点が特徴的ではないかと考えている。産業分析に技術が不可欠の要素であることは当然であるが，ここではそれを従来の産業分析が往々そうなりがちなように，いわば分析の外から与えられたものとして扱うのではなく，革新のメカニズムにまで踏み込んで分析することを試みたのである。

　それは，上に述べたように対象自体の要請によるものであるが，ラジオだけではなく，一般に激しい技術革新を特徴とするエレクトロニクスの分析にはそのことは不可欠であろう。さらに，産業ダイナミクスのなかでの位置はそれぞれ異なるであろうが，他の産業でもイノベーションは通常はその発展に重要な意味をもっているであろう。産業ダイナミクスの分析は，本来，イノベーション・プロセスの分析を不可欠の構成要素としているように考えられる。そして，かつて有沢広巳が『現代日本産業講座』（岩波書店，1959〜1960年）冒頭の「産業論のはじめに」で指摘したように，産業史，産業論にとってダイナミクスの解明はその「本来的な興味の中心」であろう（有沢 1959：4）。産業史，産業論にとって産業ダイナミクスの分析はその中心的な課題であり，そして多くの産業の場合，イノベーション・プロセスの分析はそれに不可欠であろう。本書は，その点に意図的に取り組んだ点に特徴があると考えている。

そして，そのことは，通常の産業史，産業論が扱うであろう事柄よりも広い領域を対象とせざるをえないという分析上の問題をともなうことになった。ラジオ自体の市場や企業，技術は当然であるが，放送や関連産業における技術などもラジオのイノベーションには決定的な意味をもっていた。上記4に指摘したように，どこまでを分析の対象とすべきなのかが，曖昧でオープンにならざるをえなかったのである。分析の対象の外延を特定することも，分析の定型的な手順とでもいうべきものに従うこともここでは容易ではなかった。

　そのことは本書の弱点の一つかもしれないが，おそらくそれはイノベーション・プロセスを分析しようとするときの共通の問題ではないかと考えている。上記4に指摘したように，イノベーション・システム論でも，ナショナル，リージョナル，セクトラル，テクノロジカルと，イノベーションのどこに注目するかによって，システムの外延は様々である。やがて，こうした実証分析の積み重ねのなかからある種の外延や定型的な分析手順が確定されていくのかもしれないが，当面はあくまで対象に即して分析していく以外ないであろう。

　他方，イノベーション・システム論の研究の側からは，イノベーション・システムの歴史プロセス研究の乏しさが指摘されている。Carlsson (2007) が集計した，1980年代から2002年末までのイノベーション・システムに関する総文献750点のうち，システムのダイナミクス，つまり歴史的発展を検討したのは60点にすぎなかった (Carlsson 2007: 863)。とくに新しいシステムの形成についての研究はほとんどなく，今後の研究課題であるとされている。また，システムのパフォーマンスの問題も研究の乏しい領域とされている (同: 866)。こうした文脈でも，本書の分析は意味があるのではないかと考えている。産業史分析でイノベーション・システムを問題としたことで，本書はイノベーション・システム論が琢磨されていく際の実証的基盤を広げていくことにも役立つことができるのではないかと考えている。

注
(1) エレクトロニクスという言葉は，主に，電子の移動，およびそれによる装置の研究に関する科学や技術についていわれるが，「電子工学 (工業)」ともする『ジーニ

アス英和大辞典』のように，電子産業（電子の移動を利用した装置を製造する産業）という意味で使用されることも多い。Shipbuilding が，造船，造船業，造船学を意味している（『ランダムハウス英語辞典』）のと同じような関係にある。本書では，エレクトロニクスを電子工学，電子技術，電子産業の意味に用いる。ただ，電子工学や電子技術と違う意味で電子産業を示したい場合，あるいは産業としての意味を強調したい場合には，エレクトロニクス産業という用語を用いることもある。

　エレクトロニクス産業の大きさについてみると，例えば，2000年の日本では，電子工業は製造業全体のなかで従業員数で11％，付加価値額で12％を占め，ともに10％に満たない自動車工業より大きい（経済産業省『工業統計』より計算）。

(2) 本書のもととなった平本の一連の研究を除けば，真空管のカルテルを問題とした，Hasegawa (1995) や，概説的なものとして玉置 (1976) があるだけである。

(3) ストレート受信機とは，受信した電波を直接検波して低周波信号（音声周波）を得る方式の受信機。再生式受信機とは，再生検波を用いたストレート受信機をいう。感度，選択度の点で下記のスーパーヘテロダイン受信機に劣る。再生検波とは，格子検波において陽極側の高周波エネルギーの一部を格子側の同調回路に帰還し，検波効率を増加する検波方法。帰還度が大きくなりすぎると発振し，検波ができなくなる（電気・電子辞典編集委員会編 1965：179, 128）。

　スーパーヘテロダインとは電波の受信方法の一つで，受信電波の周波数と違った周波数の電圧を局部発振器で発生し，両者を混合検波して，差の周波数を取り出し（中間周波数），これを増幅した後，さらに検波して低周波信号（音声周波）を得る方法である。感度や選択度が高く，発振を生じにくいので，無線機には広く利用されている（電気・電子辞典編集委員会編 1965：173）。

(4) ダイナミックスピーカーとは，強力な磁界中にコイルをおき，これに音声電流を通じて振動させ，この振動をコーン状の振動板に伝え，コーンをピストン運動させて音声を空間に放射する形式の拡声器。特性が優れているので広く使用されている（電気・電子辞典編集委員会編 1965：212）。

(5) マグネチックスピーカーとは，永久磁石の磁極に取り付けたコイルに音声電流を流して接極子を振動させ，コーンに伝えて音を放射させる拡声器。周波数特性が劣る（電気・電子辞典編集委員会編 1965：373）。

(6) それを強調するのは，星野・向坂 (1960) である。電気機械では，「日本の電気機械工業は，欧米諸国とほとんど同じ時期に出発したにもかかわらず，最初の十年にして決定的にひきはなされてしまった」（星野・向坂1960：21），自動車では，「企業の創立の時点からいえば，日本の自動車工業は，アメリカなどとくらべて，とくにおくれているわけではない。……しかし，それからあとは，日本の自動車工業が半世紀に近い低迷状態をつづけたのに対して，アメリカのそれは早くも十年後には量産体制に入って，両者の懸隔は天と地ほどのものになってしまった」（星

野・向坂1960：40）という。工作機械でも，1920年代に日本と欧米の差がふたたび開いた。欧米では世界大戦と自動車工業の躍進を背景に大きく前進したのに，日本は停滞したからである（星野・向坂1960：43-44）。
(7)　その後の中岡（2006）では，この後れは研究開発能力の差によるものとされている。
(8)　適正技術や中間技術については，清川（1995），牧野（1996）を参照されたい。

第1章
ラジオ産業の形成

> ラジオ受信機を単なる商品として見ると，斯んな妙な普及経路を辿ったものも少ないと思う。之は全く好奇心から売広められたのである。……ラジオ狂一ファンからの転向ラジオ商も可成な数で，之等の人々はラジオの理論……を説明してからでないと真空管も部品も売らぬ……商店主がファンなら，類を以て集まる，来る客も又後輩のファンなのである，コイル一つ売るのにインダクタンスが何んのキャパシーチーが何うのと……客と店主で徹夜をする
> （岩間政雄編『ラジオ産業廿年史』442-444頁）。

ラジオ産業の形成の特徴は，放送が始まると直ぐにブームが起こったことである。それは洋の東西を問わず，世界的な現象であった。それは実は，ラジオのような他方で放送を前提とするシステム製品では異例なことであった。

1　放送制度の構想と実現

ラジオを他の耐久消費財と比べた時の最も大きな特徴は，単体では何の使用価値もなく，放送が他方に存在しないと意味がないということである。それは現在では自明であるが，この技術が登場した時には自明なことではなかった。むしろラジオは当初，「無線電話」と呼ばれていたことからもわかるように，相互のコミュニケーションを有線ではなく無線（Wireless）で行う機器であった。双方向のコミュニケーションのツールだったのである。それが，1920年のアメリカ・ウェスチングハウス（Westinghouse Electric & Manufacturing Company）による「放送」事業の発明以降，社会は，一方にもっぱら発信だけをする放送事業

と他方ではそれを受信する受信機という，一方向通信技術を選択し，発展させていくことになったのである（Douglas 1987，水越 1993）。

そのことは，製品としてのラジオへのニーズは，コミュニケーションのツールとしてではなく，放送聴取となったことを意味していた。そこで，まず，放送事業の開始と発展をみておきたい。

（1） ラジオ放送の開始

アメリカでラジオ放送が開始されたのは1920年であった。多くの発明や発見がそうであるように，厳密な意味でこれが「放送」の嚆矢であるかどうかには議論がありうるが，社会的な意味をもった事件としての「放送」はこれが最初であった。無線電話の開発や革新の過程で，レコードや歌劇を放送することは第一次世界大戦前から行われていたが[1]，第一次大戦の勃発で中断した。

戦争が終了すると，軍需生産に集中していた無線機器企業は安定的な市場を失い新たな戦略の必要に迫られた。アメリカの GE は無線通信事業への進出を計画した。

イギリス系のアメリカ・マルコーニ（American Marconi Wireless Telegraph Company）を買収し，RCA（Radio Corporation of America）を設立して，国際無線業務へ進出した。これにたいし国際無線通信業務には乗り遅れたウェスチングハウスは，同社技術者のコンラッド（Frank Conrad）が行っていた「放送」実験の反響に注目し，放送局を設立することを着想したのであった。無線電話を他に洩れないように改善するのではなく，同時大量通信の方法として使用する，新たな用途の発見であった。経費的には，定期的放送業務を行い，受信機の販売利益や広告費などでその経費を賄おうとする計画であった。

1920年10月，ピッツバーグ放送局（KDKA）が定期的な放送を開始した（日本放送協会 1951：8-19）。それは社会的には画期的な革新であったが，大戦後の無線機器企業の戦略から発生したものであった。

翌21年の末頃からアメリカでは放送局を開設する動きが急速に広がった。無線機器製造業者によるものが多かったのは当然であったが，新聞・雑誌社や教育機関，百貨店なども放送局を設置した。21年7月頃から22年4月頃までに新

設された放送局数は286にのぼった（日本放送協会 1951：19，Sobel 1986：48）。ラジオ・ブームが起こったのである。

　このアメリカのラジオ・ブームは，世界の各国にも影響した。1922年にはフランス，イギリス，ソ連，23年にはドイツ，ベルギー，スウェーデンと，それぞれ定期的なラジオ放送を開始した。短期間にラジオ放送は世界に広がったのである。

　ただし，放送事業のあり方は各国毎に異なった。アメリカでは，自由に放送局を設立させたため，電波の混乱を招いて収拾しがたい状態となり，やがて政府による電波の規制が問題となった（Sterling and Kittross 1990：83-89）。イギリスでは，そうしたアメリカの実情を調査したうえで，「イギリス放送会社」（The British Broadcasting Company）を設立して独占的に経営させる方式をとることとした。また広告放送を行わず，政府が聴取施設にたいして許可料を徴収し，それを同社に給付することで事業を運営させることとした。

　その方針のもとでマルコーニ（Marconi's Wireless Telegraph Company）をはじめ六大電機会社が中心となってBBCを設立した（Briggs 1961：85-123）。ここでは受信機や部品は，BBCの株主であるメーカーの製品で郵政庁の承認が必要であった。メーカーは自国製の受信機のほかは販売できなかった（これは1925年に廃止）。

　またBBCは，マルコーニの影響を強く受けており，幹部技術者はほとんどマルコーニの出身であり，送信機も同社製のものであった（Baker 1970：193）。ここでも放送事業と機器製造業とは強く関連していたのである。

　ドイツでは，技術設備とその運用は政府が行い，プログラムの編成や実施を民営とする，国家と民間との共同経営となった（中山 1931：44-52）。イギリスと同様，聴取者から許可料を徴収し放送経営にあてたが，一部に広告放送も行った。

　こうした世界のラジオ・ブームは日本にも波及した。日本でも，1922年頃から民間の無線電話の実験や放送の実験が盛んに行われるようになった。しかし，1915年の無線電信法と私設無線電信規則では，無線電信や無線電話は政府が独占的に行うことになっており，とくに主務大臣の許可を得た者以外は私設でき

ないことになっていた。そこで、民間ではその許可を得ようとする者や許可を得ずに電波を出したり、聴取施設を設ける者が多くなったのである。

　逓信省では、無線電信法の「実験」用などの規程に則って、1922年には民間に許可を出すようになった。民間の申請の中には、明確に放送の企業化を目的として実験を始めた者もいたし、新聞社などが知識普及の目的で短期に放送実験を行うものも含まれていた（日本放送協会　1951：59-60）。

　一方で電波を出す者が増加すれば、受信機を設置する者が増加するのは当然で、その多くは不法アマチュア受信施設であった。その数は、1925年春頃で東京で約3万といわれた（日本放送協会　1951：68）。民間のラジオ熱がにわかに昂揚したのである。

　そもそも、ラジオのように他方で放送を前提とする製品では、始まってすぐブームが起こるのは異例だといってよい。事実、この後のテレビ（白黒）やカラーテレビではその現象はみられない。それらでは、放送が始まっても、受像機の価格は高く、価格が高い割りに放送時間は短いから魅力に乏しかった。したがって受像機需要が伸びないから、放送も充実できなかった。放送が充実していないから受信機需要は伸びなかった。受信機需要が伸びないから受信機価格も下落しなかった。こうした悪循環が生じ、容易にセット需要は立ち上がらなかったのである（平本　1994）。

　しかし、ラジオではそうではなかった。その需要の基盤をなす、大量の無線アマチュア（ホビイスト）が既に存在していたからである。ラジオ技術は、当初はそう情報処理量の大きい技術ではなく、個人でも処理ができたし、遠隔地との交信という大変、魅力的な性格をもっていた。しかもその手段が無線という不可視の存在で、様々な可能性に満ちていた。

　ラジオは最先端技術であるとともに、個人にとって魅力的であり、しかも個人の情報処理量で処理可能な技術でもあった。それにとりつかれる人々が出現したのは当然であった。冒頭の引用にある大量の「ラジオ狂」の出現である。それがブームの基盤であり、その事情は世界共通であった。

（2） 放送制度の構想

　逓信省も1922年5月頃から，放送事業の調査を始めた。通信局電話課の今井田清徳課長は，当時欧米に出張中であり，アメリカでの実情を視察して，帰国後直ちに制度の研究調査に着手した。今井田は要綱草案を起草して，通信局議にかけた。局議は，放送経営の主体は民営とする，法制的には現行の無線電信法の枠内で処理する，聴取施設の私設許可に際しては無線通信の秘密や赤化思想問題に対応して目的とする波長の他は受信させない，経営方法については英独を参考にして機器の製造販売者を参加させて経費の一部を負担させるとともに聴取者に一定料金を払わせる，などの方針を決定した。

　この局議を省議決定にするために，通信局は「放送用私設無線電話ニ関スル議案」を「電話拡張実施及改良調査委員会」にかけたが，そこでは，一定の地域内に放送局を一つとし，放送施設者を「新聞社，通信社，無線機器製作業者及び販売業者を網羅したる組合又は会社」とした。その経営の方法は「機器業者をして販売高又は資本金に応じて一定の負担を為さしめる外に受信装置者より一定料金を徴収」するが，その受信料金は「放送事業者より機械を買入れる場合，借入れる場合又は自ら提供する場合に応じて各区別し得ること」となっていた。つまり，無線機器製作業者は放送事業主体の一員とされており，その販売高などに応じて経費を負担する一方，そこから購入した受信機とそれ以外とで受信料の差を設けるなどの保護も受けることとなった。イギリス的な方向だといえる。

　同委員会は「特別委員会」にそれを付託したが，そこで，フランスで調査を行った通信局稲田三之助工務課長が受信機波長の厳格な制限を主張し，その関連で受信機を逓信省電気試験所の型式証明を受けたものに限ることとした。波長制限は軍用通信の機密を保持するための軍からの強い要望であった（稲田1965：169）。この「議案」は，1923年8月に委員会で可決された。

　1923年3月，主管課である電話課の課長が今井田から戸川政治に代わると，既往の調査，議論を総合して「調査概要」をまとめた。ほぼ，上記の「議案」と変わらないが，機器製造の関連でみると，受信機の波長を制限するとともに，再生障害を防止し，かつ「放送企業加盟ノ機械業者ニ間接ノ保護ヲ加エ」（日

無史：第7巻：13-19）るため，受信機の型式承認制度を導入した。最後の点は，「粗製濫賣的ノ機械製造業者ヲシテ乗スルノ余地ヲ無カラシメルト共ニ聴取者ヲシテ加盟業者ノ製品ニ向ハシメル」ことを意図していた。他方，「外国製品ノ輸入ハ之ヲ排除スヘキ理由ナク」と，受信機輸入を排除しない点が新しく追加された。これは，イギリスの規定にはないものであった。「主要輸入業者ヲ販売業者トシテ放送事業ニ加盟セシムヘク，輸入品モ内国製品モ同一ニ処遇」するとされた。

　また，放送の内容では，「実用的報道即チ時刻，気象，相場，新聞等ヲ主タル目的トシ，音楽ノ如キハ付随的ノモノ」とすることとなった。上記の「議案」の段階から，娯楽は夜間にのみ放送することなど，実用的な放送を主とする傾向があったが，ここではより明確な形をとったのである。これも，欧米の放送が音楽などの娯楽を主としているのにたいしては大きな特徴であった。

　1923年9月に起こった関東大震災は，情報提供の必要性を認識させたことから，放送実施に対する要望が急速に高まり，放送企業の設立を待って必要法規を定めようとしていた逓信省は法令の制定を急ぐこととなった。23年12月，陸海軍の同意を得て，「放送用私設無線電話規則」（省令）が公布され，翌24年2月には「放送用私設無線電話監督事務処理細則」も定められた。

（3）　放送事業の出願と逓信省

　これにたいして放送事業の出願は1922年頃から続々と行われていたが，「放送用私設無線電話規則」公布後は，逓信省は正規の手続きをとらせた。その数は，24年5月現在で64件にのぼった。その内容は，東京電気，芝浦製作所，日本電気などの機器製造業者や報知新聞社，朝日新聞社，帝国通信社などの新聞社や通信社，安藤博や濱地常康，伊藤賢治などの民間ラジオ研究者であった。機器製造業者の出願はもとより，そうでなくとも機器の製作，貸付，販売をも行おうとする出願が多かった（日本放送協会　1951：83-86）。

　無線機器製造業者としては当時最大であった東京電気株式会社の事例をみると，同社の日本人経営者トップの山口喜三郎（副社長）は，1922年8月に渡米し，提携先であったGEの副社長デービス（A. Davis）やRCA会長ヤング（O.

Young）などと，日本における無線機器事業戦略について相談したが，その中には放送事業も含まれていた（1925年3月6日付け山口からデービス宛書簡）。山口は，同年11月に帰国すると，RCAの日本版企業を設立すべく，同じGEの提携会社であった株式会社芝浦製作所と交渉を始めたが（平本2000b），他方で，放送の実験用施設の申請も「芝浦製作所と協議の上」行った（1923年3月8日付け山口からIGE副社長オーディン（M. Oudin）あて書簡）。「電話規則」が公布されると，1週3日の放送を聴取料をとらずに行うという計画で「放送無線電話局設置願」を提出した（日無史：第7巻：26）。同社のエンジニアをアメリカに派遣して調査する予定であった（1924年2月19日付け山口からデービス宛書簡）。また，放送会社運営のノウハウなどもGEに求め（1924年6月25日付け東京電気・津守豊治より同社副社長・プルスマン（O. Pruessman）宛書簡），他方，GEは，放送局の場所などについての助言を与えた（1924年4月19日付け山口からデービス宛書簡）。放送局設置は，無線機器事業戦略の重要な一環だったのである。

　日本電気株式会社も，東京電気と芝浦製作所からRCAの日本版企業を設立すべく働きかけられたことがおそらく一つの契機となって，無線機器事業への進出を1924年2月に決定した。提携しているウェスタン・エレクトリック（Western Electric）の技術を導入して国内で指導的地位を占めることを目指し，1924年3～4月には，放送機を購入することを決定した（日本電気 2001：119，：『同　資料編』：103）。

　こうした大企業に限らず，アメリカの事情に詳しい者にとってはラジオ放送は大きな事業機会と考えられたから，出願する者が多くでた。早くから放送の企業化を目指したのは元麹町警察署長の本堂平四郎で（日本放送協会 1977：9），報知新聞社のアメリカ特派員だった義兄とともに東洋レディオ株式会社を設立し，放送を行うとともに放送機や受信機の製作販売を行うことを目指した。1921年には無線電話の実験を行ない，東洋ラヂオ株式会社は放送事業の出願をした（日本放送協会 1951：88）。ラヂオ電気商会の伊藤賢治も，若年で渡米してX線を研究し，医療用無線機器を製造販売していたが，放送事業を開始するとともに，ラジオ雑誌（『無線と実験』創刊）を発行して民衆に売り，さらに受信機を製造販売しようとする計画をたてた（岩間 1944：124-125）。早くから無線実験

を行ない，1922年には真空管製作に乗り出していた濱地常康も出願した（日本放送協会 1951：58, 88）。放送と機器製造販売を行おうとする試みが幾つもみられたのである。

こうした出願にたいし，主管課の戸川政治電話課長は，「営利を目的としたもの」にたいしては「絶対に許可しない方針である」とした（無タ19240220：2）。戸川は，ある地域内に多数の放送者が存在することは不可能であるから誰に放送を許可するかという問題が生じるが，「逓信省では飽く迄同事業を公共的なもので而かも独占的な性質のものと見做し」ているから，営利目的ではだめだという。「例えば機械製作業者に之を許すとせんか，甲に許す時は忽ち乙丙の間に競争を生じて種々の弊害を生ずる」からである。戸川は，もともと「世の中は浮華軽佻淫靡放縦詭激の極に陥り，だれ切って」おり，「日本の精神界は更始一新されなければならない」と考えていた（1924年の年頭所感）（無タ19240115：2）。民間の営利事業に反感をもっていたのである。

逓信省は，まず，東京，大阪，名古屋の三都市で放送施設を許可することとしたが，それぞれにおいて多数の競願があったことから，出願者間の合同を慫慂した。新聞社，通信社，無線機器製造業者など，各地域の有力な出願者を逓信省に招集し，それぞれ一局になるよう説得したのである。しかし，合同は，簡単ではなかった。とくに大阪では紛糾した。大阪では招集された4名の内部で，既存企業の損失を合同企業に肩替わりさせようとする試みが行われて紛糾したが，さらにその4名自体が逓信省から起業を依頼されたと称して他の参加申込みに容易に応じない，などの問題が発生した。東京でも，出願者の間から，現在の出願者はおおむね営利本位の「会社屋」であり，利権獲得の目的で動いているに過ぎないなどの非難を逓信省に申し込むものがでた。逓信省への陳情も相次いだ（日本放送協会 1951：87-94，日無史：第7巻：28-30）。民間は民間で，機会主義的な行動をとるものも多かったのである。

主要機器製造業者についていえば，この1923年5〜6月頃は，日本でもRCAのような組織を形成しようとする構想があったが，東京電気，芝浦製作所間では協定ができたものの，日本電気との間ではまだ交渉にいたっておらず，運動の途上であった（平本 2000b）。しかも，アメリカでは，東京電気と芝浦製

作所の提携先であるGEと，日本電気の提携先であるウェスタン・エレクトリックの親会社であるＡＴ＆Ｔとは，まさに放送事業への進出をめぐって紛争の渦中にあり，日本で合同して放送事業を展開する合意を形成することは容易ではなかったであろう。無線機器製造業自体に，英米独仏のように，ガリバー型巨大独占体が成立しておらず，出願の中心となるような存在を欠いていたことも，紛糾の背景の一つとなっていたと考えられる。

（4）　放送局の設立と日本放送協会の成立

　要するに「儲からぬ組織にすれば可いのだ」（日無史：第7巻：32）というのが，この問題についての犬養毅逓信大臣の判断であった。公益社団法人による経営案の採択である。この犬養逓信大臣の裁断で，それまで営利企業として構想されてきた放送主体案は根本的に転換した。この方針転換の背後には，民間側の混乱に加えて，新聞業界の実業界に対する警戒があり，政治的にもその前の政権である清浦内閣の方針に対する反対としての意味などもあった（太田 2005)[4]。参事官会議ではこの公益法人案は反対と決定されたが，強引に大臣決裁を得て，1924年8月，畠山敏行通信局長は，出願者代表を招いて公益法人による設立を説明した。

　それでも大阪では，第二会社を設立して放送局と特約を結び収益を得ようとする運動などがあり，紛糾を重ねたが，結局，1924年11月，社団法人東京放送局，25年1月，社団法人名古屋放送局，同2月，社団法人大阪放送局が，それぞれ設立された（日本放送協会 1951：98-109，日無史：第7巻：35-53）。放送の開始は，東京が1925年3月，大阪が同6月であった（仮放送）。アメリカに後れること5年，イギリスには3年後れてラジオ放送が始まったのである。

　しかしこの段階では，ラジオ放送はまだ全国をカバーしていなかった。全国各地からの放送事業の出願はあったが，逓信省としては全国的な放送事業を如何に形成するかが次の課題であった。ここでもイギリス，ドイツの事例が参考にされた。イギリスではBBCのもとで，各地の放送局が全国鉱石化（全国を鉱石受信機で受信可能な放送領域とする）のスローガンのもとにネットワークを形成していた。BBCは，事業の公共性に鑑み，1927年1月には営利法人から公益

法人へと改組された。逓信省は，1925年11月，全国的な統一経営によって全国鉱石化をめざす方針を立案し（「放送無線電話許可方針に関する件」），1926年2月，安達謙蔵逓信大臣は，既設放送局を解散して「社団法人日本放送協会」を設立し，単一主体のもとで全国放送を行う案を採択した。[5]

この問題でも各放送局は紛糾し，とくに大阪放送局では株式会社経営論を復活させたり，他方の逓信省側は新設の放送協会の常務理事をその官吏で独占するなど，「一面，官民の闘争史」（日本放送協会 1951：344）という様相を帯びたが，結局，同年8月，東京，大阪，名古屋各放送局は合同し，社団法人日本放送協会が設立された。

放送計画としては，「協会ハ設立許可ノ日ヨリ遅クモ五年以内ニ大体内地孰レノ地ニ於テモ鉱石受信機ヲ以テ無線電話放送ヲ聴取シ得ヘキ放送設備」（命令書）等を設置することとされたから，同年10月，全国放送網建設の5カ年計画を立案し，認可を受けた。「全国鉱石化」計画である。1927年，九州支部，中国支部，東北支部，北海道支部がおかれ，28年には札幌局，熊本局，仙台局，広島局が放送を開始した。同年11月，仙台・東京・名古屋・大阪・広島・熊本間全国中継網も完成し（札幌については無線中継），全国中継放送が開始された。こうして日本でも全国的な放送事業が始まったのであった。

（5）　全国放送網の完成と放送内容

しかし，この1926年の「第一期放送施設五ケ年計画」による東京，大阪，名古屋などの各10kW局の効果は初めに想定したものよりはかなり低く，全国鉱石化の実現はできなかった。そこで放送協会は1929年には「第二期放送施設五ケ年計画」を立案し，各地に小電力局を設置しようとした。これは各支部からの異論で決定できなかったが，これ以降，単年度ごとの計画で各地に小電力局が設置されていった（1930～32年にかけて福岡，岡山，長野，静岡，京都）。こうして1933年末には全国放送網の根幹が一応完成した（日本放送協会 1965：上：264）。もっともその頃には，後にみるように真空管式受信機が普及しており，「鉱石化」は問題にならなくなってしまった。

この「第二期放送施設五ケ年計画」には，二重放送の実施構想も含まれてい

た。放送系統を複数にすることで番組内容を豊富にし，聴取者の選択の幅を広げようとするもので，東京では1931年4月から，大阪，名古屋では1933年6月から教育的放送を主とする第二放送が開始され，スポーツ実況なども行われた。

放送番組についてみると，当初は，東京，大阪，名古屋各局がそれぞれ独自に番組を編成していたが，1928年には7基幹局を結ぶ中継線が完成したことから，放送番組の編成の基調は，地域的サービスに立脚した考え方から全国を対象とする方向に徐々に移行していった。中継番組と単独ローカル番組の2つの柱で番組編成が行なわれ，東京，大阪では自局編成の番組が多かったが，新たに開局された地方の放送局では独自の番組は少なく，中継番組が主となった。例えば，仙台局では，1928～29年頃にはニュースと経済市況を除くとほとんど中継番組であり，ラジオ新聞でもプログラムの掲載が省略されてしまうことも度々であった（日ラ新1928-1929）。全国の合計では，1928年度には自局編成の番組が12千時間，入中継番組が2千時間であったが，その後自局編成番組時間は若干減少したのにたいし，入中継番組時間は増加していった。1931年度には，前者12千時間，後者12千時間でほぼ拮抗し，それ以降は入中継番組の方が多くなった（日本放送協会『業務統計要覧』1940：135）。各局それぞれの番組が比率を減少させ，放送内容は次第に全国一律となる傾向が強くなっていったのである。

放送内容は，放送開始当初は娯楽関係が多かったが，まもなく，娯楽，教養，報道がそれぞれ三分の一を占めるようになり，1930年代からは，報道，教養が増加した（東京中央放送局）（日本放送協会『業務統計要覧』1940：12）。

放送を聴取するには，1円の聴取施設特許料を通信省に毎年納め（1928年3月に聴取施設特許料は聴取許可料金となり，許可出願の際の一回の納付だけとなる），かつ放送協会に聴取料を月1円払わなくてはならなかった。この負担はかなり重く，ラジオ普及のためにはその低減が大きな課題となった。1929年には，聴取料半減期成同盟会が結成され，聴取許可料金の全廃と聴取料の値下げを目指して運動した（日ラ新19290112，19301029）。

聴取料は，その後，1932年4月に月75銭に引き下げられ，続いて1935年4月に月50銭に下げられた。1935年の時点では，円安の関係もあって「(日本の聴取料は―引用者) 世界中最も低廉なものとなった」（日本放送協会 1965：上：337）と

された。聴取許可料も1939年に廃止された。放送聴取の負担は，徐々に軽減されていったのである。

（6） 放送事業と機器製造業

　こうして日本でも全国的な放送事業がスタートした。ラジオ製造業との関連でみると，日本での放送事業の大きな特徴は，機器製造業と直接の関連がなかったことであった。もともと放送は無線機器企業の受信機販売戦略から始まっており，アメリカではウェスチングハウスやRCAなどが放送事業に進出し，とくにRCAが設立したNBC（National Broadcasting Company）は全国的放送網を形成した。イギリスでも，当初のBBCはマルコーニの影響を強く受けていた。受信機や部品も，郵政庁の承認がありBBCのマークが入っているものに限られた。しかもその機器はBBCの株主であるメーカーの製品であることが必要であり，メーカーは自国製の受信機のほかは販売できなかった（これは1925年に廃止）。

　日本でも逓信省の計画案の段階では，無線機器製造業者は放送事業主体の一員とされており，その販売高などに応じて経費を負担する一方，そこから購入した受信機とそれ以外とで受信料の差を設けたり，受信機に型式証明制度を導入して「放送企業加盟ノ機械業者ニ間接ノ保護ヲ加エ」るなどが構想されていた。機器製造業と放送事業とは関連して構想されていたのである。また，民間からの放送事業出願でも，放送と機器製造販売を合わせて行おうとする試みが企業の大小を問わず幾つもみられた。

　しかし，それらは，受信機の型式証明制度を除いていずれも実現しなかった。その大きな転換点は，放送事業主体が営利企業から公益法人になったことであった。そのことで，民間業者による放送と機器製造販売を合わせて行おうとする企図はもちろん，放送事業主体の一員としての製造業者への保護もなくなったのである。

　また，逓信省には，放送事業との関連で国産の受信機を保護しようとする意図はもともとなかった。逓信省はイギリスの事例を参考にしているにもかかわらず，イギリスとは違って輸入を排除しなかった。逓信省にとっては，放送の

開始そのものがまず重要であり，当時の日本の無線機器製造業の実態を前提とした時，送信機，受信機ともに国内で賄えるとは思われなかったことがその背景にあると考えられる。

こうして日本では，放送事業と機器製造業とは切り離されて出発することになった。英米と比べたとき，この点が日本の放送開始の大きな特徴であった。明治期に電力業が導入されたとき，アメリカでは一体のものとして始まった電力供給業と電気機器製造業は日本ではそれぞれ別の事業として出発したが，それと同様の関係をみることができる。

2 ラジオメーカーの形成

ラジオというイノベーションが成立するにあたって，技術的基礎としてもっとも重要だったのは，キー・デバイスとしての真空管の開発と革新であった。それは，放送が問題となる数年前から進行していた。技術的な基礎が先行していたのである。

（1） 日本における真空管の開発

日本に何時，真空管が入ってきたかについてはやや不明なところがあるが，確実性が高いのは，1910年に通信省電気試験所の鳥潟右一が，欧米留学中にオーディオンと呼ばれた真空管を入手し電気試験所に送付したというものである（通信省電気試験所 1944：449）。電気試験所では早速それを試験したが，検波の感度は鉱石検波器の数倍ではあったが，それを長く維持するのが困難であり，暫く休ませておくと回復するといったものであった。この段階の真空管は真空度の低いいわゆる軟真空管であり，フィラメントからの吸蔵ガス発生がその主な原因であった。電気試験所の結論は，動作が不安定で調整が面倒であるため，すぐに実用化することは難しいというものであった。したがってその研究は本格化せず，試作が続けられる程度であった。

しかし，海外では，1910年の酸化陰極管のリーベン管の発明，1915年のラングミューア（I. Langmuir）の硬真空管の発明など，革新が続いた（日本電子機械工

業会電子管史研究会 1987：9-10)。とくに後者は，真空度を高めることで真空管の安定的な動作を初めて確保した画期的な発明であった。また，1915年にはアメリカ・ＡＴ＆Ｔは，ウェスタン・エレクトリックの協力のもとに，真空管による無線電話装置でニューヨーク―サンフランシスコ，ニューヨーク―パリ，ワシントン―ハワイ間の通信に成功した。これは当時としては驚異的な出来事であった。

　電気試験所もこうした状勢に刺激されて，真空管研究を本格化させた。1913年，東大理学部・長岡半太郎教授の指示を受けてドイツからゲーデ式ロータリーポンプと分子式ポンプを入手し，1914年から真空管の試作研究（「真空現象を無線電話に応用する事の研究」）を開始した（日無史：第3巻：50-51，通信省電気試験所『電気試験所事務報告』1914：56)。ゲーデ（W. Gaede）が油回転真空ポンプを発明したのは1909年，分子ポンプを発明したのは1913年だったから（日本電子機械工業会電子管史研究会 1987：493-494)[6]，これは当時，先端的な排気技術の一つであり，ラングミューアと並んで硬真空管を発明して上記の1915年の AT＆T の実験成功を導いたアーノルド（H. Arnold）もこのゲーデ式分子ポンプを輸入して用いていた（Maclaurin 1949：訳書：121)。1915年には「（電気試験所―引用者）第四部に於ては専ら真空現象を無線電信電話に応用する事に全力を集中し」たが，「未だ発表の時期に達」しなかった（通信省電気試験所『電気試験所事務報告』1915：3)。

　ラングミューアの1915年の論文は知られていたので，排気を完全にすることが目指された。電極の吸蔵ガスは電子の衝撃によって電極の温度を上げて排気し（ボンバートメント），1916年秋，ようやく硬真空管の受信管の製作に成功した（日無史：第3巻：50-51，日本電子機械工業会電子管史研究会 1987：68-69)。海外の真空管の内容についての情報はなく，専ら自力での開発であったが，研究開始から製作成功まで2年以上を要したことからみても，開発はそう容易なことではなかったことがうかがえる。翌1917年には送信管の製作にも成功し，6〜8月，それらを用いた同時送受真空管式無線電話に成功した（通信省電気試験所『電気試験所事務報告』1918：63-73)。

　他方，同じ通信省内の官吏練習所実験室でも真空管の研究開発が行われた。

1915年に受信管を試作し（日無史：第3巻：52），電気試験所と官吏練習所の「両所の無線研究は勢い対立的の姿に進み，真空管式の同時送受話装置も両所殆ど並行に進んだ」（桑島 1938：442）。同じ省内で開発競争が行われたのであった。

　海軍もほぼ同時期に真空管に注目し，研究を開始した。1914年，リーベン（R. Lieben）やラングミューアも学んだドイツ・ゲッチンゲン大学で無線電信を勉強した林房吉を海軍技師として雇い入れ，造兵廠電気部でリーベン管の試作研究を始めた（日無史：第10巻：300-303）。しかし，分子ポンプがたびたび故障し，その修理も完全ではなく，また，コーテッド・エレメントの自作も良品ができなかったことなどから数年間の努力も空しく失敗に終わった。分子式ポンプは一分間8千回転以上することから，1920年代半ばでも「機械的の故障が起こり勝ちで実用としては用うるには，不便が多い」とされるようなものであった（濱地 1926：782）。ここでも自力による真空管開発は容易ではなかったのである。

　一方，同じ1914年にアメリカの駐在武官から送られてきた真空管使用の増幅器を造兵廠の西崎勝之少佐が調査したが，その真空管のフィラメントが切れたことから，このアメリカ製真空管の製作に取り組むこととなった（日無史：第10巻：302-303）。もっとも困難だったのはここでも真空作業であり，東大・理学部物理学教室の木下李吉博士の援助をえた。塩や氷，木炭，液体空気まで使用して管内の残留ガスの吸収を試みたが，うまくいかなかった。ボンバートメントの知識がなかったからである。しかし，種々の失敗の結果，実験用の代用品程度のものは製作でき，上記の増幅器の調査は継続できたのであった。この頃，造兵廠は真空管製造のための専門工場を建設した。

　1916年，アメリカで研究していた西崎勝之から真空管の発振作用やその構造（ただし軟真空管）についての報告が艦政本部に届くと，真空管による送受信機の研究が行われた。受信管は軟真空管でもよかったが，送信管は硬真空管であることが必要であった。担当の松田達生技師は，その完成に努めた。真空管内部のエレメントを加熱する便法として，高周波を応用するイグニッション・ファーネスが考案され，海軍の特許となった。その開発成功で，1917年6月，同時送受真空管式無線電話実験に成功し，1918年3月，同時送受話無線電話機を完成させた（日無史：第10巻：57-58）。この実験成功は，上記の電気試験所のそ

れとほぼ同時か若干，早かったものと思われる。電気試験所側の認識では，「海軍省に於ては吾人の発表に先じて大正六年中同時送受無線電話に成功せるものの如く，是が秘密特許を得たり，固より其内容に至っては吾人之を窺知するを得ず」（通信省電気試験所『電気試験所事務報告』1917：61）とされていた。それぞれ独自に研究を行い，ほぼ同時期に硬真空管の製作に成功し，それによる無線電話実験を成功させたのである。

（2） 民間企業の真空管事業進出

民間企業も少し後れて，1916年頃に真空管の研究開発に着手した。東京電気は，電球製造の技術と設備を基礎に1916年8月に真空管の研究に着手し，1917年8月に最初の真空管（オーディオン）を製造し，陸軍に納入した（東京電気1934a：184）。一方，通信省電気試験所は，各種の研究に真空管を多数必要とするところから真空管の製作を東京電気に依頼した（日無史：第3巻：52）。試験所の技術を提供して均一な製品の供給を受けることとしたのである。1919年には逓信省考案のタングステン・スパイラル・プレートの送信管（プリオトロン）を納入したが（日無史：第1巻：196），この真空管の製作は容易ではなかった。電球の技術と設備では送信管製作に必要な高度の真空を得ることができなかったからである。白熱電球やレントゲン管に用いる排気操作を応用したが失敗し，赤燐のゲッターを使用することを着想したがそれも失敗した。種々の方法を創案したがいずれも成功しなかった。最後に，通信省電気試験所の指示をうけて交流高電圧をプレートに与えて点火する操作を発見して，この真空管を完成させることができた（日無史：第1巻：196）[7]。1919年末には，東京電気は電気試験所に共同研究の申し出を行った（日無史：第3巻：52）。

真空管は大量に使用されるものであるところから，メーカーに生産を依頼する必要が生じたのは海軍も同様であった。1919年頃，海軍も将来の需要増と改良の必要性を考慮して，民間工場を育成する方針を決め，東京電気にその製造の一部を請け負わせることとした（日無史：第10巻：59）。海軍は，東京電気に電気部で得た研究試作の資料を提供し，1920年9月には，同社の宗正路を海軍の嘱託にして，松田海軍技師とともにイギリス・マルコーニに派遣した。海軍は，

マルコーニの真空管式送信機を採用しようとしていたからである。1922年1月,海軍の真空管工場が火災で焼失すると真空管生産の東京電気への移管はいっそう強まり,艦政本部は,造兵廠長に東京電気と連絡を保って真空管研究を遂行せよとの訓令を発した（日無史：第10巻：59）。

陸軍も早くから東京電気の真空管を購入していた。同社の最初の受信管を試用したし,1919年には同社に仏国型受信管を納入させ,同省の指定品とした（東京電気 1934a：184）。同年には逓信省と並んで東京電気に真空管の実用研究の命令を発した（東京電気 1934a：239）。1922年には真空管の国産化を急ぐ目的で,軍需工業研究奨励金制度によって国勢院より同社に大型送信管開発について研究奨励金を交付させた（安井 1940：227,植村 1926：54）。

東京電気は,こうして,逓信省,陸海軍から真空管国産化の主体として育成されることになった。東京電気はGEと提携しており,株式の過半数をGEが持っていた。しかし,真空管がGEとの契約に入ったのは1918年のことであり（Hasegawa 1995：33),当初の真空管開発は独自の試みであった。そしてそれには電気試験所や海軍からの情報提供が大きな意味をもっていたのであった。1921〜23年には,年間で送信管は1千個,受信管は5千個を生産するに至った（東京電気 1934a：240）。

沖電気株式会社も,1916年秋に真空管の試作に着手した（日本経営史研究所 1981：111-112）。有線電信電話機器の有力メーカーであった沖電気は,無線機器については実績はなく電気試験所からの部品受注をこなしていた程度であったが（日無史：第11巻：51),この年,電気試験所に鉱石検波器つき受信機を納入して無線機器製造に乗りだしたのであった。電気試験所から土岐重助技師を迎え,帝大卒のエンジニアを採用して無線の研究体制を形成した。真空管についてはアメリカの雑誌論文などをたよりに試作したが,排気に用いるポンプが油圧ポンプであったために,高度の真空を得ることができず,いったんは失敗した。1919年に無線機器工場を置き,電気試験所の方法にならって同形のポンプを導入し,硬真空管の製作に成功した（日本経営史研究所 1981：112）。「電気試験所ではゲーデのモレキュラ・ポンプ（分子ポンプ—引用者）を利用して比較的真空度の高いハード・バルブに入るものが出来るようになったので,同社（沖電気—

引用者）でもこれに倣ってエヤーシップ型三極真空管を製作した」（日無史：第11巻：52）。東京電気と同様に，電気試験所の技術が導入されたのであった。この真空管を使用して，海軍が民間企業を育成する目的で沖電気に発注した御用船榊丸の無線電信機一式を納入した。

　1915年に無線電報通信社の加島斌，元海軍の無線技師木村駿吉，沖電気の製造担当企業の沖商会の木下英太郎らによって設立された日本無線電信機製造所も，1916年に真空管の研究に着手した（日無史：第1巻：203）。1917年4月，軟真空管（受信管）を完成させ，同5月，真空管工場を建設し，真空管の製作販売を開始した（日無史：第11巻：43-47，日本無線 1971：14）。同年，それを用いた受信機を辰馬汽船呉羽丸に設置したが，これが民間における最初の国産真空管による実用の受信機であった。1919年には海軍から八代五郎技師を迎えて，研究開発を積極化し，同4月，硬真空管（受信管）を完成した。1918年4月には，逓信省の指定工場となり，無線機器メーカーとしては安中電機製作所と並ぶこととなった。1919年4月には陸軍無線電信調査委員会の指定工場となり，同6月には航空機用無線電信機を受注した（日無史：第11巻：43）。この日本無線の真空管開発には，経緯からみて海軍の技術が導入されたとみてよいであろう。

　日本における無線機器メーカーの嚆矢であった株式会社安中電機製作所も，1917年に真空管の製造を開始した（安立 1982：392）[8]とされているので，研究着手は1916年頃であったと思われる。その詳細は不明であるが，1922年には送受信管製造について逓信省・佐伯技師の指導を受けた（池谷 1975：(2)：37）。安中は長い間，逓信省の無線関係の唯一の指定工場であったから，逓信省の技術が導入されても不自然ではない。

　ガラス製の理化学機械製作を行っていた宮田製作所も，1918年に真空管を製造した（池谷 1975：(2)：36）。宮田繁太郎は，島津製作所がドイツから輸入したコヒーラ（検波器）の模型教材を共同で研究したことから真空管についての知識を得（岩間 1944：133），真空ポンプなども製作した。当時のポンプに使われていたガラスは軟質ガラスであり，加工できる軟化温度範囲が狭くその細工には高度な熟練を要した（池谷 1979：(30)：46）。豆電球の製作からガラス加工の技能を獲得した宮田は，現物を知らないままに外国のカタログなどから水銀拡

散ポンプを製作した。水銀拡散ポンプは，以後の真空管製造の排気では標準的な装置となるものであった。宮田は，海軍，通信省，日本無線，帝国無線などにそれを納入した（池谷 1979：(31)：50）。宮田は，ガラス細工の熟練を生かしてポンプを製作し，真空管も製造したのである。

（3）　有力企業のラジオ進出

ラジオ放送が始まったとき，真空管事業に着手していたこうした企業が受信機製造へ進出するのは自然であった。各社の進出の事情は以下のようであった。

安中電機製作所

安中電機製作所は，早くも1924年12月に AR37 単球受信機（真空管を一つ使用した受信機，以下同様），AR36 単球受信機を開発し，型式証明を受けた（第3，4号）。これは受信機としては最初であった（安立 1964：74, 田口 1993：172）[9]。当時通信省では，型式証明で200〜250円で受信機を製造させる方針であったが，製造業者は300〜350円でも製造は困難としていた。そこへ，同社が120円でも製造できるとして持ち込んだものであった[10]。そのほか受話器（1925年3月）（鉱石ラジオではスピーカーを鳴らすことは困難であり，受話器を必要とした）や増幅器（同月）の型式証明も受けた。また，放送機も東京放送局の GE 機の予備用500W を1925年に製作した（日無史：第11巻：30）。

沖電気

沖電気は，まず単球受信機を製作し（1925年1月，型式証明番号第5号），次に3球受信機を開発した（1925年4月，同番号第43号）。この3球式を甲府で実験したが，東京放送局の受信がほとんどできず失敗に終わった（日無史：第11巻：52）。受話器（1925年1月），鉱石式受信機（1925年6月）などの型式証明も得た。

東京電気

東京電気は GE と提携していたから，RCA の受信機をベースにして単球式受信機を1925年1月に，2月に2球式を製品化し（型式証明番号第9号，第9-2

号），四月には増幅器をだした（第44号）。これが同社が真空管以外の無線機器に進出した初めであった。また，真空管戦略も積極化した。急速に需要が拡大したラジオ用受信管にたいしては，GEの真空管を生産・販売した。1924年末にトリエーテッド・タングステン繊條のUV-201AとUV-199の試作研究を開始し，1925年2月頃，販売を開始した。これらは電流消費量を従来の1/4にしたから，ラジオ・ファンの熱狂的歓迎を受け，1930年頃までこの201Aと199がラジオ用受信管のデファクト・スタンダードになった。同社の受信管の売上は1925～30年でほぼ10倍になった（東京電気 1934a：186，安井 1940：426）。

日本無線電信電話株式会社（1920年設立，以下日本無線と略称）
　日本無線電信機製造所を吸収して設立された同社は，1924年，試験用放送機を試作するとともに，受信機と部品の開発にも着手した。同年10月には一般向けの検波用（C7），低周波増幅用（C4C），高周波増幅用（C4D）の真空管を発売し，1925年2月にはM2型鉱石式受信機，3月にはV2型単球受信機の型式証明を得た（第15号，第16号）。続いて，増幅器（3月，第28号），C4C型真空管（同月，第32号），受話器（同6月，第60号）などの証明も受けた。1924年にはドイツ・テレフンケン（Telefunken）と資本・技術に関する長期契約を締結し，それを生かして各種部品の国産化も進めた（日本無線 1971：26，281）。

　他方，無線機器製造や通信機器，電機機器など関連分野の有力企業もラジオに進出した。

東京無線電機株式会社（以下，東京無線と略称）
　1920年に設立された東京無線電信電話製作所と帝国無線電信製作所は1922年に合併して東京無線電機株式会社となり，逓信省や海運会社に無線製品を納入していたが（日無史：第11巻：69），1925年には単球受信機（1925年3月，第25号），増幅器（1925年3月，第29号），鉱石式受信機（1925年6月，第55号）の型式証明を得て製品化した（ブランドはトムフォン）。また，真空管製造にも進出し，受信管と小型送信管の製造を開始した（日無史：第11巻：70）。真空管は1925年4月に型

式証明を得た（第42号）。

日本電気

　有力有線機器メーカーであった日本電気は，1924年，同社取締役であった松代松之助が立案した無線事業計画案に基づき，無線事業への参入を決定した。同社が提携していたウェスタン・エレクトリックは，無線電話から大電力真空管，ラジオ放送機製造へと進んでおり，その技術の導入が目指された（日本電気 1972：120）。まずはラジオ放送機器の輸入販売から始め，その国産化を目指して無線研究に着手することとした。1923年からウェスタン・エレクリック製放送機の輸入が行われ，大阪放送局や東京放送局に納入された。他方，1924年から1925年にかけて，受話器（1924年12月，型式証明番号第2号），鉱石式受信機（1925年3月，N.E.式1号A，同第20号，1925年5月，N.E.式1号B，同第52号）を発売した。

芝浦製作所

　芝浦製作所も，提携していたGEの技術をベースにして，1925年に2球式受信機（ジュノラⅠA，1925年4月，型式証明番号第39号）を発売した。その後1年間の間に，2球式，3球式，4球式のものからRCAの方式を改良したスーパーヘテロダイン式まで数種を発売した（東京芝浦電気 1963：511，田口 1993：90-93）。

　これらの有力メーカーの規模を1925年時点でみると，関連分野での大企業である東京電気（1925年度売上高22百万円），日本電気（同17百万円），沖電気（同6百万円）が大きく，無線機器専業企業であった日本無線（同152万円），安中電機（同93万円），東京無線（同14万円）との間にはかなりの差があった（各社営業報告書など）。ただ，無線機器製造の従業員数でみると，数値が判明するのは東京電気（1925年度100人），沖電気（同120人），安中電機（同150人）の3社であるが，それぞれ百人程度でそう変わらない（日無史：第11巻：247-257）。出発時点では各社の間にはそう差はなかったのである。

（4） 中小零細企業の簇生

こうした有力企業の進出と並んで，他方で中小零細企業による製品や問屋，小売店自身による製品，またラジオ・アマチュア自らの自製品もきわめて多かった。そこに，ラジオという製品の大きな特徴があった。

既にみたように，ラジオでは当初から大量のアマチュア（ホビイスト）が存在した。そうした人々は，熱心に受信機を工夫し，組立て，雑誌を購入して，相互にコミュニケーションを発達させた。新しい工夫を相互に発表，研究しあったのである。彼らは，一般に技術革新に最初にとびつく「革新者」（Rogers 1962：訳書：115）がそうであるように，新しいアイディアをためすことに熱中し，広域志向的な革新者相互間のコミュニケーションと友人関係を発達させた（例えば高橋 2007など）。冒頭の引用のように，それは事業と結びついたのである。

ラジオ受信機を単なる商品として見ると，斯んな妙な普及経路を辿ったものも少ないと思う。之は全く好奇心から売広められたのである。／……（ラジオ—引用者）小売商と言っても金となら心中も厭わぬ連中や，受信機をビスケットや饅頭と同様に取扱った際物商売人的な連中も相当在るには在ったが，何と言ってもラジオ狂—ファンからの転向ラジオ商も可成な数で，之等の人々はラジオの理論—理論と言った處で大体程度は知れたものであるが—を説明してからでないと真空管も部品品も売らぬ，ラジオはそんな安っぽいものではない，位の気構えで商売仕様と言う連中なので普通なら到底商売にも何にもならないで開店閉業と言った惨たる終りを告げるべきであるものが，之も不思議に其商売で口を糊して行けたものである。／夫も其筈で行って居る商店主がファンなら，類を以て集まる，来る客も又後輩のファンなのである，コイル一つ売るのにインダクタンスが何んのキャパシーチーが何うの……客と店主で徹夜をする様な事も時折はある始末（岩間 1944：442-444）

『無線之日本』（1918年），『無線と実験』（1924年），『ラヂオ・ファン』（1925年），『無線電話』（1925年），『ラヂオの日本』（1925年），など，無線雑誌も次々と創刊された。ひとつの文化が形成されていったのである。技術はラジオでは容易に

学べるものであり、また画期的な結果に結びつくものであった。「(無線―引用者)雑誌は一連の価値観を示した。中でも重要なのは、テクノロジーは容易に学べるものであり神秘的なものではない、テクノロジーに対し断定的かつ自信に溢れた態度で臨もう、と説いた」(ポスカンザー 1996：101)のである。

　ラジオ産業がそれ以前の産業と大きく違っているところの一つは、こうしたラジオ・アマチュアが、市場の形成という意味で産業形成の前提をなすと同時に、産業形成の主体の裾野をも形成したことであった。放送開始当時の東京には、無線雑誌の販売高から判断して5万くらいのファンが存在したという(岩間 1944：265)。そのうち少なからざる人々は受信機を自製したし、上記の引用のように、進んでラジオの販売や製造に携わる人々もでた。

　もちろん、当初のラジオ及び部品の製造、販売事業はきわめて利益率が高かったから、技術的には多少あやふやでも経済的動機から参入する人々も多かった。販売業の場合にはその傾向は著しかった。船舶の無線通信士や電気関係の職業に携わっていた人々による開業が多かったが、まったく無縁の職業からの参入も多かった。1928年の名古屋地域での調査では、ラジオ小売業者の「身元」で多いのは「貸座敷」、「僧侶」、「医師」、「料理屋」の順であり、その他、様々な小売業も見られた(松原 1928：28)。ラジオは、「ブラック・ボックス」的な製品であったから、多少の知識があればそれでも通用したということもあろう。

　また、新規参入の特殊な条件となったのは関東大震災であった。大震災で既存の事業が破綻して、その出直しとしてラジオに進出するという事例が少なくなかった。直接に被災しなくても、後に有力企業となる安田一郎のように「君の処は焼けずに済んだんだからというので借りたものは待ってくれ貸したものはよこせということになって散々な目に逢った、そこで私もどうせ潰れるんなら何か一つ変わったことをしてやれ、雛子も死ぬなら啼いて死ぬという訳でいよいよ真空管製作の決心を固めた」ということもあった(岩間 1944：136)。こうした事例は、文献に残っているだけでも、早川金属工業研究所の早川徳次、田辺商店の田辺綾夫、萩工業の菊地久吉、ゲーリーストロング商会の石田宇三郎、佐藤電機(後の日本ケミコン)の佐藤敏雄などがある(岩間 1944：132-133,

145, 308, 日本ケミコン 1982：5)。大震災は既存事業からの退出障壁を低め，ビジネス・マインドを変化させたのである。

　こうして参入した中小企業がどれくらいの数にのぼったかは，正確なことはわからない。1926年の『全国ラヂオ商取引便覧』(東京実業社)によれば，東京市で何らかの形で製造業を営むものは211社（卸との兼業なども含め），大阪市では34社で，計245社にのぼった。同年のラジオ関連製造業者数は365名という数値もある（日ラ新19261224）。東京のラジオ商工業者は，1925年に「東京無線電話機商組合」を組織したが，全組合員228のうち製造を営むものは76名であった（1925年11月1日現在）（岩間 1925：393-411）。

　少し後の時点になるが，表1-1は，1930年の東京市内のラジオ関連の製造業者（従業員数5人以上）である。日本無線や東京無線など中規模の工場もあるが，大半は従業員数が10人未満の零細工場であることがわかる。

　中小企業のうち，典型的なタイプとして，ラジオ・アマチュアからの進出，無線機器製造の周辺部分からの進出，他業種からの進出の事例をあげると，次のようである。

三田無線電話研究所

　シカゴ大学で学んだ茨木悟は，伊藤賢治のラヂオ電気商会を経て1924年に独立して三田無線電話研究所を設立した（日無史：第11巻：184）。常に新しい製品に注目して，1925年頃からスーパーヘテロダイン，トライヤダイン (tri-Rdyne)，ニュートロダイン (Neutrodyne)，ピノキュラダイン，レゼノックス方式，ロフチンホワイト式スクリーンドダインなど新方式の受信機を発表してその製作法を公開し，セットのほかキットを発売してアマチュアの指導に尽くした。

坂本製作所・田辺商店

　東京帝国大学法科を卒業した田辺綾夫は，1920～21年にアメリカに滞在してラジオの出現を経験し，1923年，震災を契機にラジオ小売店を始めた（岩間 1944：132-133）。当初は部品を主に扱い，製造を坂本製作所，販売を田辺商店で

第1章　ラジオ産業の形成

表1-1　ラジオ関係製造企業一覧（東京）

（1930年10月1日現在）

工場名	代表者名	所在地	製造品目	設立年	職工数（人）			動力（馬力）
					男	女	合計	
坂本製作所	原　愛次郎	麹町区	ラジオ	1925	20	79	99	3.5
井出鉄工所	井出巳代治	芝区	ラジオ部品	1930	5	—	5	2
東洋無線電信電話	志村鉄之助	芝区	電信機具	1927	20	—	20	10
	田畑　晋次	芝区	トランス	1930	3	4	7	1
成電舎工業所	成瀬　勲	芝区	ラジオ部品	1928	7	2	9	2
三陽舎製作所	鬼鞍虎次郎	芝区	コンデンサ	1916	23	8	31	2.5
	遠蔵金太郎	麻布区	無線付属機具	1928	6	—	6	1
	七尾　静介	麻布区	無線付属機具	1928	8	—	8	2
	伊藤　清治	本郷区	ラジオ部品	1928	2	3	5	1
	吉田　光次	下谷区	ラジオ部品	1928	6	—	6	—
	小林　保	下谷区	ラジオ部品	1923	5	—	5	1
	石井慶太郎	浅草区	ラジオ付属品	1926	7	—	7	1
	数永清次郎	浅草区	ラジオ		6	—	6	3
	瀧口松五郎	本所区	ラジオ付属金具	1927	9	—	9	—
	鈴木　武夫	本所区	ラジオ付属金具	1929	5	1	6	1
伊村製作所	伊村初太郎	荏原郡	ラジオ部品	1922	7	1	8	2
日本無線電信電話	加納與四郎	荏原郡	ラジオ付属品	1920	117	30	147	69
東京無線電機	井上　守義	荏原郡	無線機器	1920	85	24	109	70.3
田辺製作所	田辺　壽助	荏原郡	真空管	1928	15	10	25	3.5
染谷真空管製作所	染谷　孝	荏原郡	真空管	1928	26	—	26	2
三共電機工業	宮永金太郎	荏原郡	ラジオ	1930	79	32	111	9
キング電機製作所	松島鉀三郎	荏原郡	真空管	1928	15	7	22	2
極東真空管製作所	竹中栄太郎	荏原郡	真空管	1926	5	3	8	3
瀬下電機製作所	瀬下　勘内	荏原郡	トランス	1929	45	3	48	6
都電機工場	西山　寛一	豊多摩郡	ラジオ	1924	7	—	7	5
	高橋幸五郎	豊多摩郡	ラジオ線編組	1922	2	6	8	2
狐崎ラヂオ部分品工場	狐崎　武夫	豊多摩郡	ラジオ部品	1928	20	—	20	—
	飯塚彌三郎	北豊島郡	ラジオ付属品	1928	5	1	6	1
田口製作所	田口源太郎	北豊島郡	真空管	1925	5	—	5	1
古河製作所	古河定五郎	北豊島郡	無線機	1920	6	3	9	—
湯川電機製作所	湯川　正治	北豊島郡	ラジオ器具	1929	9	4	13	0.3
	松原　文吉	南葛飾郡	ラジオ部品	1930	4	2	6	3

資料：東京市役所商工課編『東京市工場要覧』昭和6年版，1931年。

行った。トランス（ブランドはテストラン）をはじめ優秀な製品を原愛次郎が設計し，その模造品が後をたたなかった。1925年4月には受信機で型式証明をとった（コンドル，第34号）。

山中製作所（1925年山中電機製作所，1927年山中無線電機製作所）

　1922年，芝の東京製作所に24年勤続して機械工作に携わっていた山中栄太郎は東京・荏原で無線通信機器部品製造を始めた（従業員数21名）（日無史：第11巻：137-138）。帝国無線株式会社の前身である東門無線株式会社の下請であった。翌年になると取引相手は横浜・磯野無線電信電話機製作所や安中電機製作所，ラジオ卸問屋に広がった。1924年には，それらに加えて東京電気の「サイモフォン A1型」，「同 A2型」の組立を引受けた。他方，バリコンの製造を開始し，卸業者や中小ラジオメーカーに販売した（従業員数46名）。放送開始の1925年に下請を脱するため自社製品を「ダイヤモンド」の商標で発売開始した。受信機，バリコン，トランス，チョークなどで，営業所を自ら設けて従来の取引先に販売した。とくにバリコンは機構，性能ともに優秀で評判が高かった。東京無線より技師を迎え，工場を増設し，従業員数も55名となった。1926年には，5球ニュートロダイン式受信機を完成し，同方式に特許を持っていた安藤博との間に契約を結び発売した。新工場を建設し，従業員数も62名となった。

早川金属工業研究所（以下，早川と略称）

　東京でシャープ・ペンシルの製造を行っていた早川徳次は，震災で焼け出され，大阪で早川金属工業研究所を設立し再起を図った（早川 1963：199-213）。その製品としてとりあげたのがラジオ受信機であった。1925年，輸入された鉱石セットの分解研究を行ったが，機械加工の技術はあっても電気的知識はなかったからその理解は容易ではなかった。しかし，大阪放送局の放送開始に合わせて鉱石セットを完成，発売することができ，爆発的にヒットした。受信機と部品にシャープ・ペンシルにちなんでシャープというブランドを付け，いち早い販売と製品の保証，適正な価格をモットーとして販売した。他方，輸入品の販売も行った。

（5） 真空管における中小零細企業

　中小零細企業が簇生したのは，受信機製造だけではなかった。真空管にも中小零細企業は数多く進出した。

　放送開始以前にも，民間の無線研究者であった濱地常康は1921年に真空管研究を開始し，1922年には真空管（濱地バルヴ）を製作した（濱地 1926，日本放送協会 1951：58）。平尾亮吾の日本真空管製作所も1922年に受信管の製作販売を開始した（NVV）（池谷 1976：(3)：36）。放送が開始されると，受信管を製作するものが多数にのぼり，1926年には「東京市を中心とせる十数哩の圏内に今日ヴァルブを製造する工場が約八十個所もある」（根岸 1926：231）といわれるほどであった。商標も，RCA のラヂオトロン，東京電気のサイモトロンにたいして，「スーパーラヂオトロン」（スーパーラヂオトロン製作所），「ラウディオトロン」（太平洋無線電信電話真空管工業社）など，類似なものを含め様々なものが登場した（池谷 1976：(6)：31）。

　先にみたように，この10年前には，当時のトップ・エンジニアを擁していた電気試験所や海軍でも硬真空管開発には数年を要していた。こうした中小零細企業の参入は如何にして可能となったのであろうか。電球製造業から真空管に進出し，後に有力業者となる安田電球製造所の例をみると次のようであった。

　震災四五年前のことです……逓信省の前にガラスのポンプが四五台おいてあるこれは何だと云うと真空管の空気を抜くポンプだという……それから色々本を読んで研究を初めた（ママ），その頃私は普通の電球を作っていたのですが，その内に例の震災に逢った，……どうせ潰れるんなら何か一つ変ったことをしてやれ……という訳でいよいよ真空管製作の決心を固めた，……本を読んだりしていろいろ研究した上，マルコニの真空管と NVV（日本真空管製作所―引用者）とをモデルにして兎に角それとおなじかっこうのものを作ってみた，然し果して使えるものかどうかサッパリ判らない……空気の抜けのよいのを整流管，悪いのを検波管（検波なら真空度の低い軟真空管でも使用可能―引用者）といった風にいい加減な事にして二百個を渡してやった，値段はということになったがこれ亦見当がつかないので百個三百五十円位ならどうだろうというと結構だという

……こんな面白いものはない，大にやろうということになったのであるがすると今度は真空管の中を鏡のようにして貰いたいという註文が来た，ところがそのやり方がわからない……今のボンバーターというものを知らなかった訳だ，その内に逓信省で例の型式証明を初めた（ママ）のでこれを取っておかないと具合が悪いだろうというので，早速試験を受けてみたが不合格であった（岩間 1944：136-137）

ここからは，電球製造の技術と文献，現物を頼りに製作したが，やはり硬真空管を製作するのに必要な知識と技術はなかったことがわかる。しかし，重要なことは当時の市場ではそれでも通用したし，しかもかなり高価で販売できたということである。

というのも，先にみたとおり，受信管を需要するラジオ受信機の製作自体が中小零細企業や流通業者の自作，アマチュアの自作が多く，受信管を購入する方も知識や経験が乏しかったからであった。また，当初の受信機組立の利益率はかなり高かったから（第2章2(1)），品質の悪い真空管もそれと判断されることもなく高価に販売することが可能であった。したがって，実際には品質の悪い真空管も多数，流通した。1926年頃には「唯々製造業として比較的利益があるからと云うのでやっているのが多く従って信用し得られぬ真空管も多数にある」（根岸 1926：231）といわれた。市場には，硬真空管と軟真空管とが混在していたが，硬真空管と称していても本来のそれはわずかであった（池谷 1976：(4)：40）。

とはいえ，すべての中小零細企業がそうした企業ではなかった。高品質や技術の革新を目指す企業もあった。前項にみた宮田製作所はそうした企業であった。

製造は始めたが，最初の間はエージングをかけると一度に全部フィラメントが切れて了うといった具合で，満足なのは百のうちにようよう三個あるかないかといった有様……茨木さん（三田無線電話研究所の茨木悟─引用者）からも注文をいただいたが百ケのうちパスしたのは精々二十ケ位であとは全部真空度が低い

というので落第した。……しかし他のが殆ど納まらぬ茨木さんの処へ二十でもパスしたとおもえば名誉でもあった……ボンバートメントのことについて滑稽なことがあります。……或る業者―それはかなり有名な人ですから特に名前は秘しますが―がやって来て真空管を魔法瓶のように鍍金してくれということを真面目になって持ち込んで来た（真空管のガラス部が銀色になるのはマグネシュームを加熱蒸発させて残留気体を吸収させるためでメッキをするわけではない―引用者）……私の処では一五〇〇ボルトの交流でボンバートメントさせマグネシュームをゲッターとして使用して真空度を得非常な好成績を挙げた。その内にかの有名な米国のアジャックスの高周波電気炉に着目しこれを真空管に利用することを研究して成功した（電極の吸蔵ガスを除去する方法の一つ―引用者）。当時高周波電気炉を使用して真空管を作っていたものは我が国では大会社の研究室はいざ知らず民間では恐らく私の処以外には例がなく……その後続々此の高周波電気炉が製作発売されるようになったのでその頃から真空管を作り出した人々は大に恵まれている……それから水銀の拡散ポンプ，これは当時私の処の本業でもありましたが各方面から非常な好評を博し官民各研究所に殆ど一手に取つけた……各方面で好評を博した拡散ポンプも安田君には売らなかった（笑声―原注）ところが心臓の強い安田君のことだから断ろうと思っている内に今日は―というと直ぐ土足の儘ズカズカと工場に上がり込んで来るのには閉口した（岩間 1944：134-135）

　この回想は出来事の日付を欠いているので，それぞれが何時のことなのか残念ながら不明であるが，水銀拡散ポンプと高周波電気炉の使用は真空管製造における重要な革新であったことは確かであった。
　また，ここからは，受信機製作業者のなかには三田無線のように品質に厳しい買い手もいたことがわかる。品質の高い真空管を選別できる買い手も存在していたのである。
　この回想の一番最後の部分は，革新が中小企業の間で普及していく経路の一つを示していて興味深い。「東京市を中心とせる十数哩の圏内」に数十の真空管工場が集中し，しかもそれぞれが中小規模では「土足の儘ズカズカと工場に

上り込んで来る」のを防ぐことは難しかったであろう。

また，水銀拡散ポンプについていうと，東京電気でも，宮田が製作したそれを，同社のガラス工がエンジニアに見せたという（池谷 1979：(30)：46）。市中で製作されたものとして紹介したといわれる。前述したように水銀拡散ポンプは軟質ガラス製であり，熟練したガラス工でないと製作できなかった。ガラス工間の関係をとおしても各社の技術の内容は相互に流通したとみてよいであろう。

したがって，最初は技術レベルが低かった中小零細企業でもそれを引き上げていくことは可能であったのである。

（6）輸入の盛行

当初のラジオの供給としては，輸入も盛んに行われた。前述したように，放送制度との関連ではイギリスと違って輸入は排除されていなかった。関税も，大蔵省はラジオは贅沢品であるとして従価10割にする方針であったが，逓信省や放送局は「そんなことをされては我が国のラジオ技術の発達上由々しき問題」だと反対し，「電気機械」として従価2割となった（岩間 1944：129）。

輸入は，三井物産や大倉商事などの商社や日本無線，東京電気などの外国企業と提携したメーカー，また中小の輸入商などが行った。

三井物産は，GEとその関係会社であるRCAの販売代理店であり，機械部電気掛がその輸入を行った。東京放送局の仮放送に使用された，東京市電気試験所に納入されたRCA製無線機の輸入や受信機や真空管の輸入を多数，行った。1925年には，RCAのラヂオラⅢA（受信機）を100台（単価160円），1928年には同スーパーヘテロダインを1,000台（単価850円）輸入した（日無史：第11巻：16）。

大倉商事はマルコーニの特約店であり，同社製の送信機や放送機を多数輸入した。鈴木商店も早くから多数の無線部品やラジオ受信機を輸入した。1918～19年から鉱石受信機を輸入し（ジョンファースカードウェルから単価200円で200台），受話器（1919年）やスピーカー（1925年），1926年からは，カードウェル，エマーソン（Emerson），クロスレー（The Crosley Radio Co.）の電池式ラジオ（単

価100〜150円で300台），RCAのラヂオラⅢA（単価300円，50台），スーパーヘテロダイン（単価750円，50台）などを次々と輸入した（日無史：第11巻：19）。

　日本無線も提携先であるテレフンケン製品を輸入した。発電機式送信機（依佐美送信所向けなど）や放送機（金沢放送局用など）の他に，受話器，スピーカーなどである（日無史：第11巻：19）。ドイツ人による商社であるイリス商会（C. Ellis Co.）は，明治初年より各官庁に諸種の資材を輸入していたが，ローレンツ（Lorentz）の高周波発電機や無線機のほか，ラジオ受信機，受話器，スピーカーなどを輸入した。発電機は1924年に陸軍に，1926年に海軍に納めており，ラジオ受信機は1927年に5千台（単価120円），鉱石式受信機を3千台（単価20円）を輸入した（日無史：第11巻：17）。

　輸入受信機は高級品が多かった。放送開始1年後の1926年3月の調査では，受信機全体の15.6％が輸入品であったが，輸入品の半分は4球以上の真空管式であり，そのクラスでは輸入品が45.8％を占めた（日本放送協会 1977：資料編：539）。

３　企業間競争の展開

（1）市場の構成

　放送が開始されるとラジオ・ブームが起こった。放送聴取許可者数は，当初の放送局の予想をはるかに上回って増加した。東京放送局では，当初，年間聴取者増加数を1万と予想していたが，実際には1年後の1926年3月には17万となった。大阪，名古屋を合わせて，同時点では26万に達した（巻末付表1）。

　ラジオ製品の構成は多様であった。受信機は，上は千円前後もする輸入品のスーパーヘテロダイン（Superheterodyne）から，下は10円くらいで入手できる鉱石式受信機まであった。後れて出発しただけに，アメリカで開発された，再生式受信機，ニュートロダイン（Neutrodyne），スーパーヘテロダインなど，各種の受信機が一挙に出現した。当時の大卒初任給は月70円くらいであったから，受信機はかなり高額であった。1926年3月の逓信省の調査では，放送聴取者の受信機のうちでは鉱石式が58.0％を占めたが，他方で4球以上の真空管式受

信機も16.4％存在した（日本放送協会 1977：資料編：539）。数量の面では安価な鉱石セットが主流であったが，他方で高級機を購入する富裕層も存在していた。

　当初の放送事業の方針は，前述のとおり「全国鉱石化」であったが，それは鉱石受信機の可能聴取範囲の誤った設定のうえにたっていたことが間もなく判明した。1926年頃には，鉱石受信機で聴取できるのは放送局から半径10kmくらいまでであり，それを超えると真空管受信機が必要であった。半径50kmでは2球式が，半径150kmでは3球式が必要であった（佐野 1926）。10kW局が設置された1929年頃には，鉱石受信機は半径46kmまでなら昼間でも10kW局を聞くことができたが，それ以上になると真空管受信機が必要であった（吉田 1929：23）。鉱石受信機では，聴取範囲に狭い限界があったのである。

　しかも，鉱石受信機は取扱に不便であり，大勢では聞けなかった。とくに当初の鉱石式には検波器に天然鉱石と針の接触を利用したものが使われ，感度の最もよいところを探りあてて聞く「探り式」が多かったため，接触が不安定でちょっとした具合で感度が悪くなったりした。この欠点は，固定式鉱石を使用すれば改善できたが，鉱石受信機では信号を増幅できないため受話器を耳にあてて聞くのが基本であった。受信機の利用は，各個人に限定されたわけである。

　真空管受信機は，そうした欠点を免れることができた。より遠方の放送局の放送をスピーカーで聞くことができた。家族で放送を楽しむことが可能だったのである。そこで，放送開始後しばらくすると真空管受信機が需要の中心をなすにいたった。**巻末付表2**のように，1927年度には，鉱石式45.7％に対して真空管が54.3％と真空管式の方が多くなり，その傾向は年を経る毎に強くなっていったのであった。

　ただ，当初はラジオ・アマチュアによる自製が多かったから，市場取引の中心は，セットよりもむしろ部品であった。部品も，簡単なものはアマチュア自らが自作する傾向が強かったが，真空管やトランス，受話器などは主に購入したからである。

　製品には型式証明制度がとられていた。「粗製濫賣的ノ機械製造業者ヲシテ乗スルノ余地ヲ無カラシムル」（1923年「調査概要」）のが一つの目的であったが，型式証明をとらない中小零細企業の製品や自製品が数の上では増えていった。

型式証明をとるには品質を確保する必要があったし，検査にはコストがかかり面倒で時間もかかった。また，型式証明では禁じられていた再生式（発振してしまうので混信を招くとして禁止されていた）は，手軽に感度をよくするメリットがあったから魅力的な方式であった。型式証明制度にもかかわらず，非合法の受信機が横行したのである。

受信機の制限制度自体も，1925年2月に相手放送局以外の波長に変更することの禁止が廃止され，同時に波長400m以下であれば，逓信局長の許可があれば非型式証明の自製受信機でも良いとされた。さらに同年5月には，400m以下でアンテナから電波を発射しなければよいとされた（「放送用私設無線電話規則」の改正）（日無史：第7巻：64-67）。型式証明品を推奨することは継続したが，実質的な意味が失われていったのである。

（2）　企業間競争の展開

こうして製品の使用公認制度は形骸化し，それにとらわれない自由な競争が展開することとなった。しかも，市場が急拡大したことで数多くの主体が参入した。当初の企業間競争を特徴づけるのは，何といっても，それら主体の機会主義的な行動であった。

日本の受信機や部品は，大きくいって，外国，とくにアメリカ製品の模倣であった。「我国の受信機は全く米国の模倣であって，部分品も方式も外見も非常によく米国の流れを承けついで」いた（加藤 1931：288）。有力企業の東京電気や芝浦製作所，日本電気は，GEやウェスタン・エレクリックと提携していたから，その技術を導入するのは当然であったが，それ以外の中小零細企業も外国製品を模倣した。さらに偽造する者も多くでた。「テレホンケン」というような似て非なる商標をつけるのはまだしも（無タ19261015：4，テレフンケンは有名なドイツ・メーカー），「外国製ならざる製品が，立派なネームプレートに外国製であることを明記している」（無タ19260625：2）のも稀ではなかった。日本は，貨物の原産地虚偽表示防止に関するマドリッド協定には加入しておらず，1934年の「不正競争防止法」まで，そうした「不正競争行為」を防止する法律はなかった。日本では一般に，外国の産地を詐称するものは少なくなく，後進国が

国際競争で先進国に伍していくには,ある程度の不正行為はやむをえないという考え方があった(通商産業省 1964：245)。ラジオでも同様の主張が行われていた(無タ19260625：2,無タ19261115：4,日ラ新19260820)。そうした事例の一つをあげると次のようであった。

ゲーリーストロング商会

　東京のメリヤス機械工場で旋盤,プレス作業を修得した石田宇三郎は,電機工場に転職して,陸軍や通信省向けの部品製造に携わっていた。大震災で「借金も貸倒れも一切今までのことは打ち切って,何もかも生まれ変った気持で新たに人生への再スタートを切」った。一九二四年に端子などのラジオ部品の製造を開始した。そこで問屋に「グリッドリークを作ってみたらどうかといわれたので,早速ファイバーの芯に錫箔とパラフィン紙を巻きつけた甚だお粗末なものを作って」問屋にもちこむと,「リークというものは紙のとこへ鉛筆で線條を引いておかないとリークらしくないから線を引けというので,早速そのとおりにし,それを原価一銭七八厘でできるものを五銭で卸し」たが,1926年の4月頃から売れなくなったので,違う問屋に持ち込んだところ「商品はすべて体裁が肝腎だ……アメリカ製品をまね,私の品物も黒いペーパーの上に緑色の文字で……『テレフォンコンデンサー —U.S.A』という具合に,一見アメリカの製品のように改め……一ケ八銭のものを一八銭で」売り,問屋はそれを23銭で販売した。次いで,バリコンについてはギルフィランの製品を購入して,問屋から資金を前借りして製造し,製品名を「成るべく舶来品らしくし」,しかも成るべくギルフィランに似通った字体でマークにしたので「一時舶来品と思われた」。マイカコンデンサについても,「デュビリアのマイカドンを模作」した(岩間 1944：307-312)。

　外国品ばかりではなく,国産品でも成功した製品には模造品がでた。上記の商会のバリコンにたいしてすら偽物が現れる始末であった(無タ19270215：3)。そうした事例については,新聞に掲載されただけでも枚挙の違がないほどであった。[14]

もちろん，ラジオでも知的所有権は存在していた。当初のラジオ受信機の回路方式である，再生式，ニュートロダイン，スーパーヘテロダインのうち，ニュートロダインは日本では安藤博が特許を持っており，スーパーヘテロダインはGEと提携関係にあった芝浦製作所などが特許権を持っていたが，それらは高価にすぎて，販売量はきわめて限られていた。大量に使用された再生式は，日本では日本無線がテレフンケンとの提携で特許権を持っており，1925年には多くのメーカーやディーラーに警告を発したが，実効性はなかった。大量の模倣や偽造の中で，こうした特許権は実質的には機能しなかったのである。

こうした模倣や偽造品の横行の背景には低価格を志向する市場の特性があった。芝浦製作所社長で東京放送局理事長の岩原謙三は，当時，盛んとなった国産品奨励運動に寄せて，「日本の需要家は全く価格一点張りで品物を選択し，ただ安いものを買おうとして」おり，それが製造者の競争を歪めて国産化を困難にしていると主張した（無夕19260615：5）。これは，ラジオに限らない一般的な議論であるが，岩原の議論であるからには，当然，ラジオも念頭に置いているとみて良いであろう。一般的にいえば，日本の所得水準は低かったから，低価格志向になるのは当然でもあった。

しかも，ラジオという製品は，そうした消費者側の低価格志向や供給者側の機会主義的行動をおこしやすい特性をもっていた。ラジオは，日本の消費者が初めて出会った「ブラック・ボックス」的な製品であったといってもよいであろう。消費者は製品内容について，直ちには正確な判断を下しにくく，消費のくり返し性も当初は当然なかったから，消費者としては，最も確実な価格というシグナルの方に引かれやすかったのである。

他方，消費者が製品の正確な判断を下しにくく，繰返し性もないとなれば，供給者側には機会主義的な行動の誘因が発生するのは当然であった。しかも，供給者側はかなり多数で，参入，退出も激しかったから，そうした行動をとりやすかった。機会主義的な行動が現実化しやすい製品であり，市場の構成だったのである。

とくに，1926年8月頃から放送聴取者数の伸びが停滞してくると，その傾向は激しくなった。ブームは一転して不況となり，低価格品の乱売が行われ，値

表1-2 ラジオ・部品価格の推移

(単位:円,銭)

年月	セット コンドル・ベビー（田辺）(4) 3球再生式(5)	真空管 201A・ベスト（安田製）	受話器 安中製	コンデンサ マイカコンデンサ・国産0.001μF
1925年6月(1)			16.00	
11月(1)	180.00(4)	6.00	12.00	
1926年5月(2)	110.00(4)	5.00	9.00	0.70
12月(3)		5.00		0.40
1927年10月(1)		3.00		
1928年7月(1)		3.00	8.50	0.40
12月(2)	30.00(5)	2.20	7.00	
1929年6月(2)	30.00(5)	1.00	6.00	
12月(2)	25.00(5)	0.95	5.50	

注1) (4)は「コンドル・ベビー」(3球,田辺商店),(5)は「3球再生式」の価格である。
資料:(1)は『無線タイムス』,(2)は『無線電話』,(3)は『ラヂオファン』による。

下げ競争が激しくなった。1926年秋には「不景気！値下り！模造品続出！」(無タ19261015:3)という状態になった。同誌の分析では，とくに市場を攪乱しているのは，電気器具との兼営卸と自製品の卸のうちの町職人的な零細業者であった（無タ19261015:3）。つまり，零細な業者や技術的知識が乏しい業者がより機会主義的に行動したのである。

価格の低下を代表的な国産品でみると，表1-2のようであった。この間，価格低下が如何に激しかったかをうかがうことができる。1925年11月から1929年6月の3年半で，真空管（201A）は1/6，受話器（安中製）は1/2の低下であり，セットも数分の一になった。

この価格低下のある部分は技術革新によるコスト低下によるものであったが，他方では，品質を落とすことで達成されたのであった。「余り安くしては好い材料を使用することが出来ぬ，且つ製作技術も自然粗漏となり，自然安かろ悪かろの粗製濫造を馳致する」のは当然であった。価格低下は，ますます粗製濫造による低価格販売を促進した。価格低下と品質の悪化との悪循環が形成されたのである。

品質の水準を部品でみると，1929年の調査では，市場にあるトランス，バリコン，抵抗器，コンデンサなど，36種のうち，仕様が公称と一致していたのは10にすぎず，実に1/3は「実用に不適当」であった（山田 1929:6）。受信機でみても，1929年初め頃の「本邦製受信機は，其の電気的動作並機械的構造から云

っても未だ優秀なものの極めて少ない」（横山 1929：6）状態であり，1930年頃でも，放送局の相談所に持ち込まれる「セットが素質も悪くなって来ている事は寒心にたえない」（放送局相談係）（無夕19300716：3）といわれた。

　こうした品質の軽視は，受信機の故障率を高めて，放送聴取者の廃止の原因の一つになったから，放送協会にとっては問題であった。放送協会は，簡単には故障しない優良受信機を普及させようとする政策をとることとし，1928年4月には受信機器の認定制度を開始した。「破竹の勢を以て簇生した機器供給業者は，玉石混淆，機構機能が多種多様であり，価格の等差また甚しく，製品の精粗良否を判別し，価格の適否を知ることは普通常識を以てしては到底不可能」（ラ年鑑1931：731）という状態に対して，放送協会が機器の認定制度を導入し，優良受信機器を指定して，消費者に選択の基準を示そうとしたものであった。そのことで優良品の普及を進め，メーカーの製造技術の向上を図ろうとしたのである。また，1928年度には放送協会は，受信機故障の診断を行っていたそれまでの技術相談部をラヂオ相談所とし，業務を拡大した（日本放送協会 1965：上：284）。

　しかし，認定制度にたいしては，メーカーの中にはとにかく見本品で一機種の認定をとっておいて，他の機種も認定メーカーと称して宣伝するというというような，機会主義的な利用の仕方をするものも多く，他方，消費者の側でも認定品は品質は良いけれども高いとして敬遠する傾向もでて，なかなか実効はあがらなかった。

　また，関係業者も粗製濫造に対処しなかったわけではなかった。放送開始当初から，東京，大阪，それぞれで商工業者の組合が形成されたが，その当初の主な事業目的の一つはこの粗製乱造対策であった。1925年には，東京に東京無線電話機商組合，大阪には大阪ラヂオ組合が形成されたが，前者の目的の第一は「営業上の弊害を矯正し共存共栄を図ること」であったし，後者はもっと具体的にその組合規約第7条で，「組合員は組合に登録したる製造家又は卸業者の定価は小売の場合値引きするを得ず」と規定していた（岩間 1925：385-434）。翌26年3月には，東京で卸業者は東京ラヂオ卸商組合を設立し（日ラ新 19260317），27年6月には，同様に大阪でも卸業者による関西ラヂオ卸商協会が

設立されたが（日ラ新19270602），前者では，卸，小売の定価の決定を協議したし（日ラ新19260909），後者も組合規約として，卸小売値段の協定のほか，粗悪品をなるべく取り扱わないこと，模造類似品を作らないこと，などを定め（日ラ新19270617），11月には不正悪徳商人のブラック・リストを作成し，各協会員に通知した（日ラ新19271129）。1928年1月にも，東京無線電話機商組合は悪徳商人退治の通牒を発したし（日ラ新19280131），日本西部ラヂオ商工組合は，同年12月，全国ラヂオ商組合連合会（1926年6月創立，ラ年鑑：1931：805）開催に際して，その議案のなかに悪徳業者対策を入れた（日ラ新19281226）。1929年12月にも，東京ラヂオ商組合（1928年4月，東京ラヂオ卸商組合と東京無線電話機商組合が合同して形成）は，乱売対策として卸値段を協定し，優良品の助成を協定した（日ラ新19291209，岩間 1944：440）。こうして，価格の協定，乱売防止，悪徳商人対策が繰り返し議論され，協定されたが，それが繰り返されているということ自体からしても，実効があがったようには思われない。

　こうして，当初のラジオ，部品市場は，一方で鉱石式から真空管式へと激しい技術革新をくりひろげながら，他方では粗製濫造の傾向が強かった。「所謂家庭工業的に小規模の受信機用部分品が盛んに産出され出し，一時悪貨は良貨を駆逐する弊も生じた」のであった（岩間 1944：445）。商品品質について市場参加者が完全な知識を持たない場合の市場の失敗（質の悪い商品だけが市場に集まる逆選択）が起こったのである。

（3）　有力企業の撤退と輸入の駆逐

　こうした市場と企業間競争の展開の中で，大きく打撃を受けたのは輸入と有力企業の製品であった。

　輸入は，1925年にはアメリカからだけで222万ドル（545万円）であったが，1926年1〜11月には全体で285万円と減少した。以後，急速に減少して，大蔵省『大日本外国貿易年表』に「放送無線電話聴取用電話機及部分品」が現れる1928年には59万円であった。早くから「殆ど国産品をもって市場を占領した」（無タ19250501：2）のであった（巻末付表3）。

　この急減には，1926年の関税改正で関税が従価2割から4割になったことも

影響したが，国産品の価格が低下していったことが大きな要因であった．もともとラジオやその部品は労働集約的な製品であり，国際競争上では日本の賃金が低いことも意味をもっていたが，しかし労務費は原価構成では総原価の数％にすぎなかった．7～8割を占める材料費の方がコスト面では重要であり，また，技術革新への対応が国際競争面でも重要であった．技術革新には模倣で対応し，材料面では安価で粗悪な材料を採用したことの方が輸入品との競争面では重要な意味をもっていたことは確実である．外国製品の模倣，偽造や粗製濫造による価格低下が外国製品を駆逐したのである．

有力企業が打撃を受けたのもほぼ同様の論理であったが，ここでは型式証明制度の形骸化も重要な要因となった．有力企業は型式証明を得れるような部品やセットを製造したが，そのためにコストが嵩み高価であったから，それが形骸化すれば競争で不利になるのは当然であった．「此法規（型式証明制度―引用者）は改正せられ決河の勢いで製作したセットは其の評判次第に悪く……進退全くきわまった状態を演じた，これが日本無線界に於て今迄奮闘と貢献を続けて主要な地位を占めた有名な会社に多かった」（秋間 1925：609-610）．

東京電気をみると，1925年2月に発売した「サイモフォンA二」（2球式）は，非常な歓迎を受け，製品の奪い合いが随所に展開されたほどであったが，型式証明制度が形骸化したことからB型は5千台売れ残り，非常に困ったという（岩間 1944：155，日無史：第11巻：78）．同社は次第に高級品に重点を移し，1926年にはスーパーヘテロダインのD型を発売したが，1927年頃に受信機製造から撤退した．

この他，新聞・雑誌の広告などから判断する限り，沖電気，安中電機，東京無線はまもなく受信機から撤退し，日本電気も1927年頃，撤退した．芝浦製作所は，GEとの提携を基礎に高級機のスーパーヘテロダインに重点をおいて事業を継続したが，1930年に撤退した．

こうして，ラジオ以前の無線機器メーカーや関連の有力企業は，日本無線を除いて，すべてセット製造からは撤退した．おそらく，そうした企業は通信機器や重電機器といった，限られた数の顧客との継続的な取引の中で信頼性の要求される製品を供給することを主な事業としていることが多く，ラジオのよう

に大衆向けに安価な製品を機動的に供給していくことに慣れていなかったのではないかと思われる。ましてやこうした粗製濫造による低価格競争に追随していくことは困難だったとみてよいであろう。

（4） 真空管市場の競争

真空管市場では少し事情が違っていた。真空管でも p.46でみたように，品質の悪い真空管でも流通できるといった粗製濫造的な競争が起こった点では変わらなかったが，知的所有権の機能が受信機とは違っていたのである。

真空管の基本的特許であるラングミューア特許は，GEと提携していた東京電気がその実施権をもっていた。他企業による硬真空管の製作・販売はこの基本的な特許に抵触する可能性があった。ただ，アメリカでは，この特許については同じように硬真空管を発明したAT&Tのアーノルドとの間に訴訟が起きていたし，日本でも，同様にAT&T子会社のウェスタン・エレクトリックの関係会社である日本電気が1922年9月に訴訟を起こした（東芝社史編纂資料）。とはいえ，これが特許（第27285号）となっている事実には変わりはなかった。

しかし東京電気は，当初はこの権利を発動しなかった。同社の当初の顧客は逓信省，陸海軍であり，しかもそれらの保護を受けているような状態では特許実施権を発動することは東京電気の利益にはならなかったであろうことは容易に想像がつく。ところが，ラジオの登場で真空管市場が大きく変わり，真空管の輸入や製造業者が増加すると見すごすことはできなくなった。

東京電気は1924年12月から翌1925年1月にかけて大倉商事，高田商会，国際無線電話などの真空管輸入業者に特許権侵害の警告を発した（1924年12月4日付．東京電気副社長・山口喜三郎から同社長・ゲーリー（J. Geary）宛書簡，東芝社史編纂資料）。さらに，1925年初頭には，日本無線，東京無線，安中電機，日本真空管製作所などの製造業者にも警告した（側面子 1928：262）。

これら各社のうち，日本無線は1924年4月にドイツ・テレフンケンと提携したことで，真空管の発振回路に関するマイスナー（A. Meissner）特許の実施権を入手したから，1925年4月にそれとの交換で東京電気と真空管特許権契約を暫定的に結ぶことができた（安井 1940：290）。ある程度の真空管製造は可能と

なったものとみられる。しかし，東京無線，安中電機及び沖電気は，そのことで真空管から撤退を余儀なくされた。

しかし，日本真空管製作所などは製作をやめなかったから，1925年12月，東京電気は同社を相手に権利確認審判の請求を提出した。同年3月には，東京電気はラングミューア特許権自体をGEから譲り受けていた。他の中小真空管メーカーはこの問題で同6月8日に十数名が集まり協議したが，「敢て自ら陣頭に立ち積極的手段を講じようとする者はなく，出来ることなら人に雨傘をささせて自分は其の下で雨宿りをしようと云う虫の好い考えの所有者」で，「積極的な名案を提議する者なく」終わった（日ラ新19260707）。有力メーカーと違い，中小零細企業は懸念はしながらも真空管の製造はやめなかったのである。

1926年12月には，日本電気もそのコーテッド・フィラメント特許との交換で東京電気と契約を結び，真空管の輸入販売の権利は確保した。他方，日本電気はラングミューア特許にふれる真空管の製造はしないこと，1922年から行っていたラングミューア特許無効の訴えは取り下げるよう努力することになった。ただ，1927年2月には，今度は大同電気が特許無効の訴訟をおこした（日ラ新19270203）。東京電気は大同電気にも真空管の販売をめぐって権利確認審判の請求を提出した（東芝社史編纂資料）。

こうして，東京電気はこのラングミューア特許によって，他の有力メーカーを真空管生産から撤退（東京無線，安中電機，沖電気）ないし進出を断念させ（日本電気），生産を制限させる（日本無線）ことに成功した。しかし，中小零細メーカーは生産を継続し，増加させていった。真空管産業の形成期の産業組織は，大企業である東京電気と多くの中小零細メーカーという二極構造となったのである。

4　産業組織の特質

（1）産業組織の特質とその要因

こうして日本のラジオでは，当初，積極的に進出意欲をみせた有力企業は撤退し，数百にのぼる中小零細企業が産業の主体となった。これは，アメリカや

イギリスとは大きく異なった現象であった。アメリカでもイギリスでも数多くの中小企業が参入したが，大企業が完全に撤退してしまうということは起こらなかった。

アメリカでは，ラジオ・ブームとともに中小零細業者が数多く参入し，1923年末のセットメーカー数は200，部品製造業者は5千といわれた (Eoyang 1936: 103)。それらの中には不道徳な取引行動をとるものも多く，1920年代の前半には放送事業の将来にとって大きな問題だと思われていた。マホガニーのキャビネットと偽って他の材料を使ったり，中古真空管を新しい箱に詰めて新品として販売するなどの行為がみられた (Page 1960: 179, Eoyang 1936: 98)。これにたいして，1922年に設立された National Radio Chamber of Commerce は，不徳業者対策を行い，品質を高める政策を行った (Page 1960: 175, Sterling and Kittross 1990: 79)。消費者も，まもなく安価なセットは品質と機能が劣るので得ではないと気づき，高価なセットを選択するようになったという (Sterling and Kittross 1990: 80)。メーカーは，ブランドや信頼性を強調する戦略をとることになり，1926年頃には多くの限界的な生産者は駆逐され，こうした不道徳な商業行為はほとんど克服されたといわれる (Page 1960: 179)。

アメリカでは，特許権上の地位が強かった RCA や，自動車部品から参入して大量生産を行った Atwater Kent や Crosley が主要企業として君臨したのであった (Douglas 1988)。

イギリスでも，BBC を形成した六大企業はセット生産ではあまり成功せず，他方で中小零細企業の簇生をみたが，それでも GEC (General Electric Company) は主要セットメーカーとして残ったし，マルコーニも事業は1920年代には継続した (Geddes 1991: 29, Baker 1970: 194-200)。

当時のラジオの生産，流通の性格は中小企業に適していた。生産の最小最適規模はかなり小さかったし (第2章 p.95参照)，それに要する投資も小さかった。流通も，特別の販売網の必要はそれほどなかった。それでも米英で大企業が存立したのは，産業史的にみると幾つかの要因があった。一つは，放送事業との関連であった。前述したようにアメリカではセット製造と放送とは結びついていたから，放送事業の発展は両者を統合していた大企業に有利に働いた。イギ

リスでもBBCの設立とその設立に加わった製造業者製の機器の保護とは結びついていた。

　第二に，マクローリンが強調するように，特許権の問題があった。マクローリンは，「もしこの工業が，特許の支配によって重要な経済的報酬をもたらすことがなかったなら，これらの会社（RCAを形成したGEとウェスチングハウス―引用者）が，この方面に手をだしたとは考えられない。ラジオ・セットを組み立てるには，ほとんど資本投下を必要としない。……特許による制限がなかったら，競争は激甚であったろう。これらの状況下では，GEおよびウェスティングハウスはラジオ製造工業に参加しなかったであろうし，あるいは参加したとしても長くつづかなかったであろう」（Maclaurin 1949：訳書：285）とした。アメリカのラジオでは，有力な特許権を取得したのは大学の研究者や民間の研究者，企業であった。とくに，GE，ウェスチングハウスなどのRCAグループの技術者による研究，開発が大きな意味をもち，企業間競争で主導権を握ったのであった。逆にいえば，企業内研究開発による特許権の取得が大企業を有利にしたのである。

　そして第三に，機能，信頼性，使い勝手などの点での製品差別化の進展があった。ラジオは，当初は遠距離受信を競う，ラジオ・アマチュアの「受信機」から，大衆の娯楽製品で家具の一種へと変容していった（Smulyan 1994：13-20）。アメリカでは1920年代半ばにはそうなり，イギリスでも1920年代後半にはそうなった（Bussey 1990：46-90）。それとともに，耐久消費財としての家電製品に共通にみられるように，大企業に有利になっていったのである。

　こうして米英では，従来からの無線機器製造や電機での大企業に加えて，中小企業から成長した幾つかの有力セット企業が産業の中核を形成し，多数の中小企業は競争的周辺部を形成したのであった。これに対し日本では，有力企業は撤退し，競争的部分は周辺ではなく中核になったのである。

　その要因を上記に対応させてあらためて整理すると，第一に，日本では放送事業が米英のように機器製造業と関連して形成されなかったということがあげられる。当初の計画段階では放送事業と機器製造業とは関連していたが，それは実現しなかった。受信機の型式証明制度が大企業に有利に作用したが，それ

はすぐに形骸化してしまったのであった。

　第二に，特許権の問題では，日本ではセットについてはアメリカのような事態は起こらなかった。上記のように大量の模倣や偽造の中で，特許権は実質的には機能しなかったのである。ただ，真空管生産では，東京電気の持つGEのラングミューア特許は大きな意味をもち，その市場支配力の源泉となった。

　第三に，製品差別化は，先にみたような日本の市場構造のもとではなかなか困難であった。模倣品，偽造品の横行は，高機能，高品質効果の専有可能性を狭めたからである。

　つまり，制度的要因（放送事業のあり方，特許権実施のあり方，不正競争防止法の欠如）や市場構造（所得水準の低さ，消費者の志向，多数の供給者の規範），そして有力企業の事業戦略が，こうした日本の産業組織の特徴の要因であったと考えることができる。

（2） 産業組織と市場成長

　こうして，形成期のラジオ市場から有力企業は撤退し，そのこと自体がまた，産業全体の模倣主義や粗製濫造に歯止めをかけにくくした。そのことは，日本の形成期のラジオ産業では，市場はうまく機能しなかったことを意味している。第一に逆選択という，「悪貨が良貨を駆逐する弊」が生じたことがある。しかもそれは，商品にとどまらず企業の駆逐にも及んだ。したがってそれは第二に，産業の技術革新の進展にマイナスに働いた可能性が高い。技術革新の有力な主体であるべき，企業内研究開発制度を有していた企業が駆逐されてしまったし，技術革新効果の専有可能性も大きく狭められたからである。前者についてみると，東京電気や日本電気，芝浦製作所は，当時の日本企業のなかでも社内の研究開発機能の形成という点で先進的な企業であった。後者については，模造や偽造のなかでは製品の差別化の維持は困難であった。

　そして第三に，粗製濫造的な競争は市場の成長自体の伸びを制約した。ラジオ聴取者の増加にはマイナスに作用した面もあるのである。ここではその点をみておこう。

　巻末付表1をみると，ラジオ聴取者は，1925年のブームの後，1920年代後半

はあまり伸びていないことが分かる。とくに,「日本放送協会が成立した大正十五年（1926年）八月を境にして,聴取契約増加の足どりは急速に停滞し始めた。ことに昭和二年（1927年）は聴取契約の面からみて最悪の年であった」（日本放送協会 1965：上巻：280）。新規加入者数が1926年度には前年度を下回り,1927年度にはさらにそれを下回った。1928年度は回復したが,1929年度にはまた前年を下回った。1927年の金融恐慌から1929年の昭和恐慌へと続く不況が有力な要因とみられるが,聴取者数全体の増加があまり伸びなかったのは,新規加入者数の停滞だけが原因ではなかった。

聴取者数がなかなか増加しないもう一つの要因は,「聴取廃止」の多さにあった。巻末付表１のように,1926年度には加入者数18万にたいして廃止者数は８万,27年度も加入者数13万にたいして廃止者数は10万に達し,その後も廃止者数は増加した。前年度末の聴取者数と当該年度の加入者数に対する廃止者数の比率を計算すると,1926～30年度は18～20％であった。平均して５人に１人が聴取をやめており,これが聴取者増加が停滞する大きな要因であったことがわかる。

その廃止の理由は,1926年10月から1927年１月にかけての関東支部の調査では,「移転」15.2％,「多忙」13.2％,「家事都合」12.9％,「機械故障」10.2％であり（『調査時報』192702：24），1930年の調査（全国）では,「家事上」25.8％,「機械故障」18.4％,「経済上」10.4％であった（『調査月報』193103：19）。大きく分類すると,「家事・経済上」と受信機の故障が大きな要因であった。

「家事・経済上」の理由は漠然としており,個々には様々な理由があろうが,経済的な問題としては,一つは前記の聴取料の問題があり,もう一つは受信機の維持費の問題があった。受信機の維持費についてみると,鉱石式はそう維持費はかからなかったが,真空管式は当初は電池式であったから充電の費用がかかった。1929年の東海支部の調査では,電池式真空管受信機では,月１～３円の維持費がかかる場合が多かった（『調査月報』193008：51）。聴取料の倍くらいの費用がかかったのである。

しかも,受信機はかなり頻繁に故障した。1929年５～６月の東海支部の調査では,受信機取付け後,「故障なし」は42.5％であり,残りは何らかの形で故

障を経験していた（『調査月報』192907：451）。「故障2回」が14.3％，「1回」が11.6％，「3回」が10.9％で，「6回以上」というのも10.0％あった。1925年の放送開始後，長くても4年の間に半数以上は故障を経験したわけである。1932年5〜8月の逓信省・日本放送協会の調査では，「最近」受信機が故障したと回答したのは約3割に上った（逓信省・日本放送協会 1934：30）。

この故障の多さが，廃止者数増加の重要な要因であった。そしてこれが，既にみたような製品品質の悪さに起因していることは明瞭である。高額な商品のわりに故障が多いとなれば，更新をあきらめる層が大量に出現するのは避けられなかった。1920年代後半の廃止者数の増加はそれを反映しているといってよいであろう。粗製濫造はその意味で市場の伸び自体を制約していたのである。

注

(1) 1906年のフェッセンデン（R. A. Fessenden）の実験，1908年のド・フォレスト（L. De Forest）のパリでの実験や1910年のニューヨークでの実験がある（日本放送協会 1951：8-11）。
(2) 以下，逓信省の放送制度の構想については，日無史：第7巻：8-25による。
(3) 以下に引用する書簡は，東芝社史編纂資料による。
(4) 最後の点については，犬養は大臣就任後，逓信省幹部を更迭し，政策の転換を前面にだしたことが指摘されている。最初の民営案を作った今井田清徳も左遷された。
(5) 以下，日本放送協会の設立については，（日本放送協会 1951：297-344）による。
(6) ただし，Maclaurin（1949）は，分子ポンプの発明は1910年だとしている。Maclaurin 1949：訳書：137。
(7) ただ，『東京電気五十年史』は，「電子放射を利用せる排気法を完成」したのは1917年末としている（安井 1940：227）。
(8) 1919年の生産個数は，受信管，送信管ともに4千個であった（日無史：第11巻：248）。
(9) 以下，型式証明については，田口 1993：172による。
(10) 新名直和・元逓信省中央電話局長・東京放送局常務理事・談（岩間 1944：131）。
(11) 松代松之助は逓信省電気試験所で1897年に日本で初めて無線実験を成功させた（日無史：第1巻：2）。
(12) 田辺商店では受信機を120円で売ろうと思ったところ，買う方が250円でも300円でもよいから是非売ってくれというので，相当ボロい儲けをしたという。真空管でも，安田は，当初は需要超過で「買う方もまるで奪い合いの有様，……原価一円五

第1章　ラジオ産業の形成

十銭位のものを二円五十銭で売ったんだから日に千円位儲けるのは殆ど問題でない位実によく儲かった」という（岩間　1944：131，138）。

⒀　ただし，この場合の「身元」とは，前職をいうのか家の職業をいうのか，あるいは当時の兼業をいうのか判然としない。

⒁　1925〜26年にかけてだけでも，日ラ新19251217，19260207，19260308，19260315，19260406，19260426，19260522，19260529，19260720，など。

⒂　1926年6月18日付，東京電気副社長・山口喜三郎からJ. ゲーリー（J. Geary）・東京電気社長への書簡。東芝社史編纂資料。

⒃　日ラ新19270722。時点は後になるが，安定した品質でうたわれた山中電機ですら，購買は「価格優先で悪い材料が入った」という。田山・高橋　2000：8。

⒄　「堂々と放送協会認定品なりと称して其提出見本に示せる性能機構に数段の下劣なる製品を平然として拡販しつつあるものが頻々」とみられた（ラ公19311028：1）。認定の合格件数も極めて低率で，1928〜30年では，交流式受信機は認定依頼件数30件に対して認定件数は2件にすぎなかった（日無史：第8巻：36）。

⒅　それ以外の主な事業は，東京無線電話機商組合の場合では，放送番組ポスターの配布などによるラジオ普及の促進，貿易の促進，ラジオ展覧会や講習会の実施などであった（ラ年鑑1931：802-803）。

⒆　『調査時報』1926年6月，19頁，日無史：第7巻：99。

⒇　時点は後になるが，1943年頃の「4球マグネチック」受信機の「総原価」のうち労務費は4.7％，材料費は74.5％であった（後掲表4-10，ラジオ受信機統制組合「ラジオ受信機原価計算書」放送係『受信機等価格決定関係　昭和18年8月』（国立公文書館郵政省資料））。アメリカの1928年のラジオ工場の原価分析では，直接労務費は工場出荷価格の5.0％，材料費は61.2％であった（Eoyang 1936：114）。

(21)　D型の発売については，東京電気株式会社『第五五回営業報告』1925年6月〜11月末日，6頁，安井　1940：447。受信機製造からの撤退については，おそらく芝浦製作所と何らかの協定があったものと思われる。その後同社は，1929年末に田辺商店に依頼して受信機「オリオン第一号」を製造し，月賦販売を試みたが，代金回収ができず失敗した（岩間　1944：241）。

(22)　アメリカでは1928年にこのラングミューア特許は無効とする判決が地方裁判所によってなされ，後，最高裁判所により確認された（Maclaurin 1949：邦訳：158，161）。

(23)　日ラ新19251216。この審判は1930年6月に東京電気の勝訴となった。日本真空管製作所は控訴したがそれも1932年7月，東京電気の勝訴で終わった。

(24)　東芝社史編纂資料。日本電気の東京電気にたいする訴訟は1931年に日本電気の敗訴となり，控訴したが，1932年1月にとりさげた（日ラ新19320329）。

65

第2章
受信機革新と「セット戦」の展開

> 電源交流化を目指してラジオアマチュアは結線方式の研究に、また真空管業者はその結線方式を生かすために真空管の研究へと、ラジオ関係の凡ゆる者は活発に動き出した
> （岩間政雄編『ラジオ産業廿年史』158頁）

　ラジオ聴取者は、1930年代に入ると順調に増加するようになる。おもに都市部での増加であったが、とくに1931年以降の伸びは著しかった。その直接のきっかけは、満州事変の勃発であった。続いて、1932年の上海事変、5・15事件、1933年の国際連盟脱退などの一連の政治情勢の激動は、ラジオ聴取ニーズを高めた。これ以降、事件や戦争を契機にラジオ聴取者が増加するということが繰り返されていくことになる。

　聴取廃止者数も相変わらず多かったが、前年度末加入者数と新規加入者数の合計に対する割合は1920年代よりは低下し、1931～34年度では10～15％程度になった。年度末加入者数は1931年度に100万を超え、1934年にはほぼ200万となり、世帯普及率も1932年度には10％を超えた。とくに市部では1933年度には30％を超えた。1930年代前半にはラジオは都市部では珍しいものではなくなっていったのである。

１　受信機の交流化とセット生産の本格化

　ラジオの普及率上昇の技術面での基盤として大きかったのは、受信機の交流

化であった。受信機に家庭用電源を利用できるようになったことは，受信機の取り扱いを簡単にさせてラジオ普及に大きく貢献した。それだけでなく，受信機の交流化は，製品としてのラジオを成熟させ，産業組織や企業の戦略にも大きく影響したのであった。

（1） 交流化（エリミネーター化）

当初の真空管受信機は電池式であり，充電しなければならなかった。維持費が高く，労力もかかったのである。

1930年の東京放送局の調査では，鉱石式の維持費が月額20銭であったのにたいして，電池式3球は3円であった（日ラ新19300311）。また，乾電池を約3ヶ月毎に替えたり，蓄電池をおよそ1週間毎に充電しなければならない（岩間 1944：160）など，かなり手間がかかった。それがラジオ普及にとって一つの障害となっていた。

電源に家庭用電源を使用する受信機の交流化（エリミネーター化―電池の省略の意味）は，その意味で画期的な革新であった。真空管受信機の電源には，A電源（フィラメント電源），B電源（プレート電源），C電池（グリッドバイアス用）とあったが，まずA電源の交流化から始まり，ついでB電源の交流化が行われ，あわせてC電池がいらなくなった。

受信機交流化はアメリカでは1924年から始まった（Douglas 1988：Vol.1：xii）。アメリカでは放送事業が自由に行われたから各地に放送局が乱立し，それぞれを分離して聴取するニーズが高かった。かつ，国土が広かったから，相当の遠距離の放送局を聞きたいというニーズも高かった。いきおい，真空管数の多い高級受信機への需要が高まったが，真空管数が増えればそれだけ電池の負担も大きくなり，維持費も嵩むし取扱も不便であった。電池を省略したいというニーズが強かったのである（芳賀 1927：399-405）。

しかし，交流電源をフィラメント電源に使用すると，どうしても電圧ゼロの時に生じる雑音（ハム）を免れることはできなかった。その意味で，受信機の交流化には真空管の革新が必要であり，加熱部分と陰極とを分離した傍熱型真空管の開発がその解決となった。

第2章　受信機革新と「セット戦」の展開

　1925年にマカレック・セールズ（McCullough Sales Co.）から傍熱型交流真空管が発表され，1926年にはケロッグ（Kellogg Switchboard & Supply Co.）から発売されたが（Stokes 1982：訳書：43-44, Douglas 1988：Vol.1：xii），RCAも，温度が低くても作動するアルカリ土類金属の酸化物をフィラメントに塗ったUX-226，UY-227を開発し，これを使用したラヂオラ17を交流セットとして1927年に発売した（浅尾 1927：8-10）。これが交流受信機の決定版となった。1928年には交流式が販売セットのうち86％を占めた（ラ日192909：56）。

　そうした情報が伝えられたから，日本でも交流受信機開発の試みが活発に行われた。「電源交流化を目指してラジオアマチュアは結線方式の研究に，また真空管業者はその結線方式を生かすために真空管の研究へと，ラジオ関係の凡ゆる者は活発に動き出した」（岩間 1944：158）。1927，28年には日本でも交流受信機が現れたが，それは，鉱石検波，低周波増幅型のもので，鉱石検波，レフレックス式2球のいわゆる「鉱石レフ」と呼ばれたものが多かった。増幅用に電池用真空管（UX-201A）を使い，整流用には3極管の陽極と格子を接続して2極管と同様に使用していた。UX-201Aは増幅には使えるが，検波には不向きだったからである。

　放送協会も，この交流受信機の改良普及を聴取者普及の重要な対策としてとりあげた。東京放送局は，1927年に交流受信機の組立講習会を各地で開催し，1928年には交流受信機組立の懸賞募集を行った。この懸賞募集という方法は，この後も放送協会が製品の革新を勧める重要な手段となった。

　懸賞募集では，家庭用受信機として経済的，取扱簡易，鉱石聴取範囲でスピーカーをもって聴取できる，優秀な受信機を求めた。5台がこれに当選したが，そのうち4台は「鉱石レフ」であった（日本放送協会 1965：上：275）。5台のうち，セットメーカーのものは1台（屋井乾電池ラヂオ研究所）で後は個人の製品であった。一等をとったのも卸問屋の富久商会の新田というアマチュアで，その製品は価格48円（後，55円）で5～6千台以上，販売されたといわれる（岩間 1944：160）。

　日本での交流用真空管の発売は1928年末で，東京電気によるUX-112A，UX-226の発売であった。東京電気は翌年，検波専用管UY-227をも発売した。

後者は「鉱石レフ」を駆逐することとなった。宮田製作所も，渡米していた宮田繁太郎が帰国して，1929年にはUX-226他の交流球を発売した。[(2)]

東京放送局は，1930年に第一回と同じ要件で第二回の交流受信機組立の懸賞募集を行った。その応募品の成績は，1928年のそれに比べて「全般的に非常なる進境を見」た（ラ日193005：15）。応募品の大多数が，検波に227，増幅に226，整流に112Aを用いた，再生検波・低周波増幅型受信機であった。その一等は，坂本製作所の製品と屋井乾電池の製品であったが，ここにいたって交流受信機特有の交流音（ハム）は「まず満足の行く程度に取り除かれた」（岩間 1944：169）。

この交流機はラジオの音量を大きくすることができた。鉱石受信機ではスピーカーを鳴らすことは難しかったし，真空管受信機でも電池式では電池の消耗を考慮してスピーカーの音量は大きくはできなかった。電源を交流化したことではじめて大きな音量が可能となったのである。スピーカーも当初のホーン型（振動板型）から，この頃からマグネチック・コーン型となった。コーン型はホーン型に比べて大音量でも音がつぶれるのが少なかったからである。こうしたことから，聴取者は大音量を好むようになり，大音量を自慢する風潮すら現出した。音量さえ大きければ音が歪んでいてもおかまいなく，わざわざ窓際にもちだして隣家や通行人を驚かすということもあった（日本放送協会 1965：上：289-290）。

また，当選した坂本製作所の製品（4球）は，量産を意識していた点でも重要であった。坂本製作所の原愛次郎はこれを「多量生産的の方式に適する様に設計」したが，そのために，回路の面では変化の大きい鉱石検波や均一な拡大率の達成が困難な高周波増幅方式を避け，構造も外国製品のようにできるだけ金属を用いリベットやボルトで締めることとし，部品の取付け方を整理して，初めての女工でも一日数台を配線できるようにしていた（ラ日193006：11-13）。この再生検波・低周波増幅という回路は，受信機の安定した量産性を向上させるものでもあったのである。また，この製品は，夜間，市街地を離れた地域であれば，内地各局を分離して聴取することができた。

坂本製作所の販売を担当する田辺商店は，この受信機を金属ケース入りで

「ミゼット」型と称して発売した（ブランドはコンドル）。これはこのタイプの大流行をひきおこし，「受信機の流行は常に『コンドル』が根源地の如き観を呈し，いわゆる『コンドル』型が業界の標準となっ」た（岩間 1944：169）。

こうして，日本でも本格的な交流受信機が出現した。それは，聴取の様相を変え（大音量化），製品供給の仕方（大量生産）にも影響を与えるものであった。巻末付表２のように，1931年度には早くも新規加入者の受信機の８割弱は交流式となったのであった。

（２）　セット生産の本格化

この過程は，同時に「製品」としてのラジオが普及していく過程でもあった。もちろん，1920年代にも「メーカーの製品」としてのラジオは存在した。受信機の輸入はあったし，国産の有力無線機器企業の製品もあった。中小メーカーの製品も少なくなかった。しかし他方，小売店の多くは自ら受信機を組立て販売したし，アマチュアが自製するものも多かった。1925年ころには，受信機の自製をする者は東京だけでも数万といわれた（日無史：第７巻：65）。問屋も下請的に製造させた受信機を販売することが多かった。製造と販売，販売のなかでも卸と小売などの社会的分業関係が画然と確立していたわけではなかったのである。

製品のレベルでいえば，メーカーが製造した，ある一定の仕様をもつ「製品」が全体に普及していたわけではなかった。受信機の交流化は，それを大きく変化させる契機となった。上記のコンドルの事例のように，ブランドをもったメーカーの製品が普及していったのである。

まず，受信機の交流化は，交流受信機に必要な部品である電源トランスを中心としたトランス・キットの販売を流行させた。電源トランスは，受信機を組立て販売する小売業者にとっては，自らトランス捲きを行って製作するより専門業者から購入する方が効率的な部品であった。そこで交流用トランスの販売が増加したが，トランス業者はそれにとどまらず，各種真空管の組み合わせに合致する「組み合わせ変圧器（交流機用）」を考案して発売した。電源トランスに増幅回路に使用する低周波トランスを加え，各種の真空管にあうように組み

合わせたキットを販売したのである。小売業者は，それを配線し，キャビネットに納め真空管を付せば自製品として売れるようなトランス・キットの発売である。1929～1930年頃の受信機の種類は，そのほとんどがこうしてトランス業界から生まれたものであったといわれる（岩間 1944：164-165）。

　こうしたトランス・キットを販売していたトランス業者がさらにセット組立に進出するのは自然であった。さらに，それに限らず部品メーカーがセットに進出する例が多くみられるようになった。ラジオを小売商が組立てたり，消費者が自ら組立てることが多いうちは，ラジオ用品市場としてはセットより部品が中心であったが，セット需要が多くなることでそれへ進出していったのである。

　小型トランスの原口電機は1930年に，優秀なトランスの製造販売業者として有名であった徳久も1931年にセット製作に進出した（無タ19310324：6）。七欧商会，湯川電機も1931年にセットに進出した（日ラ新19310023，同19310114，ラ公19311028：5）。青電社，ミタカ電機，昭和無線工業は1933年に進出した（無電193311：79，SMK 1986：40）。次に述べる三共電機のようにスピーカーメーカーから進出するものもあった。

　他方，受信機交流化で需要を奪われる蓄電池製造業者や乾電池製造業者からの進出も見られた。タイガー電池製作所は蓄電池製造を中止して1928年にセットに進出したし，屋井乾電池は1931年，太陽蓄電池は1932年，加藤乾電池も1933年に進出した（岩間 1944：370-392，日ラ新19311226，ラ公19320415：7，無電193311：79）。

　こうしてセットメーカーが増加し，1930年秋にはセットメーカー間の「猛烈なるセット戦時代に入った」（無タ19301101：3）といわれた。ラジオの製品としての競争の時代に入ったのである。このときのセットとしては，アメリカで1930年に流行した「ミゼット（midget）」と呼ばれる小型セットが主流であった。1931年にはスピーカー内蔵型のミゼットとなり，1932年新春には，各社の「『ミゼット』受信機競演の観を呈した」（岩間 1944：184）。

　これとともに，1931年半ばには小売店が自ら組立てて販売することは，セットを仕入れて販売することに比べて割があわなくなっていった（日ラ新19310719，

同19310824)。アマチュアの自製も徐々に減少していった。受信機需要のうち製造企業が供給する割合が増加していったのである。本格的な家電製品としてのラジオの誕生であった。

(3) セットメーカーの構成

この「猛烈なるセット戦時代」の主体は，中小零細企業であった。この時期の有名企業の規模をみると，交流受信機の先駆けとなったコンドルの坂本製作所の1930年10月の職工数は99人(男20人，女79人)であり(前掲表1-1)，有力企業として知られた山中電機の従業員数も1930年には81人であった(日無史1951：第11巻：261)。後に大企業となる松下のラジオ工場の職工数も，1932年5月では69人にすぎなかった(平本 2000d：27)。

表2-1は，1932年頃のラジオ用品の主要な製造企業であるが，ここからも中小零細企業が多かったことがわかる。また，同表からはメーカーの創業者の出身やその立地と業態も分かる。創業者は多くは関連の製造業の経験や卸業の経験から参入しているが，数は少ないが大学卒などの高学歴の者や滞米経験のある者がいることが注目される。ラジオ・アマチュアが創業する場合も少なくなかったからである。立地では大半は東京と大阪であった。受信機では両方に立地していたが，部品では真空管は東京に，スピーカーは大阪に集中する傾向があった。

また，前述したように，部品製作から受信機組立に進出した企業が多かったから，製品は受信機とトランスとするメーカーも多い。同表にでてこなくとも，受信機メーカーの多くは部品を内製する傾向があった。トランス，コイル，バリコンなどはとくにその傾向が強く，なかには紙コンデンサなども内製していた。ただし，真空管については東京電気などから購入していた。真空管とセット組立を統合した企業がほとんど出現しなかったのは，日本の特徴であった。

業態では，卸と製造を兼営する企業も少なくなかった。坂本製作所や七欧無線電気など有力工場でも，問屋によって設立されたり，問屋と特別の関係のあるものがあったし，中小工場では問屋によって設立されるものも多かったからである。しかし，傾向としては，セット生産の本格化にともなって，メーカー

表 2 - 1　主要ラジオ用品製造企業一覧（1932年頃）

企業名	立地	業態	主要生産品目（ブランド）	従業員規模など	創業年	代表者・出身／前歴など
浅井電気製作所	東京	卸製	充電器/スピーカー（ノーブル）		1915年	浅井通逸
朝日乾電池	大阪	製	乾電池/スピーカー	資本金30万円	1907年	松本亀太郎
足立電紐製作所	東京	製	コード	従業員数20人	1928年	足立一男・電話製造品より独立
阿部電機製作所	東京	製	トランス（ロング）/受信機		1927年	阿部隆太郎
安良岡ラヂオ研究所	東京	製	受信機（ニューワン）	従業員15人		安良岡政二・金属工業より
安立電気	東京	製	無線機器	資本金50万円	1931年	小屋良吉
伊藤製作所	大阪	製	受信機（アーチ）			
梅田電気商会	大阪	卸製	受信機（ポーリー）/部品		1919年	岸田国太郎・大阪電燈会社から電機商へ
大阪ラヂオ研究所	大阪	製	受信機（ロッキー）			青根
大塚乾電池製造所	東京	製	乾電池	資本金5万円	1920年	大塚長雄
大野商店	大坂	卸製	トランス（セレオン）			大野正五郎
岡田電気商会	東京	製	乾電池（岡田）	従業員数300人	1897年	岡田悌蔵・東京商大卒
オリエンタルラヂオ製作所	尼崎	製	スピーカー（エポック）			
家庭電化社	大阪	製	受信機（カテイ）			
加藤乾電池製作所	東京	製	乾電池（加藤）/トランス	資本金10万円	1924年	加藤三次・電気会社出身
加藤電機製作所	東京	製	トランス		1921年	加藤治三郎・ベル用トランス
金子電機製作所	東京	製	乾電池/トランス		1909年	金子藤吉・鉱山/塗物商店など経験
協電社	東京	製	蓄電池/受信機	資本金3.5万円	1927年	田村恒三・蓄電池製造よりガント式採用
極東真空管製作所	東京	製	真空管（イーストロン）		1926年	竹中栄太郎・電球製造業から電気試験所勤務
キング電機製作所	東京	製	真空管（キングトロン）/抵抗器		1924年	松島卯三郎・早大商科卒/東洋電機製造より
錦水堂	大阪	卸製	ラジオ用品（ラックス）			元額縁商
久保田雄三商店	東京	製	トランス（PR）/フィリップス製品			久保田雄三・正則英語学校卒
栗原電機製作所	東京	製	拡声機（ラドコ）		1919年	栗原保之・築地工手学校電気科卒
クルス電気商会	大阪	卸製	受信機（クルス）			
ゲエリーストロング商会	東京	製	マイカ・コンデンサ/部品		1925年	石田光正
ケーオー真空管製作所	東京	製	真空管（ケーオートロン）		1925年	堀川周治・渡辺倉庫出身
神戸直輸入商会	神戸	製	真空管/受信機		1925年	大関源蔵・元船舶無線通信技師
小須賀電機製作所	東京	製	受信機（オリジン）/トランス		1927年	小須賀米一
小宮電気商会	東京	卸製	受信機（SKオリエンタル）		1928年	小宮貞重・井上商店より独立
坂本製作所	東京	製	受信機（コンドル）/トランス			田辺綾夫・東京帝大法科卒/渡米経験
先山ラヂオ工作所	東京	製	トランス/受信機	従業員11人		先山敬二・東京無線電話学校修理部担当
桜井電機製作所	東京	製	電気計器		1914年	桜井虎三郎
澤井工場ラヂオ部	名古屋	卸製	抵抗器（パローム）			林弘
澤藤商店	東京	製	受信機/トランス/コンデンサ	従業員数25人	1923年	澤藤半太郎
三共電機工業	東京	製	受信機（シンガー）	資本金25万円	1927年	宮永金太郎・早大文科卒/渡米経験
三陽社製作所	東京	卸製	コンデンサ	資本金20万円	1917年	鬼鞍虎次郎・陸軍砲兵廠
敷島電機製作所	東京	製	電気計器/無線部品	資本金20万円	1912年	高貫三鶴
資越商会	大阪	製	スピーカー（チカラ）/真空管			
芝浦製作所	横浜	製	電気器具	資本金2000万円		平田為次郎
島商店	東京	卸製	真空管（ライオン）		1930年	島量吉
島商店	東京	製	スピーカー（センター）			島太郎・呉服商より
島津製作所	京都	製	科学機械/レントゲン	資本金200万円	1917年	島津源蔵
昭和無線工業	東京	製	トランス（オリンピック）	資本金5万円	1929年	池田平四郎・電動機製作より
白沢ラヂオ製作所	大阪	製	受信機（SRW）		1929年	
神港無線電機	神戸	製	無線機器	資本金1.5万円	1929年	吉野幸太郎
杉浦製作所	大阪	製	充電器/トランス			杉浦第一・名古屋電気学校卒/大阪電燈等
鈴木製作所			トランス/受信機	従業員数25人	1927年	鈴木八郎
青電社	東京	製	トランス/受信機/コンデンサ		1927年	青松重一・早稲田工手学校電気無線部卒
整電社製作所	東京	製	コイル	資本金1.5万円	1920年	鈴木徳松
園田拡声機製作所	大阪	製	拡声機（ライト）		1925年	園田久吉・鉄工所工場長出身
大東製作所	大阪	製	受信機			岩堀幸雄・杉浦商会より
太陽蓄電池製作所	東京	製	蓄電池/受信機（ラッキー）			
高岡正義商店	東京	卸製	ラジオ器具		1932年	高岡正義
滝口金属工業商店	東京	製	部品（RHA）		1922年	滝口松五郎・プレスボタン製造より
高砂工業株式会社	東京	製	乾電池（高砂）/トランス	資本金50万円	1923年	駒井久吉
田尻電機製作所	東京	製	電気計器		1921年	田尻純一・電気計器製作経験して独立
田中商店	東京	製	トランス材料/コイル捲機械	従業員数11人		田中賢治・機械商より1919年進出

74

第 2 章　受信機革新と「セット戦」の展開

（続き）

企業名	立地	業態	主要生産品目（ブランド）	従業員規模など	創業年	代表者・兼業／前歴など
田中長左衛門商店	大阪	製	スピーカー（ピーコック，プレゼント）			田中長左衛門
丹下ラヂオ製作所	東京	製	抵抗器			越智要次
千村製作所	東京	製	真空管（エルジン）		1924年	千村市三郎・ラジオ部品より真空管へ
辻丑商店	大阪	製	拡声機（アミコ）		1926年	辻慶次郎・元時計商
ツツミ金属工業所	東京	製	キット			
東京電気	東京	製	真空管	資本金2100万円	1890年	山口喜三郎
東京ネオン株式会社	東京	製	真空管（NVV）／ネオン	資本金15万円	1923年	平尾亮吾・慶応大卒／三菱造船出身
東京無線電機	東京	製	ラジオ用品／スイッチ	資本金35万円	1922年	依岡省輔
東洋電気器具	明石	製	ラジオ用品／スイッチ	資本金20万円	1920年	平野勝三
東洋電気合資会社	東京	製	トランス（ロビン）	従業員数190人		成田栄州・大同電気販売主任
東洋無線電信電話	東京	製	無線機器	資本金50万円	1924年	津守英五郎
徳久電機製作所	東京	製	トランス（トクヒサ）／受信機		1921年	徳久鶴壽
トツカラヂオ製作所	東京	製	トランス／受信機	資本金1.5万円	1925年	戸塚勝三
戸根源電池製作所	大阪	製	蓄電池（ジーテー）			戸根源輔・石鹸製造より
巴電機製作所	東京	製	トランス		1926年	新井幸次・東北帝大電気工学卒／芝浦製作所より
鳥居電機社	東京	卸製	受信機（ラッキー）／コンデンサ		1923年	鳥居武治・陸軍電信隊／蓄電池製造修理より
ドン真空管製作所	東京	製	真空管（ドン）	従業員数約30人	1923年	染谷孝・東京無線出身
中島電機工業所	東京	製	トランス／受信機（ワシントン）			
七欧無線電気商会	東京	卸製	受信機（ナナオラ）／トランス	従業員数200人	1922年	七尾菊良・外国商館から電気器具貿易商へ
日本電気	東京	製	通信機器	資本金2000万円	1899年	
日本無線電信電話	東京	製	無線機器	資本金100万円	1915年	加納與四郎
ニホンライト製作所	東京	製	トランス			平野庄作
萩工業貿易	東京	卸製	部品（クローバー）／コンデンサ	資本金5万円	1918年	菊地久吉・ラジオ貿易商
橋本商店			受信機（アンコール）			
ハミルトン拡声機	大阪	卸製	スピーカー	資本金3万円	1918年	八清水佐太郎・電気器具卸より
早川金属工業研究所	大阪	卸製	受信機（シャープダイン）		1912年	早川徳次・シャープペンシル製造より
原口電機製作所	東京	製	受信機（ホーム）／トランス		1921年	原口兼貞
原電線工業場	東京	製	電線		1923年	原伸光
比良野電機	大阪	卸製	受信機／部品			比良野藤吉
古河電気工業	東京	製	蓄電池／固定鉱石（フォックストン）	資本金2000万円	1896年	中川末吉
プレスマン商会		製	スピーカー			喜多準一郎・田中長左衛門商店より
ブローンラヂオ研究所	神戸	製	受信機（スキルトン）／トランス	従業員数30人	1924年	小林彬・東京高工で学びモータ製造従事
宝社			受信機（アタマン）			
前畑商店	東京	製	固定鉱石	資本金1万円	1925年	前畑秋蔵
松下電器製作所	大阪	製	受信機（ナショナル）／乾電池		1918年	松下幸之助・電気器具製造
丸豊商店	大阪	製	ラジオ用線／電気用線			稗田豊太郎・富山薬学校卒／無線製造卸
ミカド電気研究所	東京	卸製	受信機（クラブマン）／トランス	資本金1.5万円	1912年	加藤貞蔵
三島電機製作所	大阪	製	受信機（ミリオン）			
水川工業所	大阪	卸製	受信機		1918年	水川剛・大阪高工卒
ミタカ電機研究所	東京	製	トランス（MEC）／バイパスコンデンサ	従業員数15人	1931年	山口兵左衛門・ロシアで貿易業経験
三田無線電話研究所	東京	製	高級受信機／電蓄		1924年	茨木悟・シカゴ大学
美登里商会	大阪	製	電気鉄板／絶縁塗料		1924年	田淵六合美
宮川ラヂオ箱木工所	東京	製	ラジオ用品	従業員数50人	1925年	宮川光史・西洋家具製作より
宮田製作所	東京	製	受信機（エレバム）／水銀ランプ	資本金30万円	1917年	宮田繁太郎・理化学機械製造奉公／ガラス細工工場設立
睦会	東京	製	電話／ラジオ機器			
村上ラヂオ電気商会	東京	卸製	ラジオ機器（パラゴン）		1925年	村上茂樹
屋井乾電池	東京	製	受信機／乾電池		1890年	屋井洗蔵
安田電球製作所	東京	製	真空管（ベスト）／電球	従業員数80人		安田一郎・築地工手学校卒
安田ラヂオ研究所	東京	製	真空管（ベスト）／抵抗器			安田一郎・築地工手学校卒
山中無線電機製作所	東京	製	受信機（テレビヤン）		1922年	山中栄太・東京機械製作所から独立
湯川電機製作所	東京	製	受信機（ハドソン）／部品	資本金1万円	1927年	湯川正治・河喜多無線電話製作所より
米田無線	大阪	製	受信機（ラインスター）			米田民次郎・中学校中退
ライオン商会	大阪	製	スピーカー（ライオン）			
ラヂオ電気商会	東京	卸製	ラジオ機器	資本金5万円	1923年	伊藤賢治・渡米経験／X線機器製造販売
聯合電機商会	東京	卸製	トランス（ウエーヴ）	資本金3万円	1926年	石川均・小学校教師から蓄電池会社設立
ローラーコンパニー	神戸	製	ラジオ用品／トーキー装置			渡部重夫・日米貿易に従事
和田研究所	東京	製	真空管（HW）／スピーカー			和田秀吉
渡邊ラヂオ電気商会	東京	製	固定鉱石（サイレン）		1929年	渡邊利之

資料：宮原仙一郎編『日本ラヂオ銘鑑　昭和8年』無線タイムス社，1932年，『ラヂオ公論』，『日本電気銘鑑』1933年，などより作成。

と卸，小売とは分離していく方向にあった。

　そのことは，業界団体の変遷にも現われている。前章にみたように，当初の組合は，東京も大阪も，製造，卸，小売，すべてを包含していた。しかし，乱売の横行のなかで，ともすればそれぞれの利害は衝突しがちであった。とくに，卸業者の小売問題は，小売商との間に厳しい対立関係を生じさせた。1930年4月，大阪，東京，ともにこの問題をめぐって卸，小売業者間での紛争が生じた（日ラ新19300407，同19300415）。さらに，1932年の商業組合法による商業組合の設立をめぐっては，東京では，一部の小売業者は独立した組合の形成を志向し，田辺などの卸業者は合同した組織の形成を目指して対立した（岩間 1944：432-433）。1932年には，東京ラヂオ卸商組合（1932年5月時点では51名が参加，1933年2月，東京ラヂオ組合と改称）（日ラ新聞19320507，同19330201），東京ラヂオ小売商組合が結成された（1933年の組合員数は1,424）（ラ年鑑：1933：731）。製造業者も，同年5月，東京ラヂオ製造業組合を結成した[4]。東京では1932年に，製造，卸，小売，それぞれの組合に分かれたのである[5]。

2　流通部門の構成

　こうして製造と流通部門とは徐々に分離していったが，流通部門の実態を1930年代前半を中心にみると次のようであった。

（1）小売店の実態

　当初のラジオの小売店は，「純然たる小売販売業らしいものは極めて稀れで，それも大半は，自転車屋とか，電気工事店とか雑貨商などの極く物好きな者が片手間に修理や，組立を行っている程度だった」（新井 1972：78）とか，「小売店といえば，自転車屋，菓子店あるいは時計店などチョット小器用な人々が副業として委託販売をしていた」（広島県家電業界 1979：18）という記録は多い。ラジオの専売は少なかったのである。

　交流受信機の普及以前は小売店はラジオを自ら組み立てることが多かったが，その利益率はきわめて高かった。1920年代には鉱石セットの組立でも「荒利が

第2章　受信機革新と「セット戦」の展開

「4割から5割」といわれるほどかなり利益がでたが（広島県家電業界 1979：43），ニュートロダインなどの高級機を組立てれば，部品代の3倍くらいの値段で売れ，一台100円くらい儲かった（中村 1985：61-71）。「ラッパのついた電池式のが一台売れれば一カ月食えるという時代だった」（『電波新聞』19550316：4-5）。

表2-2　ラジオ商工業者の概要（1934年）

所轄局別	商工業者数	一業者当り加入者数	業態別（％）	
			本業	副業
東　京	3,368	249	64	36
大　阪	2,223	264	54	46
名古屋	1,022	226	47	53
広　島	547	172	53	47
熊　本	558	210	57	43
仙　台	394	160	59	41
札　幌	255	193	48	52
全国合計	8,367	235	58	42

資料：日本放送協会編『全国ラヂオ商工人名録』1935年，X.T.Y.生「ラヂオ商工業者の知り置くべき諸統計とその観察」『無線と実験』第22巻第9号〜11号，1935年9月〜11月，より作成。

1934年に開店したある小売店主は，家賃を払い，店員一人雇って，月300円の売上高が必要と見積もっており（広島県家電業界 1979：43），「そうむつかしい数字ではなかった」という。

1934年末のラジオ店の数は，表2-2からうかがうことができる。これは1934年9月〜1935年2月の調査であり，メーカーや卸業者を含んだ商工業者の数値であるが，ラジオ商工業者数の98％は小売店であったから小売店の状態を示すとみて大過ない。1934年末には，全国で8,300余りのラジオ商工業者が存在し，一業者あたりの聴取者数は235人であった。

小売店の大半は零細であった。同調査では，1業者当りの従業員数は一人使用がもっとも多く31％，「なし」が25％，二人が21％であった。年間販売台数は平均で70台であったが，30台以下が39％であった。年間販売額は，受信機で平均約1,600円，部品で約900円であったが，受信機では1,000円以下が56％，部品では250円以下が45％を占めていた（X.T.Y.生 1935：Ⅲ：131，日本放送協会 1935：6-7）。

この調査では，ラジオ商工業者のうち「本業」が58％，「副業」が42％であったが，「本業」といっても，ラジオ商を専業とするもののみではなく，ラジオを主としつつ電気器具類，蓄音機，レコード，時計等を商うものを含んでいた（X.T.Y.生 1935：77）。ラジオの小売店の大半は零細で，他の製品をも扱って

いたのである。

　業者の回想でも，1930年代半ばの「電気店も雑貨屋，駄菓子屋のすみに電球，傘，ソケットを並べてあるのが普通で」，「電気アイロン，ラジオ，電気扇（扇風機—原文注）などを売っている大きな店はごく僅か」であった（谷口 1984：47）。1930年代半ばのラジオを売る電気店の状況は次のようであった。

店舗の面積は五坪そこそこ，自家製のラジオが三，四台，修理で預かったラジオまで陳列棚に並べてあったりしました。／中にはラジオのキャビネット（箱—原文注）だけが置いてあって，その前後左右に電球，乾電池，配線器具，電灯用コード，アイロン，ガラス製の電灯の傘など並べている店もありました。さらに，組立てラジオの部品，修理用部品からいろいろな材料まで，とにかく雑然とした店がほとんどでした。／当時は，中規模の電気店でも修理屋と小売店を兼ねていたのです。しかし，十店に一店ぐらいは二十から三十坪の店を構え，販売だけをしているいわゆる『大型店』でした。こういう店では，当時，一流メーカーといわれたアリア，ナナオラ，キャラバン，エルマン，ナショナルなどの完成品を中心に十五，六台も陳列して，店頭も明るく，電球その他の商品も大量陳列していました。／これに対して小型の販売店は一流メーカー品は店頭に置かず，客の注文によって取り寄せで商売していました。一流メーカー品は定価が決められていたからです。／小売店で独自に組立てるラジオは良い部品を使い『長持ちして，音が良い』という謳い文句で売っていました。
（谷口 1984：62-63）

　ラジオは高額な商品であっただけに，月賦販売の試みは当初から行われた。とくに後に述べる電力会社の受信機販売では月賦販売を伴うものが多かった。小売商もそれに対抗して組合を形成し，出資金を募って受信機を共同購入して月賦販売するなどの事例がみられた（日ラ新19311011，同19311017，同19311101）。代金回収の困難などがあったが，他面，「当時の月賦価格は，現在と違い『折れて曲がる』といわれるように，例えば一〇円の原価のものを三〇円とか三五円に売るのですから，二，三回の掛金を貰えば，あとは集金をすればするほど

まるもうけということになり，大変有利な商売」(広瀬 1971：56) でもあった。1932年になると月賦はさかんとなり，上述の1934〜35年の放送協会の調査では月賦販売実施業者は全体の49.6％とほぼ半分であった (日本放送協会 1935：5)。

(2) 問屋の構成

卸業者も大小，様々であった。当初の卸業者には，電気器具との兼営，機械との兼営，ラジオ専門，自己製品の卸とがあった (無タ19261015：3)。ラジオの流通の中で，主導権をにぎっていたのは問屋であった。とくに，零細な部品業者に対しては，金融や販売先の確保という点で「生殺与奪の実権」をもっていた (岩間 1944：299)。しかし，その卸業者自身もラジオには新たに参入してきたことから，経験はなく，資金も乏しいものが多かった。有力問屋であった富久商会の市村繁次郎は，製紙事業や機械販売からラジオに参入したが，「電気技術については全く無知だった」(新井 1972：61)。後に有力卸業者になる広瀬商会の広瀬太吉も，「資本もないので最初は見本ていどのものを当時すでに開業しておられた小川町の田辺商店とか，放電コンパニーなどから，少しずつ仕入て陳列したり，また買いにくる客にいろいろと技術のことを教わった」りしながら開業した (広瀬 1967：195)。1925年5月には神田淡路町で卸問屋を開業したが，最初は間口2間，奥行5間の長屋であった。同様に後に有力卸業者になる谷口商店の谷口正治も，電気製品を工場や卸問屋から引き取り，小売商に卸す仲買人から始めた (谷口 1984：47)。

したがって，卸業者といっても，メーカーから直接，仕入ることができるとは限らなかった。零細な卸業者は有力な卸業者から仕入れた。

卸から小売商への販売も，その規模と地域によって様々であった。まず，卸自体が小売を兼ねる例が多かった。逆に最初は小売をしていても，ラジオ商への仲間卸が増えて卸業者になるものもあった。

東京の大規模小売商は直接，問屋から仕入れたが，東京でも零細な商店には，問屋から仕入れた仲買人が回って商品を納めた (谷口 1984)。地方の卸業者は，直接，神田にでてきて問屋から仕入れるか，問屋の卸商報で注文をだした。通常はその両方を行った。地方の小売商はその地域の卸業者から仕入れた。

卸—小売間の決済は，都会では毎月決済であったが，地方では盆と暮れの決済が残っていたし，農村では秋の刈り入れを待って払う習慣もなお残存していた（広瀬 1971：125）。その代金回収が卸業者にとっては困難な問題の一つであった。

　つまり，ラジオと部品の流通は錯綜していた。仲買人であった谷口商店の事例でみると，有力問屋の関根商店がメーカーから仕入れたものを谷口商店が仕入れ，地方の卸業者の場合はさらにそこから仕入れて，地方の小売商に販売した。この場合，メーカーから小売まで卸は3段階にわたっていたのである。

　他方，メーカーが直接，小売商に販売する事例もみられた。大きな卸問屋が工場を下請にもつのはよくみられたから，そうした場合，大きな小売商に直接，販売するのは自然であった。そうでなくとも，メーカーが小売商に直接，販売しようとする試みは行われた。しかし，それには経費がかかり，代金回収が困難でやめたものもあった（伊藤 1932）。小売商を50軒回るより卸商1軒の方が注文は多く，集金は確実で手数は少なかったといわれる。小売商は不良品の返品も多かった。しかし，有力メーカーとなる山中電機は，この方法を続けた。

　大きな卸問屋でも直接，消費者に販売することも稀ではなかった。卸商報で個人が買う場合もあったであろうし，神田の問屋に直接，行っても「一品でも売ってくれた」（田山・高橋 2001：Ⅱ：2）という。とくに卸問屋が地方の卸業者や小売業者向けに発行する卸商報が最終消費者に渡り，それで消費者が購入する問題は小売商の反発を招き，卸業者との対立関係を発生させた。東京の卸業者にその傾向が強く，東京ラヂオ卸商組合では，卸商報を乱発し卸値で小売をするものを除名する決議をしたり（日ラ新19320307），誠意をもって自制するなどを取り決めたが（日ラ新19320829），同様の問題は繰り返されたから，その規制は容易ではなかったものと思われる。

（3）　電力会社の販売

　ラジオの交流化にともなって新たな流通経路として登場したのは，電力会社（当時の用語では「供電会社」）による販売であった。電力会社は電力販売を促進するために自ら交流式受信機の販売を始めたのである。1929年頃からこの動きは

始まり（岩間 1944：34-35），1930年代に入ると盛んに行われた。1936年3月には97の電力会社が受信機販売を行っていたが，そのうち34社は1931年から，27社は1932年から始めていた（東ラ公19360325：3）。電力会社は必ずしも受信機販売で収益をあげなくともよいし，ラジオ設置にあたって電力供給業者として特別の便宜を図ることも可能であった。消費者に有利な販売条件を提供することが可能であり，そうした販売の条件を巡ってラジオ小売商と度々トラブルを発生させた。例えば，1932年8月の東京電燈静岡支店の事例では，他から受信機を購入した場合には設備料金として7円を徴収するのに対して，自社から受信機を購入した場合には電力工事取付け等を一切無料にし，さらにラジオの聴取加入料1円も東京電燈が負担するという条件を出したので，地元小売商の激しい反対にあった（日ラ新19320826）。同様の事件が各地で頻発した。

　他方，これはメーカー側にとっては流通コストがそうかからず，ロットがまとまるので有利な取引であった。後に述べる最初の大量生産戦略メーカーであった三共電機が，電力会社と提携してその販路を確保しようとしたのもそうしたメリットを求めてのことであった。

　電力会社による販売は年々増加していった。放送聴取の新規加入者の取扱別をみると，一番多いのは「ラヂオ商及組合」である点は変わらなかったが，「電気供給業者」は年々増加し，1934年度の5.9％から1937年度には19.5％，1940年度には28％に達した（日本放送協会『業務統計要覧』1940：14）。

（4）　輸出の開始

　1920年代末には早くも輸出も始まった。前章にみたような粗製濫造的競争で日本製品の価格は低下したし，中国ではラジオ放送が開始され，ラジオ製品への需要が高まったことがその背景にあった。早くからそれに積極的だったのは早川で，1926年頃から輸出を始めたが，1928年頃には上海の商人が来訪して部品を購入し，1929，30年頃には上海，香港などで放送局が開設されたことから急速に輸出が伸びた。「月によっては，当時の我が社の販売高の1/3から1/2を占めることも珍しくなかったので，……昭和5年には，香港の代理店に技術者を駐在さしめ，更に翌6年には上海，天津方面の市場を視察の結果，他メーカ

ーに先立って上海に出張所を設け」た（山岡 1941：43-44）。さらに「その頃,盟邦タイ国（当時のシャム－原文注）有数のラヂオ輸出商（ママ）より数万円に上る註文があり,一方,スラバヤ,バタビア,バンドン,メダン,英領シンガポール,ペナン,ラングーン等から相踵いで我が社製品に対し活発な照会があり,ラヂオ部分品一点張りから一歩進んで,3～4球の受信機や,今から思えば冷汗の出るような短波受信機を,追々送るようになった」（同上）。とくに,タイ市場では高いシェアを獲得した。また,1930年,1933年と,業界に先駆けて早川徳次は海外視察旅行を行った（早川電機工業 1962：77, 83）。

山中でも,1920年代末から朝鮮,台湾への移出が始まり,1930年には,朝鮮,大連,青島,上海,シャム方面から注文の照会が急激に増加したので,満州の貿易業者や大阪,神戸の貿易業者をとおして満州,上海,タイなどへ輸出した。1932年には上海,京城,奉天に,1933年には台北に,1935年には大連,新京に,それぞれ出張所を設置した（日無史：第11巻：144-147）。田辺商店も1935年に大連に出張所を設けた（ラ公19350615）。有力メーカーは,自ら海外に販売網を形成したのである。

1930年代初めには業界全体に輸出への気運が高まり,1931年2月には,後述する三共電機工業の宮永金太郎やラヂオ電気商会の伊藤賢治などのメーカーや問屋は,中国などへの輸出促進を目指して社団法人ラヂオ貿易協会を設立した。海外における見本市や製品の紹介,視察員の派遣などを行う予定であった（日無史：第7巻：142,日ラ新19310215,『満州日日新聞』19301203）。

輸出額自体は判明しないが,こうして1930年代半ばまで輸出は増大したものと思われる。山中では,1932年頃が上海への輸出の最盛期であった（日無史：第11巻：145）。輸出製品は,部品からはじまって,上記にあるように,3～4球の受信機や「並物セット」（日無史：第11巻：144）が中心であったが,スーパーヘテロダインも含まれていた。ラジオ（部品を含む）の輸出高が大蔵省の統計に登場するのは1935年からであるが,同年の169万円の輸出のうち半分の83万円は中国向けであり,「関東州」も44万円で多かった。続いて,「シャム」9万円,「満州」9万円,「蘭領印度」が7万円であった（後掲表3-4）。

③ 「セット戦」と受信機革新の進展

受信機交流化の後も受信機革新は続いた。「猛烈なるセット戦」は，一面では受信機革新が進んでいく過程でもあったのである。

（1） 受信機革新の進展

受信機革新の大きな方向の一つは小形化であった。交流機が出現したころは受信機は一家の装飾品でもあった。アメリカでは，1920年代後半は家具調のコンソールタイプが主流であったが，大恐慌に入った1930年には「ミゼット（midget）」と呼ばれた小形ラジオが現れ，その後，不況が長期化する中で小形ラジオが好まれた。ヨーロッパでも同様で，欧米では1931年にはスピーカーを内蔵したセルフ・コンテーンド・ミゼットが一般的になった（ラ年鑑1932：402）。ミゼット・タイプはコンソールに比べて安価であり，日本の市場には適していた。

前述した1930年の懸賞受賞のコンドルはミゼットと称していたが，まだスピーカーは一体化していなかった。1931年になると，中島電機工業所のNKダイン（使用真空管は，検波－低周波増幅－整流の順に，227-226-112-112，以下，真空管の引用は同様に行う）など，スピーカーを内蔵したミゼット型が現れた（ラ公19310425広告）。1932年の初頭には，七欧（ブランドはナナオラ，以下同じ），早川（シャープダイン）などは一体型のミゼットを，松下（ナショナル），三共（シンガー），坂本（コンドル）などは受信機の上にスピーカーが載ったタイプの受信機を発売していたが（ラ日193201：2-17），やがて，前者の一体型が主流となっていった。1932年は，各社の「ミゼット」競演の観を呈した（岩間 1944：184）。

上記のコンドルは，セットの量産をねらってキャビネットを金属製にしたから，量産をねらうメーカーは金属製を採用したが，1931年秋頃からは外観の美観を配慮して木製が復活した（日ラ新19311022）。1932年の初頭には両方存在したが，やがて木製が主流となった。

1931年には，4月から東京で二重放送が開始されたことから，波長の分離も

重視されるようになった。1928年に札幌，熊本，仙台，広島が開局した頃から，各放送局の分離をうたう受信機はあったが，ごく少数にすぎなかった。上記のコンドルも各局を分離できることをうたっていたが，1931年初頭頃からは二重放送の完全分離をうたう受信機が多くなった。しかも，それを複雑な調整なしにギャング・バリコンを用いて一つの調整で行う受信機が登場した（山中・ダイヤモンドなど，日ラ新19310317）。

これには真空管の革新も関連していた。真空管の多極化が遠距離受信能力や分離性能を高めたからである。4極管，とくに制御格子陽極間静電容量を減少できる遮蔽格子4極管は，1926年にイギリス・マルコーニ・オスラム（Marconi-Osram）が開発し（Geddes 1991：68），アメリカでもRCAが1927年にUX-222を，1928年にUY-224を発売した（日本電子機械工業会電子管史研究会 1987：72）。これらは，高周波増幅を発振のおそれなく安定的に行うことを可能としたから，非同調3極管高周波増幅回路やニュートロダイン，レフレックス増幅などの回路方式を過去のものとさせた（Bussey 1990：44）。日本でも，東京電気が1929年にUX-222を，1930年3月にはUY-224を発売した（日本電子機械工業会電子管史研究会 1987：72）。後者は高周波増幅，検波用で，高周波増幅では増幅率を飛躍的に増加させて遠距離受信能力を高めたし，大電力拡大も可能で本格的な電気蓄音器も可能とした（岩間 1944：174-175）。

この224の登場で，「昭和六年は二二四時代だと謂われた程二二四を使用したセットが，どのメーカーからも出された」（日無史：第11巻：143）。積極的だったのは山中や早川で，早川は1930年にNo.31（224-227-226-112A-112B：定価50円）を（早川電機工業 1962：79），山中も1931年2月にC224号（224-227-226-112A-112A）を発売し，分離のよい遠距離受信機として売りだした。三共（5月）もこれに続いた（日ラ新19310504）。224を使用したヒット製品は，1933年7月に発売された松下のR48（224-224-247B-112B）で，感度・性能とデザインの良さで発売と同時に全国で絶賛を博し，この後1938年まで実に5年間の製品寿命を保ち，累計で27万台という驚異的な販売台数を記録することになった（松下電器 1981：75）。

また，ラジオの革新に影響した真空管の革新として重要だったのは5極管の

第 2 章 受信機革新と「セット戦」の展開

登場であった。5極管は1926年にフィリップス (Philips) が開発したが，アメリカでは，後れて RCA が1931年に低周波増幅用247を発売した（日本電子機械工業会電子管史研究会 1987：73）。5極管を低周波増幅に使用すると，それまでの3極管の30倍も大きな増幅度が得られたから，低周波増幅用真空管の数を減らすこともできた。

　1931年にフィリップスはそれを日本に輸入した。フィリップスは，この前年暮，フィリップス日本ラジオ株式会社を設立して日本市場への進出を本格化させていた。1931年に入って，相次いで真空管価格を値下し，東京電気のとの間に熾烈な競争を展開していた。5極管の投入はその一環であった。

　日本の真空管メーカーでこれに追随したのはケーオー真空管で，1931年11月に247を完成させた（岩間 1944：182）。続いて宮田製作所もその完成を発表した。しかし，この頃は新型管が出現しても東京電気が定価を発表しないうちは新型管の価格がきまらなかったから，東京電気が5極管を発売するまではそれは市場に出回らなかった。東京電気の UY-247 の発売は1932年2月であり，同時に可変増幅率4極管の UY-235 も発売した。後者は，従来の4極管が変調歪や混変調などの障害を生じやすかったのに対して設計されたものであった。この247の発売で，日本もペントード（5極管）時代に入った。

　しかし，この247の出力は日本の家庭用には大きすぎた。そこで東京電気は，1932年3月に，日本の家庭に適したより小出力の UY-247B を発売した。これは，それまでの東京電気の受信管がすべてGEの製品の模倣にすぎなかったのに対して，247の改良型とはいえ，東京電気独自の設計による製品であった（池谷 1976：(13)：52）。この247Bは，従来の UX-171A に比べるとより低い電圧で働き，しかも従来の2段増幅に劣らない音量と感度を1段増幅で得ることができた（つまり，真空管を一個省略できる）。その上，フィラメント電圧が227や224と同じであったから従来の電源トランスに直接，かつ並列に用いることができた。ケーオー真空管や宮田製作所も，同様のねらいで独自の製品を発売していたが（UY-452，UY247A），この247Bの出現で市場の標準がこれになったために，ともに247Bを発売することとなった。

　247Bをいち早く本格的に採用したのは，山中であった。1932年6月には，

247による3球受信機（M247）と247Bによる4球受信機であるA47（224-227-247B-112B）とM347（同）を発売した。M347は「非常に好評で，共電会社その他で採用されたが，特に朝鮮放送協会には絶対的支持を受け，今迄の製品中最も生産台数の上ったもの」であった（日無史：第11巻：145）。その他，大阪ラヂオ研究所（ロッキー）は1932年5月に，早川，米岡無線研究所も6月に，ヒロキヤ商店，原口電機，クルス電気商会は7月に，247Bのシャーシやセットを宣伝している（ラ公19320528：15，同19320628：8，10，同19320720：8，同19320730：2，12）。「斯くして世は挙げて小型ペントード二四七B時代に入った」のであった（岩間 1944：188）。1932年末には，5極管を使用したものが約5割を占めるといわれた（山中無線電機の加賀佐金吾の発言，日ラ新19321220）。

この247Bが低周波増幅を革新すると，それに見合った感度の良い検波管が要求されるようになった。フィリップスも小型ペントードを発売し，低価格で対抗したが，さらに感度の良い検波管（E424, F125）を出して，それまでの検波管である227では小型ペントードに対して「検波能力不足」であることを力説した（岩間 1944：189）。これに対し，ケーオー真空管はUY-227Bを完成させ，東京電気も1932年8月，227Bを発売し，対抗した。これも米国製品の模倣ではない独自の製品であった。この247B, 227Bの他，整流管KX-280B，電池式用UX-109の開発など，この1932年頃には，日本の真空管の設計，製造技術は，基本形の改良製品を開発できる程度の水準に達したとみられる。

翌1933年にも真空管の革新は続いた。同年は，世界の真空管の技術革新の上では一つのピークを達成した年であった。イギリスではキャトキン（Catkin）管とよばれる一種の金属真空管が開発されたし，アメリカでは自動車ラジオ用真空管が流行した。7極管や複合管といったような受信管のほとんどの形はこの1933年に完成したといわれる（池谷 1976：(14)：45）。日本でも，東京電気は，224を5極管化したUY-57, 235を5極管化したUZ-58，電池式受信機用のUX-109, UX-110，アメリカの自動車用ラジオに影響されたトランスレス真空管など，各種の真空管を発売し，またその外観を従来のナス型からダルマ型にしたST（Spherical Tubular）管を発表するなど，真空管革新のトップにたった。

1932年後半から，当時，アメリカで流行しつつあったスーパーヘテロダイン

受信機(以下,スーパーと略称)を発売するメーカーも現れた。高価ではあったが,遠距離受信には適しており,放送局からの距離が遠い地方での富裕層には需要があった。1932年には萩工業(クローバー,9月),山中(11月),ローラーコンパニー(ローラ,11月),坂根製作所(12月),1933年に入って,広瀬商会(エーブル,1月),三田無線(3月),富久商会(5月),連合電機(5月)などが発売した(日ラ新19320930,同19321112,同19321119,同19321218,同19330101,同19330316,同19330518,同19330522)。1933年には,上記の57,58という新型真空管を使用したセットも現れた(1933年5月の七欧の95型,ラ公19330526:9)が,それ以前と比べると新型管の採用はあまり進まなかった。

(2) 大衆機需要

　新型管の採用が進まなかったのは,受信機が高機能・高価格になるほどその普及には限界があったからである。この間,上記のように新機能をうたう受信機が次々と登場する一方,安価なモデル,大衆機への需要も根強く存在した。むしろ需要の大宗はそちらであった。上記の1931年に流行した224セットも1931年秋頃には安価なセットに押されて販売成績が思わしくなくなった(日ラ新19311122)。

　とくに放送協会は,受信機が高級になるのを望んでいなかった。放送の普及のためには,なるべく質の良く,簡便で安価な機種を普及させた方が良かったからである。1931年5月に東京放送局は再び交流受信機懸賞募集を行ったが,その対象は,当時,多数を占めていた3球式に対して2球式(ただし整流球を除く)に限定した。目的は,前回と同様,一般家庭用として簡易便利な交流受信機の組立であったが,当時の3球式は音量に対する過大な要求のために近隣に迷惑もかけるし余計な費用もかかっているから,家庭用としては2球で十分であり,それで明瞭度を増した方がよいとした。また,二重放送が始まるのでその分離聴取が簡単にできることを要求した(ラ年鑑1932:417-425)。つまり,当時の受信機よりも簡易で良質のものを要求したのである。その結果,一等には,田辺商店の原愛次郎2点,松下電器製作所1点,日本無線1点の計4点が当選した。田辺商店(コンドル)と松下(ナショナル)は,この懸賞当選機を発売し,

他社もこれに追随した小形セットを市場にだした。

　1932年の年頭の所感でも，東京中央放送局技術部長・北村政次郎は，「昨年度（1931年－引用者）から今春にかけて……各種高級受信機の種類は相当に多い……業者としては……出来得る限りの低廉な価格で提供されたい。……ことに今年以後も相次いで地方放送局が増設され，内地局の放送をのみ聴取するためには余りに高級なものを必要としない程になるから，メーカーとしては質を向上させることが主要の目的と」なろうとしていた（日ラ新19320105）。「出来得る限りの低廉な価格」の受信機を望んでいたのである。

　1933年には安価なシャーシの供給が流行した。もっとも徹底的にその戦略をとったのは松下であった。松下は，同年6月，ラジオ事業が経営危機に陥り，その危機対応策の一環として，7円50銭という驚異的に低価格のシャーシを発売した（第4章1(1)）。それは，業界に大きな衝撃を与えた（岩間編 1944：196-197）。そうした安価な受信機やシャーシの回路構成としては，227-226-112A-112Bの再生検波・低周波2段増幅の4球式か，224-247B-112Bの再生検波・ペントードによる低周波増幅の3球式であった。標準的な回路による安価な受信機の供給というのがメーカーのもう一つの戦略だったのである。

（3）　1930年代前半の日本の受信機技術

　『ラヂオ年鑑』昭和七年度版は，1931年度の欧米の受信機の特徴をまとめて，外観としてはスピーカー体型のセルフ・コンテーンド・ミゼット，数個のバリコンを一つのダイヤルでコントロールするモノコントロール，回路としては4極管による高周波1段増幅・検波・5極管による低周波増幅1段ないし2段のストレート回路，スピーカーはマグネチックかダイナミックのコーン型としている（同：402-405）。

　日本では，上述した，1932年6月の山中の「今迄の製品中最も生産台数の上った」M347や1933年7月の松下の空前のヒット製品であるR48がそれにあたる。1932～33年には日本にもそうした受信機が登場し，ヒット製品になったのである。後に述べるようにスーパーの普及が始まっていたアメリカは別として，

ヨーロッパ諸国には1～2年の遅れで，追いついたといえる。しかも，247Bの開発にみられるように，日本の市場用への修正をともなっていた。技術の一部を修正，改良しつつ，順調に欧米技術にキャッチアップしていたといってよいであろう。

ただ，鉱石から真空管，電池式から交流式への革新と違って，この遠距離・分離受信機の場合は，需要の主流がそれになったとはいえなかった。山中のM347などや松下のR48など，一機種で最高の販売台数を記録した機種もあったが，需要のかなりの部分は安価なモデルであったと推定される。1932年末でも5極管を使用したセットは5割程度といわれた（日ラ新19321220）。技術革新の先端的部分が市場を覆ったわけではなかった。そこが欧米とは異なる点であった。

また，同じような技術の製品が出現したとしても，その品質や信頼性という点では大きな差があった。「（日本と欧米の受信機製造技術との間に―引用者）内容に至っては大して驚くほどの差異はない」という論者（北村政次郎・東京放送局技術部長）でも，「只一点注意すべき点は（欧米の製品は―引用者）往々にして日本の製品に見るが如く品質の良悪の差が著しくない」ということは認めざるを得なかった（日ラ新19290711）。欧米では需要が大きいので大量生産で「良品を作らねば一般が認め」ないことがその要因とされたが（同），日本でそうした戦略をとった松下でも，その宣伝のように「故障絶無」とはいかなかった。1933年の同社のラジオ事業の危機の一つの要因は製品不良の問題であった（p.95）。

こうした留保はつくとしても，1925年のラジオ放送の開始からこの1930年代前半までは日本のラジオ技術は急速に欧米技術にキャッチアップしていたといえる。しかもその一部では独自の修正，改良をともなっていた。他の産業で観察できるような事態がラジオでも進行していたのである。しかし，これ以降はそうではなくなる。

４　大量生産戦略の登場と破綻

1930年代前半までのラジオ産業を特徴づけたのは中小零細企業による粗製濫

造的な競争であったが，メーカーのなかにはそれにたいして安定した品質の製品を大量に生産することで差別化を図ろうとするものが現れた。その戦略は魅力的な戦略ではあったが，その実現は容易なことではなかった。

（1） 三共電機工業の試み

その最初の本格的な試みは，1930年の宮永金太郎の三共電機工業株式会社（資本金10万円）によるものであった。三共はスピーカーメーカーであったが，1930年7月，「米国式経営の長所を採用し」，4球交流セット（227-226-226-112A）を大量生産（5千台／月）で安価（マグネチック・スピーカー付45円）に発売すると発表した（無タ19300708：3，同19300803：4）。当時，多かった自製にたいして，工業製品としての優位を強調する戦略であり，既にアメリカでクロスレー（Crosley）をはじめ，いくつかの企業がとって成功した戦略であった。宮永は滞米経験があり，アメリカ事情には通暁していたものと思われる。

1931年1月には50万円の増資計画をたてて新工場建設を企図するとともに，販売については「細胞組織販売網」の樹立を目指した（無タ19310108：3-5）。小売店，特約店を援助，指導し，「共存共栄」の実績をあげようとするものであり，アメリカの連鎖店をさらに進めたものを目指した。300台売れば満州に招待するなど，当時流行していた招待付き販売戦略も積極的に活用した（広瀬1971：59）。

欧米のチェーンストアの日本への紹介は1910年代から始まり，20年代から30年代の初めにはかなり詳細な経営情報が伝えられるようになっていた。とくに，この1931年は，「連鎖店」，「チェーンストア」をタイトルに掲げた初めての単行本が同時に3冊も刊行された画期的な年でもあった（矢作 2004：220）。ラジオ業界でも1928年には卸問屋の小川忠作商店は全国に連鎖販売店を募集し，販売奨励金として2分の割戻を行った（ラ公19290920：12）。それに限らず1920年代末には連鎖店が流行したから，大量生産戦略をとろうとする企業がそれに注目するのは当然であった。また，乱売や流通機構の混乱，中小小売業の疲弊は，ラジオに限らず他の多くの業界でみられたから，「共存共栄」が掲げられるのも自然であった。

1931年6月には増資が完了し、大同電気株式会社専務の杉浦文一を取締役顧問に、京成電気軌道株式会社社長の本多貞次郎を社長にすえた（日ラ新19310610）。特約店も1,500軒を獲得し、7月には第二工場（敷地300坪）を建設した（無タ19310624：3，同19310724：2-5）。約200人の職工と約50軒の下請で、日産300台を生産した。大同電気や東京電燈などの電力会社と提携し、それらの直接販売用の受信機を納入するなど販路を確保した。

　さらに、1931年7月には、資本金を250万円に増資し、第三工場や上海工場を建設する一方、100万円で月賦販売のためのラジオ金融会社を設立する計画をたてた。月4万台を生産して、国内の月賦販売と輸出で販売を伸ばすことを企図した。そのために、東京の一流問屋を網羅した株式会社日本ラヂオコーポレーションを設立し（今村久義社長）、月賦販売を目指したが、その製品（ブランドはシンガー）は、「大量販売の余弊として売価は雑然として崩れ」（無タ19311008：5）、しかも月賦販売はうまくいかず、売行きは不振であった（無タ19310824：2，日ラ新19310825，同19311017）。安定的な価格を維持するのは困難であったのである。結局、増資計画はうまくいかず、日本ラヂオコーポレーションも大量販売の圧力から中小卸業者への押し込み販売を行ない、不良貸付がかさんで赤字となった（日ラ新19320613，同19320626）。

　三共は、1932年度下期には苦境に陥り、1933年度末には営業休止となった（無タ19331202：3，同19340127：3，同19340224：3）。結局、同社は1934年8月に減資して更生することとなり、社名を日本精器株式会社とした（無タ19340808：1，同19340912：3）。元陸軍技師が工場を整備して陸軍の指定工場となり、陸軍の軍需品生産に傾斜していくこととなる（無電193410：57）。

　約4年にわたる宮永のこの企図は結局うまくいかなかったが、彼が「ラヂオ受信機大量生産制度の創始者」（東ラ公19360315：8）であり、「大量生産と大量消化の合理性を捷ち得」て、「品質の点にも価格の点にも亦生産規模の点にも業界全体の水準を高め、ラジオ普及史上に一線を画したものであった」（日無史：第11巻：143）ことは確かであった。

(2) 松下電器の参入

必ずしも積極的な大量生産戦略ではなくとも，安定的な品質の製品を供給しようとする戦略は，1930年頃には他にもみられた。当時の粗製濫造的傾向に対して，自らの製品を差別化しようとする戦略であった。後に有力企業に成長する山中無線電機製作所は，1930年には「山中製品は値が高いとの非難がある様だが同所は之を是認して居る，安く売好く（ママ）とは結局は製品に無理がある，従って粗製に陥り易い……際物的営業方針は同所の全然採らぬ處……同所のモットーは確信し得る製品を他社製品の販売値段を顧慮せず使用価値に応じた適当の価格で発売するにある」（日ラ新19300308）といわれた。

この安定した品質の製品の供給という戦略を強調して，この時期，ラジオに参入したのは松下電器であった（以下，平本 2000d）。

1918年に創業した松下電気器具製作所（以下，松下と略称）がラジオ用品に進出したのは，1929年9月にラジオ部品を製造していた明石の橋本電機製作所を買収し，日本電器を設立したのが最初であるが，翌1930年には受信機製造にも進出した。その動機は，松下幸之助が，日常使用していたラジオが故障して聞きたい番組が聞けなかったことから，故障しないラジオを製作すれば事業になると考えたことが発端であった。小さな型に複雑な機構を納めてほとんど故障のない時計に比較すれば，ラジオも故障絶無のものができるはずだという発想であった。この故障のないラジオという着想は，以下にみるように産業の部外者であったが故に発想できたことであったといってよい。もちろん，同様の戦略は他にもみられたが，松下幸之助が求めたレベルは他のそれより高かった。

ただ，松下にはラジオ技術の蓄積はなかったから，参入にあたっては既存企業と提携する戦略がとられた。ナショナル・ミーズダインのブランドでラジオの製造販売を行っていた二葉商会の北尾鹿治とはかって，1930年10月，国道電機製作所株式会社を設立し，受信機製造に進出した。故障しない優良品を大量生産して廉価に提供しようとする戦略であった。松下幸之助はそれ以前にヘンリー・フォードの伝記を読んで感銘を受けており，既に1927年のアイロンで成功を納めた戦略であった。

しかし，ラジオではその実現は容易ではなかった。発売直後から不良品が続

第2章　受信機革新と「セット戦」の展開

出した。松下の販売先が電器店が主だったためにラジオの修理技術がなく，ちょっとした故障でも不良として返品してきたこともあった。松下幸之助は，そうした技術のない電器店でも容易に販売できるような故障のないセットを開発，製造することを主張したが，北尾はラジオは当然故障を起こすのだから，修理能力のある販売店で販売させるべきだと主張した。幸之助は，それでは大量販売はできない，「ラジオセットは故障の出るもの……という先入観……その観念自体がいかぬ」と反論した（松下幸之助 1986：258）。結局，両者は折り合わずこの事業は解消することとし，1931年3月，松下はラジオ事業を直営することとした。当初の発想を貫くこととしたのである。

　しかし，その貫徹はきわめて困難な道のりであった。まず，ラジオ技術を獲得しなければならなかった。1931年に専門学校卒のエンジニアを2名採用し，受信機の開発に着手した。ちょうどその時に p.87でみた東京放送局の交流受信機懸賞募集があり，それに応募することとした。ラジオ知識の乏しい中での開発は困難を極めたが，3ヶ月かかって，最後にはほとんど不眠不休の努力の結果，応募締め切り日の前日にようやく完成した。その結果は，田辺商店や日本無線の製品と並んで，一等に当選することができたのであった。この開発は，尋常ではない努力と創意，工夫によるものだとはいえ，ほとんどゼロから出発して3ヶ月で達成できていることも注意すべきであろう。当時のラジオ技術はそうした水準だったのであり，それがこの参入の技術的条件であった。

　松下はそれを製品化し，「当選号」（R31）として発売した（1931年12月，ラ公 19311201：11）。幸之助は，この当選を「ランプ，電熱器のヒットに続いて幸先がいい」と非常に喜んだ（松下幸之助 1982：85）。ラジオ事業は順調にすべりだしたようにみえたが，そうではなかった。この「当選号」は，音量が小さい，価格が高い（45円）などの問題があったからである。音量については，上記のようにそもそも東京放送局の懸賞がそうしたことを要求していた。過大な音量は不要とし，簡易で良質の受信機（整流を除いて2球式）を求めていたからである。価格については，幸之助の指令で良質な商品を志向していたから，木箱の塗りからトランスの品質など上質なものを選択せざるを得なかった。機能，価格ともに，当時の市場が求めているものではなかったのである。

この二つの欠陥は，新製品の説明会などで既に代理店から指摘されていた。音量については，上記のように受信機の交流化は電源の制約をなくすことでラジオの大音量を初めて容易にしたから，当時は大音量への嗜好が強かった。「ラジオというものは，もっと大きな音が出んとあきません」と異口同音に言われた（松下電器 1981：26）。価格については，当時の廉価品の販売競争の中では売価25～30円というのが通り相場で45円では高すぎた。

　松下幸之助は，この代理店の価格引下げ要求に対し，そうした価格は乱売によるもので，このような価格を続けていては，お互いの健全な発展，業界の発展はありえないと新製品説明会の会場で力説した。「正当なる原価に正当なる利潤を加算した価格を以て販売するのでなければ，正しい経営ではない」という信念のもとに（松下幸之助 1982：262），ラジオの将来性を思えば，もっと合理的に大量生産を行い，誰でもが買いやすい価格にまでコストを引き下げ，同時に品質・性能面の一層の向上をはかっていくことに生産者の責務があると主張した。100万円あれば「理想の工場をつくり，生産を合理化して驚くほど安くじょうぶな受信機が造れる」が，直ちにはそれはできないのでその理想実現のために，ともに「共存共栄」で協力してほしいと訴えたのである（松下幸之助 1982：264）。有名な「共存共栄」の主張である。あくまで，粗製濫造にまけず，優良品の適正価格での販売を貫き，やがて大量生産でコストをさげ理想的な受信機を生産しようという堅い決意がうかがわれる。

　松下幸之助の回想録（『私の行き方考え方』）や，松下の社史（『松下電器五十年の略史』）などでは，これで代理店の協力が得られ，松下のラジオ事業は発展していったと総括されているが，実は事態はそう容易ではなかった。

　松下幸之助は，最初は製品価格は高くとも，やがて大量生産で安価に生産できるようになると考えていた。確かに，アイロンではその戦略は成功したが，ラジオではそう容易ではなかった。アイロンなどとは違って電子部品によるラジオでは，不良品をださずに大量生産するということ自体が容易ではなかったし，ラジオ組立では静態的な規模の経済性は大きくはなかった。

　前者についてみると，後に第4章2(2)でみるように，電子部品自体の品質や信頼性はかなり低かった。先の東京放送局の懸賞に応募する時，松下はそれ

に使用する紙コンデンサを試験したが,「どこのを使っても皆不良」という状態であった（松下電器 1981：15）。技術的問題もあったが,当時の粗製濫造的な部品市場ではやむを得ない結果であった。それらをもとに組み立てれば故障絶無にはならないことは当然であった。

　後者についてみると,企業規模別に同一製品のコストを比較した数値として,後の時点になるが,戦時中の同一製品（放送局型123号）の「総原価」（「製造原価」＋「一般管理及販売費」）をメーカーの大小別に比較した数値がある。それによると,「大メーカー」は49.37円,「中メーカー」51.05円,「小メーカー」49.80円であった。[7] 規模別にはほとんどコストは変わらなかったのである。したがって,量産が進んでも,そう簡単にコストは下がらなかったものと思われる。松下のラジオ事業部史が「当時のセットは品質は良かったが原価が高」かったというのも当然であった（松下電器 1981：74）。

　「当選号」の販売は,幸之助の思ったように順調にはいかなかったのである。ラジオ事業は,したがって赤字であった。発売開始以後1年半ほどたった1933年には累積赤字は10万円に達した（松下電器 1981：20）。後掲表4－2のように1932年のラジオ生産高は77万円であり,他方,松下全体の売上高も300万円であったのに比較すれば,如何にこの赤字額が大きかったかがわかる。

　さらに,1933年5月には製品の不良問題が起こった。感度問題もあって販売が順調でないところに,製品不良が生じ,東京支店からは260台の不良品が返品された。製品在庫も,東京支店で過剰在庫が発生し,工場でもその製品倉庫に入りきらないセットが1,200台も発生するほど堆積した。ラジオ製造企業の財務にとって製品や部品の在庫の増減はきわめて大きな意味をもっていた。松下のラジオ事業は危機に陥り,分社化を含め対策が検討された。「松下電器として実にラジオをやるかやらぬかの関頭に立った」（松下電器 1981：74）のであった。

　つまり,松下でもラジオの大量生産戦略は成功しなかったのである。部品品質の劣悪さなどによる安定した製品品質の確保の困難,安定した製品価格の維持の困難などにみられるように,粗製濫造的な市場環境のもとで,それと異なる戦略を押し進めることは容易ではなかったのである。

結局，この戦略は，松下にとってはかなりの額の累積赤字と大量の在庫をもたらし，分社化を覚悟せざるをえないほどの経営危機に追い込んだ。同じ時期，大量生産戦略の先駆者，三共電機は破綻に追い込まれつつあった。松下も，もしラジオ専業企業であったならば破綻したことは確実である。この戦略は，魅力的だが危険な戦略だったのである。

注
(1)　日本放送協会 1951：597。1929年初め頃に市販されていた50種の受信機の回路の調査では，一番多かったのは，高周波一段増幅，鉱石検波，低周波2段増幅のレフレックス回路で13種であり，そのうち8種がエリミネータであった（横山 1929：3）。
(2)　宮田繁太郎の回想によれば，UY-227の発売は東京電気より宮田製作所の方が一年ほど早かった。227にはウェスタン・エレクトリックの特許があり，宮田はその発売にあたって日本電気に了解を求めた。東京電気はこの特許のため227の発売が遅れたという（池谷 1977：(20)：37）。
(3)　ただしこの「ミゼット」は後のそれと違って，まだスピーカーを一体化していなかった。
(4)　日ラ新19320529。組合員数は93名で，不良取引先の調査や機器の標準化を検討し（日ラ新19320530)，1933年3月には製品価格の値上げを評議員会で決定した（日ラ新19330322）。
(5)　製造業では，組合とは別に有力セットメーカーによる組織も形成された。1933年1月，田辺，七欧，山中など東京側5社，松下，早川など大阪側4社によって，ラヂオ受信機製造同盟が形成された（日ラ新19330120）。毎月2回，例会を行って，規格の統一や価格の協定を目指した（ラ日193302：75）。しかし，その措置は実効があがったようには思われないし，組織自体も継続しなかったように思われる。
(6)　塩田留蔵（QRK商会）は，1925年に日本郵船の無線技師をやめて開業し，アマチュア相手に部品を売っていたが，そのうちに「あの部品を分けてくれ」とラジオ屋さんの注文が増えて卸になった。「創世期のラジオ業界」『電波新聞』19550316：4-5。
(7)　ラジオ受信機統制組合「製造業者別ラジオ受信機原価計算比較表」放送係『受信機等価格決定関係』昭和一八年八月（国立公文書館蔵郵政省資料）。原資料には欄外に書き込みがあり，「大メーカー」には，山中，20,000台，「中メーカー」には5,000台，「小メーカー」には3,000台と記してある。ちなみに，山中電機のこの「局型123号」の生産台数は，1941年が9,727台，1942年が38,179台で，両年を平均

すると23,953台であった。「受信機生産台数一覧表」同上資料。

第3章
放送事業の改組と受信機革新の停滞

> 放送事業は無線電信法に基き政府自ら之が運営に当るべきものを，放送プログラム実施等の関係上官営を不便とする事情の為，特に民営と為すものであり……之を自由に放任し又は営利会社の経営に委ねることの不可なるは論ずる迄もなく
> （通信省・田村謙治郎「放送事業の使命と本邦斯業の将来」『電気通信』1940年7月，13-14頁）

　聴取者数は1930年代半ばにも増加を続けた。とくに，1935年からは郡部での増加が目立つようになった。1937年には年間の聴取者増加数で市部を上回るにいたった。当初の都市部を中心とした普及からようやく農村部でもラジオが普及を始めたことをそれは示していた。長く続いた農村での不況が回復の傾向に向かったことが基本的な要因であったが，聴取料が1935年に値下げされた（月75銭から50銭へ）ことも寄与した。1936年には2・26事件があり，ベルリン・オリンピックも行われるなど，社会的事件も多かったが，なんといってもその点で大きな影響をもったのは1937年の日中戦争の本格化であった。これを契機に聴取者数は激増したのである。その結果，全体の世帯普及率は1938年度にはほぼ30％，市部での普及率は50％となった。ラジオは各家庭で普通にみられるものになったのである。本章では，1930年代半ば以降のラジオ放送とラジオ技術について明らかにする。

1　放送事業の改組

（1）　日本放送協会の改組

　日本放送協会は1934年に逓信省の強い指導のもとで改組された。この改組は放送協会の性格を大きく変え，放送内容にも影響を及ぼすこととなった。それまでの放送協会は，実体としては，東京，大阪，名古屋の旧3法人をほとんどそのまま踏襲して発足したことから，形式的な統合体という側面が強かった。しかしその後，一方で新しく支部が増設されて業務が複雑になるとともに，他方で満州事変の発生以来，放送が政治的な重要性を増してくると協会機構の革新が問題となったのであった。

　また，当時の世界の放送事業の傾向としても，国家による統制が強化されていた。イギリスではBBCは1927年に営利会社から公益法人に移行したし，フランスでも1933年以降，事業を漸次国営に移していった。もっとも徹底的で，かつ日本に大きな影響を及ぼしたのはドイツで，1933年にナチスが政権を獲得して以降，放送事業はナチスの宣伝機関となり，政府によって厳格な統制を受けた。

　満州事変以降の日本でもその傾向が強くなった。放送事業当局者の中心的存在であった中山龍次（1928年3月より関東支部常務理事，1934年，改組された日本放送協会の常務理事）は，満州事変とラジオについて，次のように回想している。

当初日本内地に於ては，新聞雑誌を初め識者の間に於てすら実情に徹底せず，従って所論が一致しなかった。そして稍もすれば，日本から事を構えたと信じて居る向きが相当多かった……日本としてはどうしても国論を統一して国難を打開して行かなければならぬ。当時放送事業に関係していた自分は，これには先ず放送を利用して，出来るだけ事変の真相を国民に伝えて，輿論の向う所を明らかにしなければならぬと痛感しこの方面の運動に乗り出した訳である。実はそれ迄放送に於いては政治問題を扱うことは許されて居らず，殊に現役軍人の放送というものも，殆ど許されて居らなかった（中山 1939：11-12）。

満州事変であらためて国論の統一にたいするラジオの重要性が認識されたのであった。

放送協会の改組を主導したのは、冒頭の引用にある、逓信省の放送事業監督主任官であった電務局業務課長の田村謙治郎であった（日無史：第7巻：198-209）。田村は、「夙に放送協会の事業経営振りに甚大な不満を抱」（同：198）いていた。田村は、そもそも「放送事業は無線電信法に基き政府自ら之が運営に当るべきものを、放送プログラム実施等の関係上官営を不便とする事情の為、特に民営と為すものであり」、「之を自由に放任し又は営利会社の経営に委ねることの不可なるは論ずる迄もなく」、「公益法人に特許し、国家の代行機関として、政府の厳重なる監督の下に経営をせしめる」のが当然と考えていた（田村 1940：13-14）。おりから1934年5月が放送協会の役員改選期であり、東京以下25放送局の許可有効期限が1935年2月末でその6ヶ月以前に延伸願いを提出しなければならないことから、田村は小森七郎放送協会本部常務理事ら関係者と諮って、その改組に乗り出したのであった。南弘逓信大臣も、1934年3月の放送開始9周年のあいさつで各国のラジオの国策宣伝機関としての利用を強調し、放送協会事業の抜本的な革新を要望した（日本放送協会 1965：上：310-311）。

定款改正案がかけられた1934年5月の定時総会では、「質問、批難は相当盛んに行われた」（日無史：第7巻：201）が、決定をみた。改組の要点は、それまでの支部制を廃止し、経営の中枢機関として東京に本部を、それまでの支部所在地には中央放送局を置くということであった。これによって支部理事会、支部総会は解消され、本部の役員が事業の計画、予算の策定、人事の交流を決定することとなった。しかもその役員人事では、逓信省出身者が事業中枢を占め、それまで創業以来、放送事業に携わってきた民間人の多くは交代することとなったのである（日本放送協会 1965：上：297）。

（2） 放送の全国一元化の進展

この改組にともない、放送番組の編成についても一元的統制が行われるようになった。これ以前にも、各放送局では入中継番組が増加する傾向にあったが、なお自局編成番組も多く、とくに東京、大阪では多かった。同じ放送協会のな

かであっても,「各放送局は番組制作に競争し,互いに刺激し合」っていた(日本放送協会 1965：上：198)。「同じ組織体の中に,こういった放送番組の競争があり,創意・くふうを競い合い,地域的特性を発揮し合」っていたのである。とくに,大阪放送局は,東京への対抗意識も強く,新しい放送企画を次々と行っていた。

しかし,この改組にともない,放送番組の編成は全国一元化の方向が明瞭にうちだされた。番組企画の基本方針を審議する機関として1933年8月に設置された放送審議会の規程は,改組直後の1934年8月に改正され,それまでの支部放送審議会は廃止され,本部の中央放送審議会に一本化された。しかも,その委員には,それまでの逓信省,内務省,文部省の各次官と学識経験者に加え,陸軍省,海軍省,外務省の各次官が新たに加えられた。さらに,全国中継番組の決定と編成上の操作を行なう放送編成会が新設されたが,その構成員には,放送協会の専務理事をはじめとした部内委員や学識経験者の他,逓信省電務局無線課長,内務省警保局図書課長,文部省社会教育局成人教育課長が参加した。各官庁の課長クラスが番組編成の実務に関与するようになったのである。この会議は毎月2回開催され,翌月半月分の番組を決定した(日本放送協会 1965：上：339-340)。

このもとで,全国中継番組の比重は更に高まった。1935年度には,大阪ですら入中継番組の方が多くなり,全国では自局編成番組10千時間,入中継番組21千時間と,後者が前者の倍となった(日本放送協会『業務統計要覧』1936：144)。さらに,1940年度には自局編成番組11千時間,入中継番組27千時間と全放送時間のうち入中継番組が7割を超えた(日本放送協会『業務統計要覧』1940：135)。放送内容は全国一律となる傾向が強まったのである。

これはラジオ受信機技術には大きな影響をもつことになった。それだけ各放送局を分離して受信するニーズが弱くなっていったからである。

第3章　放送事業の改組と受信機革新の停滞

2　受信機革新の停滞

（1）欧米における技術革新の進展

　この1930年代前半から半ばにかけては，世界の受信機革新の歴史上，画期的な時期であった（Bussey 1990, Geddes 1991：103）。回路ではスーパーヘテロダインが受信機の主流になり，対象波長は短波を含んだオールウェーブ，スピーカーはダイナミック型が普通となった。回路，波長，スピーカーで大きな革新がみられたのであり，この技術の組み合わせは，その後20年間に渡って長く続くことになる受信機技術の高原状態を達成したものであった。

　アームストロング（Armstrong, E. H.）の発明によるスーパーヘテロダイン回路は，ラジオの初期からあり（特許は1920年6月），1924年にRCAはラヂオラ・スーパーヘテロダインを発売した。これがアームストロングの特許権による合法的でしかも本格的な最初の製品であり（Douglas 1988：Vol. 1：xii-xiii），これが成功したことで，20年代半ばにはスーパーが流行した。しかし，20年代後半にはストレート回路の高周波増幅セットに押されて人気がなくなった。RCAはその特許権で大半のメーカーを閉めだしてしまったし，当初のスーパーの中間周波数は低かったので音質が良くなかった（Bussey 1990：18-19）。かつ高価で操作も難しかった。さらに，4極管の登場などによる高周波増幅技術の進歩はスーパーのメリットである選択性の高さにある程度迫ったからである。20年代後半には，アメリカのセットの約95％はストレート回路の高周波増幅セットになった（Eoyang 1936：54）。

　しかし，アメリカでは1920年代末頃には再び分離性能への要求が高まった。放送局数が増加し，しかもその出力が大きくなっていったから，聴きたい放送局を分離するためには選択度の良い受信機が必要となった。他方，4極管の出現は中間周波数を高くさせ，スーパーの改良に寄与した。また部品の精度の向上などもその改良に寄与した（Bussey 1990：19, 76-83）。スーパーの操作性は良くなり，動作も安定し，選択度と感度の矛盾も改善された。

　また，1928年頃から，それまでのホーン型スピーカーやマグネチックスピー

カーに比べて音質が優れているダイナミックスピーカーが流行し始めた（ラ日 192904：44）。それは低音再生を良くすることでスーパーの音質上の欠点を補うことになった（Bussey 1990：76）。

1930年には，RCA は改良されたスーパーヘテロダインを発売した。また，他メーカーにも特許のライセンスを認めた（Bussey 1990：49）。これ以降，スーパーは急速に増加し，1931年には，可変増幅率管や5極管を採用した機種が現れ，ストレート・セットとほぼ拮抗するにいたった。1932年にはスーパーは発売機種のほぼ80％に達し（Eoyang 1936：54），ストレートの高周波増幅付きセットを完全に凌駕した。

このアメリカでの革新は，ヨーロッパにも普及した。イギリスは1年くらい後れてアメリカに追随した。スーパーは1931年に登場し，1932年のラジオ・ショーでは総機種の17％，1934年には62％を占めた（Bussey 1990：88）。ドイツはもう少し後れた。スーパーは1936年に大衆化を始め，1937年には約4割がスーパーとなった（ラ年鑑1938：165）。こうして，アメリカでは1932年，イギリスでは1934年，ドイツでは1937年には，スーパーが主流となったのであった。

オールウェーブでもアメリカが先導した（以下，ラ年鑑各年版による）。1934年にはオールウェーブ・ラジオが流行し，1935年には周波数変換を1本の真空管で行う7極管の採用や金属管の採用，1936年には自動周波数制御方式の実用化，1937年には押しボタン式同調装置の開発や永久磁石式のダイナミック・スピーカーの開発など，製品革新が続いた。1937年には受信周波数帯はさらに拡大され，欧州の長波帯も含まれるようになった。アメリカでも欧州の放送を聴けるようになったのである。

イギリスでも，1934年にはオールウェーブが多くなり，1937年には4球（整流球を含まず）のオールウェーブ・スーパーが標準的となった。ドイツでも，1936年にはオールウェーブが進出し，スピーカーは永久磁石式のダイナミックが登場した。1937年にはスーパーの75％はオールウェーブとなった。

また，アメリカでは自動車ラジオが普及した。アメリカでは大恐慌の影響でラジオの売上高は1929年をピークに低下したが，ちょうどその頃から自動車ラジオが普及し始め，1933年にはラジオ全体では381万台の売上のうち72万台を

占めた（Eoyang 1936：69, 75）。自動車総台数にたいしても，ラジオを備え付けたものは1941年には27％以上に達した（Sterling and Kittross 1990：182）。1930年代のラジオ市場の成長の継続に大きく寄与したのであった。

こうした受信機の革新を支えた大きな要因は真空管の革新であった。1930年代半ばの真空管の革新には，二つの大きな方向があった。一つは，多極管や複機能真空管の進化であり，それによる電気的性能の向上であった。交流受信機を決定的にした傍熱型カソードの採用と進化は，電極構造を複雑にし，機械的振動にも強くしたから，その方向の進化を容易にした。多極管や複機能真空管の新型真空管が1933〜34年頃には数多く出現したのであった（東京電気 1934b：878-881）。

もう一つの方向は形状の変化であり，とくにその小型化であった。小型真空管として特徴的な製品の一つは，1934年にRCAが発売したエーコン管（Acorn Tube）であった。超短波の実用のためには真空管の形状を小型にする必要があり，そのために開発したものであったが，複雑な構造で歩留りが悪く，量産性に問題があった。

ついで出現した金属真空管が小型化のもう一つの契機となった。一種の金属真空管である1933年のイギリスのキャトキン（Catkin）管開発に影響されて，1935年，アメリカ・GEは全金属真空管の開発に成功し，RCAから発売した（大塚 1994：190，日本電子機械工業会電子管史研究会 1987：76）。これは電気的な性能の上からは大きな革新ではなかったが，ガラス真空管に比べて堅牢であり，しかも小型であった。ガラス真空管では，その前身の技術である白熱電球製造技術からの知識で，機械的歪みの残りやすいステムの口出し線を封入した部分からガラス管球の封じ目をなるべく遠ざけるを有利としたから，ステムは長くならざるをえなかった（岡部 1942：41-46）。金属真空管ではそうした制約がなく，ステムが短くてすんだからであった。アメリカではこれは当初，競って受信機に採用され，1936年には新型ラジオの60％がそれを採用した（高村 1939）。

ガラス真空管もその対抗上，形状の小型化に取り組んだ。金属真空管と同様の8本脚口金の採用（G型），形状の「ダルマ型」から「筒」状への変化，ステ

ムを形状をそのままに全長を約半分にした「バンタム・ステム」の採用（GT型）などである。さらに，金属真空管用に開発されたボタン・ステムそのものを採用したガラス真空管も出現した。金属真空管と同様の構造をガラスで実現したフィリップスの「全ガラス真空管」やそれをさらに小型化したRCAのミニチュア管（MT管）がそれであった。とくに，1939年に発売された後者は，小型化の点で金属真空管を凌駕したし，電極そのものの大きさは従来のものとそう変わらなかったから，電気的性能はそう劣らなかった。つまり，性能的には大きく劣らず，小型化してしかも量産に対応できた画期的な製品であり，戦後の真空管の主流となる真空管であった。

　RCAは，このMT管を使用して1940年型ラジオとして初の本格的な携帯ラジオを発売した（BP-10）。これは，同じ真空管を使用した他社の参入も招き，携帯ラジオは1940年春の発売から年末まで30万台をこすブームとなったのであった（ラ日194103：59-60）。

　こうして，1930年代前半以降，欧米では，スーパーヘテロダイン，オールウェーブ，自動車ラジオ，携帯ラジオなど受信機革新が次々と進んでいった。この時期は，ラジオ技術が画期的に進化した時期だったのである。ところが日本ではそうではなかった。

（2）　受信機革新の停滞

　上記の受信機技術のうち，オールウェーブと自動車ラジオについては，日本では政策的規制がかかっていた。ことにオールウェーブについては，逓信省は当初からその使用を禁止していたが，1936年3月には，外国製オールウェーブの輸入がみられるようになったので改めて取締りを強化するよう電務局長は各逓信局長に通牒を発した（電無第462号）。1939年11月には，無線通信機器取締規則を制定し，さらに取締りを強化した（日無史：第4巻：548-553）。オールウェーブ受信機の市販がみられなかったわけではないが，逓信省が使用を禁止している以上，普及しないのは当然であった。

　自動車ラジオについては，日本では自動車そのものの普及率が低かったし，その自動車にラジオをつけることも規制されていた。1934年2月には警視庁は，

運転に危険であるとしてできるだけ許可しない方針をとった（ラ公19340215：19）。その規制は全国的なものではなく，大阪ではバスに取り付けられて好成績を納めていたし，静岡でも高級タクシーに普及したが[(1)]，もっとも需要が見込める東京では規制されたのである。

それ以外の一般の受信機では，日本でも新しい技術を体現した受信機が発売された。この頃のメーカーの製品戦略としては，買替え需要などからの高級品需要を予想するものもあったから[(2)]，性能や音質のよい受信機を供給するのも重要であった。

1934年のセットの新製品としては，音量調節が容易な可変増幅率4極管UY-235を用いた高周波増幅のセットが登場した。1933年12月に放電コンパニーのLyric235，1934年1月に大阪変圧器のヘルメスD547，2月に松下のR52，3月にミタカ電機のMEC247など，いずれも高周波2段増幅で遠距離受信をうたっており，多くはスピーカーにダイナミックを採用して音質の良さも強調した（無夕19331202：5，ラ公19340110：1，12，無夕19340314：16）。可変増幅率管としては，前年に発売された新型5極管UZ-58を採用したセットも登場し（5月，ナショナルR40），音量調節の自由さをうたった（ラ公19340520：13）。

また，遠距離受信機としてはスーパーヘテロダインの発売も続いた。七欧（4月），久保田無線（7月），坂本製作所（7月），ミタカ電機（9月）などであるが（無夕19340404：2，同19340606：6，同19340725：1，同19340905：3），その中には1934年の新型管の複動作球であるUt-2A7，UZ-2A6などを用いた自動音量調節付のセットもあった。

実は，1934年は日本でもラジオ用受信管の新製品がこれまでになく数多く発売された年であった。従来の226，227，224などをダルマ型に小型化し（ST管：Spherical Tubular），呼称を改めたUX-26B，UY-27A，UY-24Bや自動車用電圧6.3Vの真空管，双2極3極管などの複合管などであった（岩間1944：197-203）。ところが，従来の改良型を除いて，新型管の大半は通常のセットにはほとんど用いられることはなかった。

1935年には，高周波増幅付き受信機では前年の235を使用したセットは姿を消し，従来からの24Bと並んで5極管のUZ-58を使用するものが現れた。早

川（4月，58-58-57-2A5-280），大阪変圧器（6月），東洋電気（8月），放電コンパニー（10月），タイガー電機（11月），中川章輔商会（11月）などである（東ラ公19350425：16，同19350615：10，同19351025：7，同19351125：3，12，無タ19350814：2）。さらに，1934年に開発された新型管である可変増幅率管UZ-78やUZ-77を採用した製品も現れた（七欧無線電気・41型，ラ公19350715：5）。

1936年，1937年には，それまでスーパーヘテロダインを発売していなかった関西メーカーもスーパーの発売に乗り出した。1936年の大阪変圧器（『東京ラヂオ公論』19360215：12），1937年の松下（松下電器 1981：81），早川（ラ公19380130：8）である。以前からスーパーを発売していた東京メーカーに加えて，これで主要メーカーはすべてスーパーヘテロダインも製品ラインに加えることとなった。

また，1937年には音質の良さをうたってダイナミックスピーカーを備えるのが流行となった。やや高級なセットでは，58や57，2A5といった，1934年に発売になっていた5極管を採用したものがあったし（フタバ47号，ヘルメスP4B一船型，宝電社C-50型など，ラ公19370203：13，同19370320：1，同19370630：12），普及型としては，新しく開発された整流管KX-12F（1937年8月，東京電気）と廉価な増幅管であるUY-47Bを組み合わせたダイナミック・セットが流行した（8月，ミタカ電機，9月，石川製作所，11月，大東無線電機，12月，山中電機，ラ公19370930：7，同19371130：14，同19371210：7）。後者は1938年にもその流行は続いた。

しかし，こうした高級で性能や音質のよい受信機は市場のほんの一部を占めるにすぎなかった。受信機の大半は廉価なセットであり，その技術的な内容にはほとんど変化がみられなかった。技術的には1930年代の初めから存在した受信機が廉価セットとして販売され続け，しかもそれが人気を博したのである。

1934年の日本の受信機を回顧した『ラヂオ年鑑』昭和十年版は，「（受信機の—引用者）内容に於ては多少の進歩の跡を見受けるが，特筆すべき程の顕著なる進歩を示す新製品の市場進出を見ぬ……之は低廉なる受信機にして粗悪なるものの相当多く市場に現われている為でもあろう」（同：222-223）とした。例えば，松下は「国民受信機」としてK1（24-47B-12B：25円），K2（27-26-12-12B：24円）を発売した（1934年2月，無タ19340127：2）。その名称は1933年のナチスの国民受信機に影響を受けたものと思われる。早川も6月には227の4球セットを

20円で販売すべく運動した。松下，早川の安価セットが東京市場にも流入し，同じく廉価販売戦略をとっていた協電社（ホームラン国民号）との間で激しい販売競争が展開された（無タ19340404：3）。

　1935年にも，従来からの227か27Aの4球式や47Bを使用した3球ペントードが「標準型」や「普及号」，「大衆向け」といった宣伝で相変わらず流行し，需要の8割はそれだといわれた（七尾 1935）。1935年の日本の受信機を回顧した『ラヂオ年鑑』昭和十一年版は，「三五年に於ける我国市場受信機を見るに其の内容に於ては殆ど三四年型と大差なく……／即ち一般大衆向受信機としては依然として二七A，二六B，一二A，一二B使用の三，四球程度の再生式受信機が最も多く，二四B，四七B使用のものが之に次ぐ有様である。／此の程度の三，四球受信機は……依然として従来の形式を墨守しているの憾あり其の進歩の跡は誠に乏しい」（同：153）とした。松下は，ベビーセット，R10（24B-47B-12B）を定価23円で発売し，日産400台にも達する大ヒットとなった（松下電器 1981：77）。安価な製品の廉売が盛んに行われ，宝電社（卸）や協電社は，3台で10円というシャーシを発売した（無タ19350814：3，同19351009：5，東ラ公19350825：7）。

　1936年の日本の受信機を回顧した『ラヂオ年鑑』昭和十二年版も，「我国に於ける昭和十一年中の受信機を見るに其の進歩発達は洵に遅々たるもので……／我国に於て最も多く市場に出ている受信機は依然として普通四球（二七A，二六B，一二A，一二B）交流受信機である」（同：177）とした。翌年の『ラヂオ年鑑』昭和十三年版も，1937年の日本の受信機を回顧して「我国に於ける昭和十二年度受信機界の発達は前年度に比し躍進的な處は見受けられない。市場の受信機も大体前年度の踏襲に過ぎない」（同：171）とした。結局，1934～37年には，基本的には同じタイプの受信機が主流を占め続けたのである。

（3）「並四球」の成立
　この同じタイプの受信機のうち，もっとも普及していた4球受信機（27Aないし56-26B-12A-12Bないし12F）を次第に「並四球」と呼ぶ習慣が形成されていった。廉価な3極管を4つ使用した安価な受信機という意味であった。前述し

表3-1　受信機種類別構成（1938年末）

受信機種類2）	構成比(%)	価格(円)3）	他調査の構成比(%)4）
(27A,56)-(26B,56)-12A-12F	37	15- 48	21
24B-26B-12A-12F	19	24- 45	16
24B-24B-47B-12F	18	37- 58	20
(57,24B)-12A-12F	14	15- 30	8
4球ダイナミック	7	47-100	15
(57,24B)-47B-12F	2	20- 40	4
57-(26B,56,27A)-12A-12F	2	27- 35	4
58-57-47B-12F	—	45-	7

注1）1938年11～12月の新規加入者についての調査。
　2）(27A,56)などの表記は，27Aないし56，を表す。
　3）最低販売価格と最高販売価格。
　4）「他調査」とは，本調査と比較するため，日本放送協会加入部及び各中央放送局において，直接，ラジオ業者並びに電力会社に調査を行ったもの。
資料：『ラヂオ年鑑』昭和15年版，257-261頁。

たように，この回路の受信機は1930年代のはじめからあり，使用する真空管の改良はあったものの，長い間，基本的構成（安価な3極管を用いて，再生検波―低周波増幅2段―半波整流という回路でマグネチックスピーカーを駆動する）を変えないで存続してきたから，やがて，それを総称する用語が形成されていったのである。その用語法は，1935年頃からみられ始めたが（七欧無線の宣伝，東ラ公19350215：9），当初は，上記の『ラヂオ年鑑』の昭和十二年版（1937年5月発行）の引用にもあるように，「普通四球」という言い方もあり，1936～37年頃には双方が使われていた。1938年頃になると「並四球」という用語の方が一般的となる。その後，この用語は，このタイプの受信機の存続とともに，戦争をはさんで十数年の間，使用されることになる。これに対して，高周波増幅一段付きの受信機（24B-24B-47B-12Bあるいは12F）を次第に「高一」と呼び，5極管を使用した3球式の受信機（24Bあるいは57-47B-12Bあるいは12F）を「三ペン」と呼ぶ呼び方も登場し，普及していった。

　回路別の受信機の普及状態については，1938年11～12月の新規加入者についての放送協会による調査がある（表3-1）。「並四球」が37％を占め，次いで「並四球」の27Aの代わりに24Bを使用した，やや性能のよいほぼ同様のタイプが19％を占めている。合わせて約6割がこの再生検波・低周波増幅2段の

第3章　放送事業の改組と受信機革新の停滞

表3-2　受信機回路別構成の推移

単位：台，％

年度	再生式	比率	スーパー	比率	その他	比率	計
1935	142,940	94	6,035	4	2,899	2	151,874
1936	408,514	96	11,012	3	4,710	1	424,236
1937	396,829	96	11,516	3	5,064	1	413,409
1938	558,352	94	27,330	5	7,347	1	593,029
1939	658,800	94	40,072	6	5,494	1	704,366
1940	778,126	94	46,895	6	3,004	0	828,025
1941	851,186	97	21,307	2	3,103	0	875,596
1942	783,767	97	22,531	3	3,033	0	809,331
1943	683,737	97	21,893	3	1,253	0	706,883
1944	235,746	98	1,614	1	2,991	1	240,351
1945	67,644	98	166	0	1,119	2	68,929

資料：無線通信機械工業会『1950年度　ラジオ工業調査資料』7頁。

回路の受信機であった。高周波増幅一段付きは約2割であり、それ以上の高級機は数％であった。表3-2の回路別受信機生産実績でも、1938年度のスーパーの生産は全体の5％弱にすぎなかった。表3-1以前の受信機の普及状況については分からないが、第2章3の(1)でみたように、1932年末には5極管を使用したものが約5割であったという指摘もあり、表3-1の5極管（47B, 57）を使用したものの比率は約4割くらいとみられることから、1930年代の受信機の構成はほとんど高度化しなかったか、むしろ「並四球」の方が構成比としても上昇したことがうかがえる。巻末付表2の真空管数別受信機構成の推移をみても、年々、「5球以上」の高級受信機の比率は低下し、「4球」の比率が高まっている。この「4球」には「並四球」だけではなく「高一」も含まれていたが、年を追う毎に「並四球」の比率が高まっていった可能性は高いものと思われる。

「並四球」が普及したのは、何よりも価格が低かったことによる。表3-3のように、「並四球」の価格は、1930年代前半に大きく低下し、25円くらいになった。その後、若干、上昇したが、小売物価指数の動向を考慮すれば、1938年くらいまでは実質的にはほぼ同じ水準を保ったといってよい。この価格水準は国際比較のうえではかなり低かった。規格を統一して大量生産して廉価で国民に供給することを意図した、ドイツの国民受信機ですら1933年に76マルク

表3-3 並四球の価格推移

年月	メーカー・製品名	構成	A. 価格	B. 小売物価指数	A／B	資料
1930年10月	三共・シンガー	27-26-26-12A	45 円	0.955	47	無線タイムス19300708，日刊ラヂオ新聞19301014
1931年12月	山中・M227	27-26-12A-12B	42	0.879	48	日本無線史11巻145頁，ラヂオ公論19311228
1932年2月	坂本・コンドル	27・4球	45	0.905	50	無線タイムス19320224
1934年1月	松下・国民受信機2号	27-26-12A-12B	24	0.961	25	無線タイムス19340127
1934年11月	松下・R420	27-26-12A-12B	26	0.975	27	ラヂオ公論19341110
1935年2月	田辺・国光1号	27-26-12A-12B	25	0.986	25	ラヂオ公論19350225
1935年8月	ミタカ・412	27-26B-12A-12B	25	0.992	25	ラヂオ公論19350825
1936年1月	早川・45型	27A-26B-26B-12B	23	1.023	22	ラヂオ公論19360105
1936年10月	早川・TM42型	27A-26B-12A-12B	25	1.036	24	ラヂオ公論19361015
1937年2月	ミタカ・R-1型	27A-26B-12A-12B	30	1.114	27	ラヂオ公論19370220
1937年6月	早川・明聴1号	27A-26B-12A-12B	25	1.119	22	ラヂオ公論19370620
1937年10月	大阪無線・420B型	56-26B-12A-12F	25	1.170	21	ラヂオ公論19371030
1938年1月	日本通信工業・戦勝2号	56B-26B-12A-12F	30	1.205	25	ラヂオ公論19380130
1938年4月	早川・M-2型	56-26B-12A-12F	26	1.290	20	ラヂオ公論19380420
1938年11月	ミタカ・国策1号型	57-26B-12A-12F	32	1.369	23	ラヂオ公論19381115
1939年3月	大阪無線・E1型	57-26B-12A-12F	34	1.390	24	日刊工業新聞19390317，日本工業新聞19390403
1939年8月	早川・新国策10号型	57-26B-12A-12F	38	1.454	26	日刊工業新聞19390807
1939年11月	大阪無線・H2型	57-26B-12A-12F	29	1.539	25	日刊工業新聞19391118
1940年12月	4球マグネチック1級品	57-56-12A-12F	36.6	1.704	21	公定価格

注1) 資料の「19300708」は，1930年7月8日号を表す。
2) 小売物価指数は東京小売物価指数（1934–1936＝1）。日本銀行『大正11年～昭和42年 東京小売物価指数』。

（VE301号，約91円）であったことからみれば，この価格の低さは際立っていた。表3－1の調査でも「並四球」の購入価格は25～27円が一番多かった（総務局計画部 1939：59-63）。

もちろん，受信機としては価格が低いだけで普及することはできない。放送受信にそれほど差し支えないという放送側の条件も重要であった。1936年には，27Aの4球受信機は東京第二放送に対しても69km以内で充分実用になるとされた。首都圏での放送聴取には「並四球」で対応できたのであった。それ以上の距離での受信や多くの放送局の分離受信というようなニーズがあれば，対応できないことになるが，1934年以降の日本の放送体制は，本章1（2）でみたように全国一元化の方向を強くうちだしたのであった。そうした放送体制のもとであれば，この「並四球」は適合的であったのである。

（4） 真空管技術の停滞

受信機技術の停滞は，真空管技術の後れにもつながった。上記のように，1933～34年頃には多極管や複機能真空管の新型真空管が日本でも数多く出現した。「我国の受信用真空管は昭和八年（1933年－引用者）を以て革新期とし，一

第3章　放送事業の改組と受信機革新の停滞

転機が与えられ，その結果として，外形寸法の小型化と達磨型ガラス管の使用による耐震構造化が目につき，昭和八，九年以後は大半この傾向を辿った」（安井 1940：435）。しかし，そうした新型管を採用した受信機の売れ行きは良くなかった。新型管が需要の中心にはならなかったのである。

　さらに，1934年のエーコン管や1935年の金属真空管，1937年のGT管，1939年のMT管などでは，ほとんどあるいはまったく市販自体がされなかった。エーコン管では，1936年に東京電気の研究所で試作に成功し（日本電子機械工業会電子管史研究会 1987：76），1938年に生産を開始して（UN-954，UN-955）（梅田 1988：83），1939年に発売した（池谷 1977：(20)：35）。しかし，部品が非常に小形で精密な加工を要するため，「部品を作り得るまでに致した当事者は非常に苦労した」し，「RCA会社製品に比較して未だ劣る」部分があった（梅田 1988：83-84）。「Acorn tubeは完成したというが不良率の多い点からみると試作品の域を脱しない状況」であった（同）。その用途は超短波用であり，陸軍の電波兵器の高周波増幅や局部発振に用いられた（日本電子機械工業会電子管史研究会 1987：84）。

　金属真空管については，東京電気はキャトキン管の出現以来，試作研究を行い，その重要な要素技術である抵抗溶接機と金属とガラスとの接合用合金を前者は輸入し，後者は自社開発して製作はできた（安井 1940：572）。しかし，「これが大量生産を行うに就ては尚多難なる問題が残され」ており，量産は容易ではなかった。製造技術的には溶接法の改善やガラスの改善が必要であったし（同），「加うるに金属真空管の製作には膨大な設備を必要とし，且つ従来の設備が役に立たなくなるという事は，金属真空管製作にあたって遭遇する大きな難点」であった（今井 1937：18，今井は東京電気・ラヂオ課）。製作には一連の自動機を必要としたからであった（梅田 1988：85）。

　東京電気は，1938年頃から金属真空管の生産に着手したが，一般に市販されることはなく，主に海軍の航空関係に納入された（日本電子機械工業会電子管史研究会 1987：82）。しかし，歩留りが悪く，試作の域を脱する程度になったのは1940年頃とされる（岡崎 1941：36）。

　日本電気でも，1935年頃からラジオ用受信管製造に進出したが，同年頃から

金属真空管の製作を企図し、1938年、アメリカに技術者を派遣して試作研究を開始した（日本電気 1972：181-182）。1940年にはその製作に成功し、材料も国産化したうえで量産に移った（米村 1941：29）。

　バンタム・ステム、ボタン・ステムを使用した小型真空管も超短波用として軍からの需要があり、東京芝浦電気（1939年東京電気と芝浦製作所が合併）はバンタム・ステムのHシリーズ、ボタン・ステムのRC-4を1941年頃に製品化し、翌年から納入した（梅田 1988：87）。日本無線もボタン・ステムのテレフンケンのFM2A05Aを1941年に完成し、納入した（日本無線 1971：285）。

　つまり、1930年代半ば以降の真空管の革新は、日本ではラジオ受信機側からのニーズはほとんどなく、軍需用に行われたのである。しかもその製品化はアメリカより3年から5年は後れた。1930年代前半までの交流用真空管、4極管、5極管などではアメリカからの後れは1～2年であり、かつ基本形の独自の改良製品を開発できていたから、製品革新の面では日本の真空管技術はアメリカとのギャップを拡げることになったことは明白であった。

　それには生産技術の問題もあったが、ニーズの問題が大きかったことは間違いない。1930年代の前半までは日本でも真空管の先端的な製品にたいする受信機側からのニーズが強く、224や247Bのようにセットメーカーは競ってそれらを採用したのにたいし、30年代半ば以降にはそうしたニーズがほとんど発生しなかったからである。軍需用のニーズでは市場の成長が限られていたし、また軍需では、真空管メーカー間の競争関係も1930年代前半までのような中小企業を交えたそれではなく、ごく限られた企業間のそれであった。革新の普及メカニズムも以前とは異なっていたのである。日本の真空管技術が後れていくのは当然であった。

　戦争に入るとそのことは大きな問題となった。戦時中の1942年、日本の代表的な真空管エンジニアの慨嘆は、この間の事情をあますところなく伝えている。

　近頃、欧米への追随を清算した日本的性格の受信管出でよという反省的な叫びを聞く……ふと目前の受信管を見れば、この見馴れただるま型（1933年からのST管－引用者）こそ、そしてそれが経て来た変遷の過程こそ、最も日本的なも

表3-4　ラジオ輸出先推移（主要地域のみ）

(単位：千円)

	輸出合計	中華民国	関東州	暹羅(シャム)	満州国	蘭領印度
1935	1,693	828	445	88	87	71
1936	2,024	657	930	75	113	45
1937	2,577	329	1,865	96	122	35
1938	2,299	258	1,663	57	278	12
1939	4,200	430	1,763	46	1,934	3
1940						
1941						
1942	3,960	1,444	105	71	2,326	
1943	8,130	3,182	368	221	4,208	82
1944	4,568	2,217			2,211	
1945	379	224			155	

注1) 1944年の「中華民国」は「蒙彊」、「北支」、「中支」の合計、1945年は「北支」。
資料：『日本外国貿易年表』。

のではないかという気えさえして来て，愕然とした（岡部 1942：46）

　日本のラジオはこのST管を採用したまま推移していたのである。欧米では，このST管のあと，1935年の金属真空管，1937年のGT管，1939年のMT管など，短期間で革新が相次いだ。2〜3世代古い真空管が1942年の時点でも主流だったのである。このエンジニアがいうとおり，この古い真空管が主流であること，そしてそれが生き延びてきた経緯こそが「最も日本的なもの」だったのであり，それは日本の受信機が「並四球」だったことと対応したことだったのである。

（5）輸出の停滞

　こうして日本の受信機技術と部品技術は停滞したが，そのことは世界のエレクトロニクスの進歩に日本だけがとり残されることを意味したから，日本製ラジオは国際競争力を失っていった。

　ラジオ製品（部品を含む）の輸出が大蔵省の統計に現われるのは1935年からであるが，それは1935年の169万円から1939年には420万円へと全体としては伸びていた（表3-4）。しかし，増加したのは関東州（44万円から176万円へ）や満州国

（9万円から193万円へ）への輸出であり，1935年には輸出先として首位にあった「中華民国」は35年の83万円から39年の43万円へと大きく低下した。同様に輸出先第3位であった「暹羅（シャム）」は9万円から5万円へと減少し，「蘭領印度」にいたっては7万円から3千円へと激減した。日貨排斥運動の影響もあったが，それだけが要因ではなかった。

現地からは二つの問題が指摘されていた。一つは，投売りや粗悪品の販売，あるいは日本製品の品質の低さであった。1936年頃には，「上海辺りで四球シャーシを三円五十銭で売ったり，古球の改造バルブを新球なりと称して四球キットを六十銭で販売する者があ」った（東ラ公19360415：1）。「玩具同様のものが数十万台も上海，天津その他支那市場に輸出され」た（岩間 1944：434）。タイでも，「本邦ラヂオセットに対して聞く非難は，一口に云えば故障が起りやすい事であ」り，「高級品を見慣れた当地ファンは本邦品に対し価格の低廉を棚に上げて品質にのみ対し付文句が多」かった（ラ公19380930：10）。

もう一つは，日本製品が3～4球の安価な製品を中心としており，スーパーヘテロダインやオールウェーブなどの高度な製品では競争力がないという問題であった。中国では1930年代半ばには数多くの放送局が設立されるようになったが，[8]それらを分離受信するには3～4球の受信機では十分ではなく，以前から輸入では第一位であったアメリカ製品がますます増加していった。上海大使館の商務書記官の報告では，「本邦業者が依然安物セット販売で無意味な競争を続け高級品の開拓に力を入れないと早急な支那市場開拓は到底困難」とみられた（日刊工19370328）。タイでも，高級品は欧米製品，安価な製品は日本製という分業が形成されていた（ラ公19380820：12）。日本の国内市場では「並四球」が主流となった以上，スーパーヘテロダインやオールウェーブで競争力がないのは当然であった。

他方，満州や朝鮮への輸移出は増加した。満州の放送聴取者は1940年度で34万人，朝鮮は同じく22万人いたが（ラ年鑑1942：340,357），それぞれラジオの流通網が整備されていないために，放送局自体（満州は満州電信電話株式会社，朝鮮は朝鮮放送協会）が受信機を直売した（ラ年鑑1940：304,328）。1930年代後半には，満州，朝鮮での聴取者数は急増していた（貴志 2006：37, 川島 2006：118-119, 金

2006：163-172)。とくに，満州電電の発注は大量であり，それをめぐって主要メーカーは激しく争った。満州電電の受信機直売は1936年から始まったが（前田1940：33），1930年代末には急速に増加していった。第5章4(1)にみるように，それは有力メーカーに有利な市場となった。

こうして日本のラジオは，日本の国内と勢力下にある地域に限定されていったのである。

注
(1) 日ラ新19300516，東ラ公19361115：13。1935年には芝浦製作所や菱美電機は自動車ラジオの試作を開始したが，その頃の高級自動車に付けられた自動車ラジオの多くは停止中に受信するもので走行中に受信するものはなかなか現われなかった（無タ19350828：2）。
(2) 1936年の七欧（東ラ公19360105：4-10），1937年の早川（ラ公19370101：12），1938年の大阪変圧器，二葉（ラ公19380101：23）など。
(3) 第4章注8参照。
(4) この「普通四球」という用語は「並四球」より古く，1931年の三共電機のシンガーの宣伝に既に使用されている（ラ年鑑1931：757)。
(5) ラ公19370101：29，同19370115：1でとりあげられている木村電機の製品の放送協会の認定取り消し問題では，同じ受信機に対して，「並四球」と「普通四球」の二つの用語があてられている。
(6) 智田 1936：57。「高一」なら130km以内まで実用になった。
(7) 東京芝浦電気 1963：761。歩留りは1％だったともいわれる（藤室 2000：107)。
(8) 中国の放送事業は，交通部が主管して官営放送局を設置したが，それ以外に外国人の経営によるものを含む多くの民営局が存在した。例えば，1937年頃の上海では，官営局を含め40数局の小電力局が存在した（ラ年鑑1938：296-297)。

第4章
寡占企業の成立

> 井植さん（松下のラジオ事業担当者で後の三洋電機創業者—引用者）と私（藤尾津與次—後，松下電器産業専務，引用者）は，夜の大阪の小売店を転々と歩きまわりました。井植さんが自分で鳴らしながら，「どうです，よく鳴るでしょう」と，お店のご主人に尋ねます。ご主人は「なかなか大きな声が出るな！ところで井植君いくらで売るのか？」と聞かれます。「まだわかりません，一体いくらにしたら売れるでしょう？」と井植さんは聞き返します。店主曰く「他のメーカーは，10円ないし12円で売っている。この配線済シャーシは大きな音でなるから10円前後の値段にすればよく売れるぞ」と教えてくれました。……井植さんが，「シャーシは7円50銭，スピーカは65銭」という積極的な値段を決定されました。
> （松下電器ラジオ事業部『飛躍への創造』27頁）

　1930年代半ばには，ラジオ産業でも寡占的な企業が成立した。それは，第2章末にみたラジオの大量生産戦略を採用したメーカーがそれに成功したことによるものであった。それらのメーカーはまた，戦後の総合家電メーカーの母体ともなるのであった。松下電気器具製作所はラジオの成功で急速に成長し，早川金属工業研究所（後のシャープ）などがそれに続いた。戦後，三洋電機を創業することになる井植歳男は，その松下のラジオの事業部長（第一事業部長）であった。しかし，第2章でみたように，大量生産戦略は容易に成功するものではなかった。それは如何にして成功するにいたったのか，その過程をみよう。

1　大量生産戦略の成功

（1）　松下電器の革新

　第2章にみたように，大量生産戦略を初めて採用した三共電機は破綻し，松下も巨額の累積赤字で経営再編に追い込まれた。粗製濫造的な市場環境が支配的ななかで異なる戦略を遂行することは容易ではなかったのである。

　しかし，松下は，三共と違ってこの危機を乗り越え，ラジオ産業で最初の寡占的な企業に成長していった。結果的には大量生産戦略を成功させたのである。その大きな岐路は，1933年7月の経営改革にあった（平本 2000d）。

　第2章末にみたように，1933年に松下のラジオ事業は危機に陥った。累積赤字が10万円に達しただけではなく，同年5月には製品の不良問題が起こり，過剰在庫が滞積した。一時期はラジオ事業の分社化を決定するほどの危機であった。しかし，結局，分社化にはいたらず，より分権的な組織を形成することになった。

　1933年5月に松下は各製品毎の「事業部」制を創設した（平本 2000d）。この「事業部」は，各製品毎に製品企画や配給を行おうとする組織であったと思われるが，ラジオについては，2ケ月後の同7月，事業部（「第一事業部」）をラジオ製造を担当していた第七工場に移し，製造と販売を統合することとした。ラジオ事業の危機に対処するための措置であった。事業部長の井植歳男を第七工場に勤務させ，さらに，東京支店から「ラヂオ部」を独立させて事業部独自の販売体制の構築に着手した。一時は分社の「松下無線電機株式会社設立ニ内定」したが（同年7月1日，松下電器関係資料），事業部を工場に移すことに変更したのであった。ラジオについては，生産と販売を統合した事業部制組織が形成されたのである。

　さらに，ラジオの開発部門（「ラヂオ係」）が属している研究部「研究第一課」にたいしては「市場ノ実情ヲ知ル目的ノ為メ或期間販売員トシテ支店ニ勤務スル事」（1933年6月11日）や「仕事終了後販売店ヲ訪問シ市況ヲ聴取スル事」（同6月30日）を求めた（松下電器関係資料）。市場のニーズを汲み取った製品開発を

志向したのである。また,「製品ノ研究ガ或程度マデ進行セル時工場ヨリ担当者ヲ出張セシメ完成マデ共ニ研究セシムル事」(同6月11日)など(同上),製品開発と量産との連携も求めた。

ラジオ事業の危機を救った直接的な契機は,ヒット製品の出現であった。1933年7月に発売したR48は高級機であったが,感度・性能とデザインの良さで発売と同時に全国で絶賛を博した大ヒット製品となった。これは,UY-224を使用した高周波増幅付きで低周波増幅に5極管のUY-247Bを用いたセットであったが(224-224-247B-112B),前章にみたように,同様の回路,真空管による受信機は既にこの1年前からあった(例えば,1932年6月の山中電機のA47,M347など)。つまり,技術的な意味では先端技術による製品ではなかったが,感度や分離特性,遠距離受信,音量を誇り,抵抗結合方式の採用などで音質の良さも強調した。初期の製品が音量,感度問題で失敗したのとは対照的であった。このR48は,これ以降1938年まで実に5年間の製品寿命を保ち,累計で27万台という驚異的販売高を記録することになるのである(1)。

R48は,放送局からは離れた地方での受信にむいた高級機(定価50円)であったが,他方,市場の大宗はこうした高級機を求めていたわけではなかった。前にみたように,市場は低価格製品を強く求めていたのである。それにたいしては,松下は,7円50銭という驚異的な低価格のシャーシを発売した。「当時配線済シャーシは一〇円から一二円,スピーカが一円という相場」であったが,部長の井植歳男と営業課長の藤尾津与次自身が冒頭の引用のように「夜の大阪の小売店を転々と歩きまわり」,「綿密な市場調査と徹底したコストダウンにより」設定した価格であった(松下電器 1981:27)。井植自身が製造を指揮し,材料仕入価格なども交渉するなど,イニシアティブをとった製品であった。

これも,「当選号」の時に高価格を代理店に説得したのとは,全く逆の方向であった。低価格製品を求める市場には低価格で応えたのである。この松下の驚異的な低価格戦略は業界に衝撃を与えた(岩間 1944:196-197)。この低価格は,当初の松下幸之助の構想のように大量生産でコストを下げたというよりは,廉価な製品を「綿密な市場調査と徹底したコストダウンにより」開発したことによるのであった。

この低価格戦略はこれ以降も続き，翌1934年には，「業界のトップをきって，廉価な普及セットを発売した」(松下電器 1981：76)。「国民受信機」として1934年 2 月，K1 (24-47B-12B：25円)，K2 (27-26-12-12B：24円) を発売した (無タ19340127：2)。K2とほぼ同様の真空管，回路構成の三共のシンガーが45円だったから，この価格が当時としてはかなり安価であったことは確かである。この廉価セットは東京市場にも流入し，同じく廉価戦略をとっていた東京の協電社 (ホームラン国民号) と激しい販売競争を演じた。安価な大衆セットの供給者として，東の協電社，西の松下と呼ばれるようになった (無タ19340404：3)。

　こうした，感度のよい高級機，低価格の大衆機，双方での成功で，松下のラジオ売上高は急速に上昇し，業績は画期的に向上した。ラジオの売上高は，1934年は前年比33％の増加であった (後掲表4-2)。この成功は，当初の失敗の経験を生かして，徹底した市場指向の製品開発を行ったことによるところが大きいとみてよい。

　そしてそのことは，松下自らが認識していたことであった。松下は，翌1934年 3 月，「曩キニラヂオ関係ノ事業ヲ第一事業ト名付ケ独立セシメ本拠ヲ七工場ニ移シテ単独経営セシメタリシガ其結果成績良好ニシテ短時日ノ間ニ其製産販売額ハ倍加スルノ現状ヲ見ルニ至リタルヲ茲ニ予テ所主手元ニ於テ考究中ノ案ニ基キ一大制度変更ヲ行ウ事トナ」った (松下電器関係資料)。ラジオ事業で成功した，製品別に製造と販売を統合した事業部制組織を全社に及ぼすこととしたのである。有名な松下の事業部制の採用である。「本新制度ニヨル主要ナル利点」は，「各事業部ハソレソレ分担セル範囲ヲ専門ニ扱フ為メ製産販売ニ関スル知識モ従前ノ広ク浅キヨリ狭ク深キニ徹スル訳ニテ頗ル効果的ナリ，営業工場両課ノ近接ニヨリ市場ノ声ヲ直チニ製作ノ上ニ採用スルヲ得，全テニ敏活ナル行動ヲ以テ販売店各位ノ要望ニ答エ得ル」(松下電器関係資料) ことだと考えられていた。このラジオの成功から，市場ニーズに即応した生産 (「営業工場両課ノ近接ニヨリ市場ノ声ヲ直チニ製作ノ上ニ採用スル」) が重要だと認識されたのである。

（2） 松下電器の成長

こうして松下は危機を乗り越え，1930年代後半には生産台数を倍増させ，**表4-1**のように全国シェアの3～4割を占めるにいたった。ラジオ生産としてはじめての大量生産企業の成立であり，松下はそのことで高度な寡占的地位を確立したのである。

1930年代後半にも，1933～34年にみられたことが繰り返された。まず，経営組織面では1935年12月に松下は株式会社に改組する

表4-1　各社ラジオ生産台数

（単位：千台，％）

年度	全国台数	松下 台数	松下 シェア	早川 台数	早川 シェア	山中 台数	山中 シェア
1930						5	
1931						7	
1932		22				9	
1933		55				12	
1934		78				13	
1935	152	110				17	
1936	424	159	37.5	59	13.9	38	9.0
1937	413	191	46.2	74	17.9	63	15.3
1938	593	221	37.3	89	15.0	78	13.2
1939	704	225	32.0	131	18.6	120	17.0
1940	828	238	28.1	129	15.6	105	12.7
1941	876	255	29.1	142	16.2	96	11.0

注1） 全国生産台数は，放送聴取の新規加入者数の推移からみて明らかに過少であり，とくに1935年度のそれは著しい。したがって各社のシェアは実際にはもっと低かったものと思われる。

資料：各社の生産台数は，『日本無線史』第11巻，261-264頁。全国の生産台数は，無線通信機械工業会『1950年度 ラジオ工業調査資料』7頁。

とともに，各事業を分社化した。ラジオ事業は松下無線株式会社（以下，松下無線と略称）となった。販売を完全に統合した製品別の分権的経営が完成したのである。

低価格戦略も続き，廉価なヒット製品が次々と出現した。1934年のKシリーズに続いて1935年には「徹底的に合理化され，価格も23円という画期的な」超小型セット・R10を発売し，1機種で日産400台も流すほどの大ヒットとなった（松下電器 1981：77）。翌年には，そのシャーシを用いてプラスチック・キャビネットとしたR11を開発し（27円），「発売と同時に市場の話題となり，新しい需要を喚起した」（松下電器 1981：80）。1937年にも，「ダイヤルの構造，シャーシ盤，キャビネットなどを徹底的に合理化し，全従業員が一体となってその開発・生産に取り組んだ」廉価な普及型セット・Z1（26円）を発売し，「好評を博した」（松下電器 1981：81-82）。

その背後に，市場志向的な製品開発体制があったことも変わりなかった。上

述した，1933年6月に定められた製品開発のエンジニアの販売店まわりはその後も続いた。「技術関係のものでも，実情を知らなければ，というので仕事が終わってから得意先まわりをしました」（中尾哲二郎・松下無線専務）とか，「ナショナル・ラジオはどんな結果ですか，と聞きにいってその製品の設計などのフィードバックに役にたった」（久野古夫・1935年浜松高等工業から入社のエンジニア）などの回想が残っている。研究開発のエンジニアに限らず，松下無線では工場や会計などすべての店員の小売店への夜間訪問は年中行事の一つであった（『松下電器社内新聞』19361025：2）。また，松下無線ではなく乾電池製造での事例であるが，その研究室で原材料の開発を担当していたエンジニア（1936年入社）は，「（定時の一引用者）五時以降は研究室も営業の手のすいた人も総動員して，工場に入って新しい方式の組み立ての仕事を毎日全員九時まで応援しました」という。エンジニアがラインにつくことも異例ではなかったのである。上述した，製品開発と量産との連携も定着していったとみてよいであろう。

　一般に戦間期には，日本の研究開発体制の問題の一つとして，民間企業における研究部門と現業部門との連絡の悪さが指摘されていた（沢井 2005：197-198）。「研究ニ従事シテ居ル技術者ハソノ企業全体ニ亘ル智識ヲ有シテ居ルモノデハナク，多クノ場合，研究事項ニ精通シテ居ルガ，事業全体ヤ市場等ニハ暗イモノガ多イ」ことが一つの原因とされた。この指摘自体は，主に研究所の技術者を対象としているものと思われるので，松下の技術者の市場志向と比較するには割引いて考える必要があろうが，1936年に入社した乾電池開発のエンジニアが「ほかのことは驚かなかったですが，電球を売りに行け，といわれたのにはびっくりしました。えらい会社だなあと」（三宅矩夫）と回想しているところからみても，松下の技術者の扱いが異例であったことは確かであろう。当時の日本の一般的状況と比べて松下では研究開発部門と市場との距離が近く，それだけ市場志向的な製品開発に成功しやすい体制を形成したとみて間違いない。

　また，同じ観点から製品開発の制度も整備された。1936年7月，松下無線営業部長の藤尾津与次は，事実上の経営責任を負わされていたことから，市場志向的な製品開発と販売を目指すために，自らの営業部のもとに「営業企画課」と「製品企画課」を置いた（松下電器 1981：29-30,『松下電器社内新聞』19360815：

2)。それ以前は「営業企画係」は「営業課」のもとにあったが,「新製品企画」を行う「企画係」は「本部」のもとにあった(松下無線 1936)。製品開発のセクションを販売を担当する組織のなかに置いたのである。新しい「製品企画課」には「意匠係」と「設計係」をおき,製品の基本構想を企画させた。そこでの製品開発のプロセスは以下のようであった。[6]

たとえばある商品を他のメーカーが30円で販売していたとします。これに対抗してわが社は27円の計画をたて……／製品企画課に……指示します。製品企画課はこの方針に沿い,どういう設計にし,どういうデザインにするかを考え,商品を試作して私(藤尾営業部長―引用者)に提示します。その結果私の意図に添ったものができあがれば,直ちに工場に原価計算を依頼し,価格検討にはいります。(価格検討の結果―引用者)目標の原価が得られれば生産の決断をしますし,値段があわなければもう一度製品企画課にさし戻し,設計のやり直しを命じます。／営業部門は日々マーケットリサーチをやっていますので27円が適正なことは誰よりもよく知っている筈です。私自身,今市場で,どこのメーカーがどのようなものを出しているか,くわしく掌握していましたので「市場に受け入れられる商品はこれだ」と判断したら,それを開発し物にするまでとことん取り組んだ(松下電器 1981：30)

　これは,「無意識のうちに,そうしなければならぬと痛感し,あみだしたもの」(松下電器 1981：30)であったが,製品開発における他社の動向をにらんだ市場ニーズのくみ上げ,目標価格,目標原価の設定,その実現のプロセスなど,戦後の日本企業の制度化された製品開発の仕組みと基本的に同じものであり(平本 1994：第7章),「恐らく当時から,このような形態をとっていたところは他にない」(松下電器 1981：30)と自負するのもあながちいわれのないものではない。技術者そのものの市場志向と並び,市場志向的な製品開発の制度の形成でも進んでいたとみてよいであろう。
　松下の製品開発の相次ぐ成功,急速な事業の成長の背後には,こうした市場情報をうまく採り入れた製品開発の能力の形成があるとみて間違いない。しか

表4-2 松下電器の無線機器生産

(単位：千円)

年	ラジオ			無線用測定器試験器	無線通信機用部品					A. 売上高合計	B. 無線関係従業員数(人)	同左一人当りラジオ年間生産台数	松下全体の中での比率(%)	
	大衆向け	高級	その他		コンデンサ	抵抗器	トランス	コイル	スピーカー				A	B
1932	770									770	199	111	25.7	18.1
1933	1,760									1,760	499	110		31.2
1934	2,340									2,340	708	110		32.4
1935	3,300									3,300	1,012	109	37.2	35.2
1936	4,712		123		21	117	9	5	102	5,089	1,244	128	35.1	35.1
1937	5,782		192		27	126	10	6	118	6,261	1,227	156	37.9	30.6
1938	10,164	963	233	57	42	124	30	7	179	11,799	1,663	133	60.6	35.6
1939	10,520	1,059	269	267	64	136	31	8	191	12,547	2,165	104	44.6	32.4
1940	10,844	1,329		331	116	118	85	16	183	13,022	2,104	113	40.6	26.5
1941	9,760	223	217	81	202	190	91	11	156	10,932	2,319	110	32.1	24.8

注1）1940年の合計は原資料では18,022千円であるが，計算間違いと判断して，13,022千円とした。
　2）ラジオの「その他」は，電蓄，通信用受信機などである。
　3）ラジオの生産台数は，表4-1による。
資料：『日本無線史』第11巻，263頁。松下電器全体の売上高，従業員数は，下谷政弘『松下グループの歴史と構造』49頁。

も他方では，それがより成功しやすい環境条件にも恵まれていたことも重要であった。

前章にみたように，この時期の受信機革新は停滞しており，市場志向的な製品開発がより有効に機能するような技術と市場の状態であったのである。松下は，製品技術の革新という面では追随者であった。大ヒット製品であったR48も，ほぼ同様の山中の製品より約1年遅れていた。スーパーヘテロダインを製品化したのも1937年で，主要メーカーのなかではもっとも遅いグループであった。製品革新自体では後れても大きな問題とならないような技術と市場の状態だったことが，松下の製品開発の成功の重要な環境条件であったのである。

このラジオでの成功は，松下全体の成長を牽引するものであった。1936年度には無線部門の売上高は松下全体の30％で，売上高最大であった電池部門の半分くらいの規模にすぎなかったが，わずか5年後の1941年度には電池部門を抜いて売上高最大の部門となり，全体に占める比率も40％に達した（クラビオト 1986：41）。この5年間の松下全体の売上高の増加に対する寄与率は46％であった。そして，この間の無線部門の売上高のほとんどはラジオ（部品を含む），それも大衆向けラジオであった（表4-2）。1930年代後半の松下の企業成長はこのラジオによるところが大きかったのである。

（3） 早川の成長

　松下の場合ほどの情報は得られないが，松下に次ぐ大メーカの一つとなった早川金属工業研究所（1935年5月，株式会社早川金属工業研究所，1936年6月，早川金属工業株式会社，1942年5月，早川電機工業株式会社と社名変更，以下，早川と略称）の成功もおそらく同じような性格をもっていたものと考えられる。もともと早川はシャープペンシルの製造からラジオに転じたものであり，ラジオ技術の面で進んでいたわけではなかった。ただ，市場情報を製品改良に生かす能力には優れていた。創業当初のエピソードとして，次のような大阪の卸商の逸話が残されている。

　早川さんはラジオの部品を始められた当時「大阪の部品は良くない，東京の製品はこうして作る，ここを改良すべきだ」と自分が先頭にたっていろいろやっていた。…斉藤という人が大八車にレシーバーや部品を積んで引いて回ったんです。早川さんはそれについて来ましたよ。それを，われわれ（塩田留蔵・大阪・卸業のQRK商会—引用者）が二十円，三十円ずつ買ったわけですが，いろいろと注文を聞いてきて…工場で作っていました。次の日にはまた斉藤さんが売って歩く[7]

　同様に，『日刊ラヂオ新聞』1927年11月21日は，早川の紹介として「絶えず新考案と改良品を出す事に腐心し，毎月方（ママ）製品を出し同業者の先鞭をつけている」としている。また，1930年には，早川は受信機に「故障通知票」を添付し，故障の場合は各販売店において記入して送付すると50銭を支払うという制度を作った。それらをもとに製品の改良に資する目的であった（ラ公19301123：8）。市場情報の収集とそれに基づく製品の改良を強く志向していたのである。

　製品戦略や事業組織も松下と似ていた。松下の低価格戦略に早川も追随し，1934年6月には27使用の4球受信機を同型の松下のK2以下の20円で販売しようとした[8]。同年の東京市場での廉売競争への参加も同様であった（無タ19340404：3）。他方，スーパーヘテロダインを発売したのは松下よりもさらに

表4-3　早川金属工業の無線機器生産

(単位：千円)

年	ラジオ		送信機増幅器など	無線通信用部品	無線機器売上高合計	無線関係従業員数(人)	同左一人当りラジオ年間生産台数	早川全体売上高	早川全体従業員数(人)
	大衆向け	高級品							
1936	866	13	1	475	1,355	435	135		
1937	1,064	32	23	593	1,712	507	145	2,030	700
1938	1,207	99	39	573	1,918	583	152	2,530	
1939	2,026	93	167	1,882	4,168	692	189	3,920	
1940	1,826	945	220	2,136	5,127	733	177	5,100	896
1941	1,935	1,485	192	1,418	5,031	896	159	6,540	937

注1）ラジオの生産台数は表4-1による。
資料：『日本無線史』第11巻，264頁。早川金属全体の売上高，従業員数は，早川電機工業株式会社編『アイデアの50年』による。

後れた（ラ公19380130：8）。また，1937年7月には，製造，販売，研究部門を製品別に統合した事業部制の導入も行った。それまでの「工業部」，「営業部」，「総務部」という職能別組織を改め，ラジオなどを担当する「無線部」と電機器具や自動車部品を担当する「電機部」，「総務部」という構成にしたのであった。

早川の企業成長も急速であった。早川徳次の個人経営で始まったが，1935年5月には法人化し，資本金30万円（全額払込）の株式会社早川金属工業研究所となり，直ちに増資をして資本金50万円（全額払込）となった（早川電機 1962：90）。東京電気が30％を出資し，重役を派遣した（東芝社史編纂資料）。それ以降の売上高は，表4-3のように急速に伸び，1936～1940年度では3.78倍に達した。資本金も1940年6月には100万円（全額払込）となった。その企業成長をこの時期，牽引したのはラジオの販売，ことに大衆向けラジオと部品であったことは同表から明らかである。

② 量産体制の形成

松下，早川の大量生産戦略成功の大きな要因が製品開発面での成功にあった

ことは疑いないが，製品自体を大量に生産し販売することもそう容易ではなかった。産業全体は中小零細企業による粗製濫造や流通の混乱のさなかにあったからである。

(1) 科学的管理法の導入と量産体制の形成

ラジオ生産は組み立て産業であるだけに，それを量産する場合，まず重要だったのは，科学的管理法の導入であった。既に明らかにされているように1930年代には日本でも科学的管理法導入の運動が盛んとなっていた（佐々木 1998，高橋 1994）。ラジオ工場でも1930年代半ばにはその導入が始まった。その点で意欲的だったのは早川であった。

シャープペンシルの製造からラジオに転じた早川徳次は，早くから能率研究には熱心であり，最初から「流れ作業の方針をとった」（吉田 1938：3，早川 1963：238）。1925年には初歩的なコンベア装置を実施したし（早川電機工業 1962：74），後の受信機組立へのコンベア導入に際してそれ以前から部品生産にはコンベアシステムが適用されていたという指摘があるから，当初から早川は科学的管理法の導入を始めていたとみてよいであろう。1935年には，大阪，東京で「能率研究の講演会」を上野陽一などを招いて行った（東ラ公19350515：5）。

早川は，1935年末，組立工程に独自のコンベアシステムを完成させ，1936年初めから稼働を開始した（早川電機工業 1962：93）。前掲表4-1のように，量産規模が拡大してきたことがその背景にあった。早川は設備投資に積極的であり，毎年，工場を増築し，1934年には第二工場を建設した（早川電機工業 1962：83-85）。輸出などを含め，生産量が増大し，その対策としてコンベアシステムが導入されたのであった（早川 1963：252-254）。

このシステムを主導したのは大阪能率研究会理事で同社監査役（1935年5月）の井上好一であった（井上 1949）。このコンベアは「間歇式」あるいは「タクト式」と呼ばれ，「従来の如くコンベアーが連続して動作せず，1分間に1回というように，隣へ送られ，各自はその静止している1分間内に各自に与えられた仕事を完了するようになって」いた（古澤 1937：149-150）。そのタクトは受信機の種類によって1分から3.5分まで調整できた。井上は，このタクト式の

ほうが通常の「コンベアー式の持つ救い難き単調性を打破し，機械化せる作業の中に人間性を回復せしめ，人間味ある生産活動の組織化に最も適応せるもの」だし，「ラジオ組立の主要工程である配線の『ハンダヅケ』作業の如きは，移動作業によるよりも，静止作業の方が良い」からラジオ組立には適しているとした（井上 1949：17-18）。各ステーションの不足部品の供給はボタンを押して電球を点灯し，材料補給係の見習工具に知らせて行い，離席の時は同様に知らせて万能工具がいって交代した（古澤 1937，井上 1949）。このコンベアの他，各種の試験装置や自動機械（トランス自動捲線機など）を考案して使用した。この流れ作業の導入で，それまで２時間かかっていたラジオ組立作業時間は50分となった（早川 2005：19）。

　早川徳次は，「その技術一切を同業者に開放し，意見の交換と批判の聲をきき，改良をかさねて作業能率の増進と製品の質的向上に向かって一歩一歩堅實なる前進を續け」たといわれるが（井上 1949：25），このコンベアシステムも同業者に開放した。松下の技術担当のトップであった中尾哲二郎（松下無線専務）も「早川さんがご自慢で，一ぺん見に来てくれとおっしゃるので見に行った……立派なものでした」（松下電器 1981：16）という。その時のことかどうか不明だが，見学して感心した松下の関係者はリード線製出機械などの自動機械を数台，注文した（古澤 1937：150）。早川の先進的な量産技術を松下は学習したのである。

　松下無線もほどなく1936年11月にはコンベアシステムを導入した（『松下電器社内新聞』19361210：2）。その前年に発売した超小型セットのR10が日産400台も流すほどの大ヒット製品となったことで，コンベアの導入となったのであった（松下電器 1981：19）。

　さらに，同年秋，専務の中尾哲二郎は欧米視察にでかけ，アメリカで大量生産方式を調査し，その導入を図った。中尾はアメリカで自動車工場やラジオ工場を見学したが，自動車については「これはとてもだめだなという印象を受けた」が，「ラジオの方はこれはいけるという考えを持った」（松下電器 1981：17）。1936年12月には松下無線「無線製作部」に「能率研究課」を作った（日刊工 19370111：2，『松下電器社内新聞』19370215：2）。これは，科学的管理法の導入や生

産技術の強化への取り組みが本格化したことを表していた。

　同課は，「新作業法の考案改良，並に機械化を加えて凡てを合理化して行く」方針で，その「研究成果は作業改善委員会にかけてどこ迄（ママ）現場と協力し，作業合理化を」目指した（『松下電器社内新聞』19370215：2）。またそれとは別に，十三工場（以前の第七工場で部品生産を担当）にも能率研究課が設立された（同上）。前掲表4-1のように松下のラジオ生産台数は1935～38年の3年間で倍になっており，1934年に門真工場をラジオ工場として以前の第七工場を部品専門工場としたり，1936年には工場を増設し，第一から第四の組立工場など新工場を次々と完成させた（松下電器 1981：74-80）。この時期は量産体制の形成，量産技術の琢磨こそが重要な経営課題であったとみて間違いないであろう。

　ラジオの量産には，他方，幾つかの問題もあった。まず，コスト的には大量生産で節約できるのは人件費であるが，日本はアメリカと違って賃金が低く，そのメリットには限度があった。受信機では人件費は生産費総額の6％にすぎなかったからである（日刊工19370406：2）。また，量産規模が大きくないことにともなう問題もあった。早川のタクトも最速で56秒であり，1ステーションで数種類の作業を行っていたものと思われる。一人一作業は不可能であり，一人で3～4種類の作業を行うとなると不良がでやすいという問題があった。6％の節約をするために不良がでたのでは合わないとして，コンベアシステムを中止したメーカーもあった（日刊工19370406：2）。

　さらに，エレクトロニクス製品であるラジオには電子部品の組立にともなう諸問題もあった。前述した，ハンダづけにともなう問題はその一つであったが，各部品間の性能の調整という問題もあった。例えば，ダイヤル表示について松下は，「局名標示（ママ）ということも今では大したことはないですが，コンデンサをまわし，針と局名の位置を合わすのは当時は大変でした。コンデンサもコイルも確実でなければならないので，一個一個コイルを測定し，コンデンサを測定し，針を局に合うようにした」という。電子部品には生じやすい困難であった。それだけ，量産は容易ではなかったのである。

　大阪メーカーの量産に苦しめられた東京メーカー側は，前者の欠点としてこの不良問題を指摘した。「大量生産はややもすれば拙速主義に陥いる嫌いがあ

るので，どうしても不良品の出ることを免れません」（七尾菊良・七欧無線電気社長）とか，「大量生産の結果大阪側からは随分インチキな品物もでた」（今村久義・今村電気社長）と評価していた（岩間 1944：144-145）。

　松下や早川は，そうした困難を克服し，安定した量産技術を獲得していった。それが明確な形で示されることになったのが，後の軍需生産においてであった。戦時下で松下も軍用無線機の製造を開始するが，その時，ラジオ生産で鍛えられた量産技術が役立つことになった。「当時，軍用無線機は大量生産できないといわれたのが，量産できた……各社がやれないのをやったというので，某社長が呼ばれて，松下を見よ」ということになったという。このダイヤル表示の問題など，「早くからラジオの生産において見せたように作業を分析して流れ作業化し，だれでも仕事できるという態勢をとることに熟達しており，その力が電波兵器生産にも発揮でき……松下の通信機は一番性能的に安定し，ばらつきが少ないと軍の信用をかちえた」のであった。早川でも，1943年，海軍用航空無線機の生産を流れ作業によって行ない，それまでにない量産規模を達成した（早川 1963：272-274）。監督官には「無線機がそんなに容易に出来れば誰も苦労はしない」と呆れられるほどの規模（月産200台）であったが，「得意の例の流れ作業によって，まず全工程を千に分けて一工程を十六分ずつに決め」て，見事，量産を達成したのであった（同上：274）。

　松下と早川が他の無線機メーカーに比べて量産技術に優れていたことは確かであり，それはラジオによって鍛えられたことによるのであった。

（2）　部品生産の統合と研究開発の充実

　しかし，この生産工程の琢磨だけでは安定した品質の製品の大量生産はできなかった。ラジオは数十点の部品の組立による製品であり，安定した製品品質の確保のためには，まず部品品質の維持が重要であった。しかし，当時の粗製濫造的な市場では，安定した品質の部品を調達することは困難であったからである。そこで安定した品質の製品の供給を目指そうとすれば，いきおい，部品の内製に進まざるをえなかった。松下など，この戦略をとる有力セットメーカーは真空管を除く部品生産を統合するのが普通であった。また，第2章でみた

第4章　寡占企業の成立

ように，当初のセットメーカーはトランスなどの部品メーカーから進出した例が多かったから，部品生産を統合していたのは自然ななりゆきでもあった。

松下の場合は部品メーカーからの進出ではなかったから，製品組立から始め，意図的に部品の内製へと進んでいった。松下が受信機生産を直営した当初はトランスとコイルだけを内製し，後はすべて購入した。

購入する部品の受入検査は「試験場」が行い，その「試験方法は他に見ざるほど完全を期している」と1932年8月の無線雑誌記者の同工場の見学記では評価されているが（無タ19320820：9），当時の日本の電子部品企業の能力や市場の状態では，受入検査を厳格にしても安定した部品品質の確保は所詮困難であった。

まず，部品取引自体の安定からして容易ではなかった。「引切ナシニ行ハレル製品ノ切替エニハ各作業場ノ工程ハ落着ク間モナク……之ニ伴ウ仕入品ノ変更ニハトモスレバ取引上ノ円滑ヲ欠キ稍モスレバ混乱状態ニ陥ラントスル」状態であった（松下電器関係資料）。1933年初めには，在庫品の分類，不良品の整理を目指して，在庫カードを導入し，在庫量の最大，最小，現在値を示すこととした（平本 2000d）。発注点の管理が行われたものと思われる。

市販されていた部品自体の品質も良くなかった。松下が最初に東京放送局の懸賞に応募する時に，使用する紙コンデンサを試験したが，「どこのを使っても皆不良で」あった（松下電器 1981：15）。「水に一晩つけておいて翌日絶縁が劣化するようではいけないということで徹底的にテストし，日本無線のだけが合格した。そこで高いけれど日本無線のを使って出した」のであった。しかし，その日本無線の製品も抵抗器（ワイローム）は「不安定で，ちょっと負荷をかけると下がるし，原因不明で変動する」という状態であった（同上）。

日本無線のワイロームは，当時としては高い品質で大きなシェアを得た抵抗器であった。それでもそうした状態であった。1935年の理化学研究所による画期的な炭素皮膜抵抗器・リケノームの登場以前には，市販の抵抗器で抵抗値の許容値±10％以内を守れる製品は少なく，±20～30％なら良い方であった（渡部 1983：25）。部品品質の悪さの原因は，炭素皮膜抵抗器以前の抵抗器の性能などの技術的問題もあったが，企業の能力や粗製濫造的な市場の傾向などの市

133

場的要因もあった（平本 2000a）。

　松下はそこで，部品の内製を目指すことになった。「逐次，部品をつくっていかなければならないということで，抵抗から始めた」のであった（松下電器 1981：15）。1933年には抵抗器の製造を開始し（松下電子 1981：9），1935年にはコンデンサ工場を建設した。キャビネット，スピーカーも1932年から製作を開始した（松下電器 1981：71，松下電子 1986：10）。

　ただし，ラジオのキーデバイスである真空管の内製は当初はできず，東京電気から購入した。ここでも内製する意図はあった。「無線製作の完璧を期すには是非とも専属真空管工場を持たねばならぬとの建前」から，松下はいずれ真空管製造に進出するとみられており，1935年には東京の某真空管工場の買収計画も報じられた（無タ19350828：1）。松下側の記録でも「うちでも真空管をやらなければならないというので」（松下電器 1981：17），中尾哲二郎が前述した欧米視察を行った1936年にフィリップスに技術提携を申し込んだ。しかし，「真空管の技術提携については外国との協約があって，技術を出すことはできない」といわれ，提携は実現しなかった。東京電気による真空管供給の支配を免れようとすれば，フィリップスに接近するのは自然な選択であった。

　肝心の真空管の内製は実現しなかったが，それ以外の部品の多くは内製した。ビスやナットまでも内製し，「ナショナルラヂオの最大の強味は，ビス一個，ナット一個の小部分品に至るまで，全て自家製品を使用していると云うこと」（岩間 1938：頁不詳「ナショナルラヂオの生れるまで！」）だと主張した。前述した，後の軍用無線機の量産と安定した品質の達成も，松下自身の評価でも量産技術の熟達だけによるものではなかった。「通信機器の骨格部品は社外技術に依存せず，部品よりセットまでの一貫作業を目ざして自社生産に切り替えた……これらの標準化，部品管理が十分行われて，はじめてセットの質的，量的な要望がみたされた」（松下電器 1968：290）のである。

　しかし当然であるが，それでも内製できない部品はあった。その場合には，部品品質について厳しい要求を部品メーカーにつきつけた。

中尾顧問（松下無線専務の中尾哲二郎―引用者）は，よそから求める場合は，一流

の品物をお求めになりました。トランスにしても，当時，松下電器はあまり大きい会社ではありませんでしたが，八幡製鉄と直接交渉されて，珪素鋼板を仕入れて，規格をやかましく言っておられました。／またエナメル線についても，中尾顧問は，簡単に何番線ということで注文されるのでなく，銅線屋に行って，銅線の直径をいくら以内に押さえろ，エナメルは何回塗れ，ということでその製造仕様についてやかましく言われました。当時，ラジオの大手メーカーとしては，東京，大阪に先発メーカーがたくさんありましたが，そこまで厳密な注文をつけていなかったと思います（久野 1982：206）

購入部品材料の規格や製造方法にいたるまで注文をつけていたことがわかる。しかもそれは他のメーカーでは行っていなかったというのである。

その点の企業間の比較は困難であるが，同じ頃，東京ではトップメーカーで松下同様に安定した品質の製品の提供をうたっていた山中電機でも，部品や材料の購入は価格が優先で，品質は悪かったという。同社では，専務が製造部長と購買部長と経理部長を兼任しており，そうしたことからも「価格優先で悪い材料が入ったり，値切るので購入先が制約される弊害があった」（田山・高橋 2000：Ⅰ：8）。例えば，

コイル1吋（寸法は時制で，1/8吋を1分と称していた―原資料注）径のエボナイトボビンにエナメル銅線を巻いてあったが，動作しなくて調べると再生品のためエボナイトに金属屑が混じっていて端子間をショートしていたり，B電圧がリークして煙が出たこともあった。それでも中々仕入を変えて貰え無かった（田山・高橋 2000：Ⅰ：9）。

「同社のモットーは確信し得る製品を他社製品の販売値段を顧慮せず使用価値に応じた適当の価格で販売するにある」（日ラ新19300308）といわれた山中電機でこの状態であれば，他の中小メーカーはもっとひどかったと想定して間違いないであろう。

また，東京と大阪とで，部品メーカーとセットメーカーとの関係が違うとい

う観測もあった。

大阪ではメーカーと材料商の関係は実にウマク行っている，材料屋はメーカーを助けメーカーは材料屋の立場を充分理解してくれるが，何うした事か東京は，材料屋を街頭商人としか扱ってくれない，全くその場限りの行商人に対すると均しい態度で吾々に接する（東ラ公19351125：6）

　セットメーカーと部品メーカーの関係が松下は他と違っていた可能性は高い。「先発メーカーがたくさんありましたが，そこまで厳密な注文をつけていなかったと思います」というエンジニアの回想はあながち間違ってはいなかったのではないかと思われる。
　他方，部品生産に進出することは，要素技術が多様化することでもあり，研究部門の充実が必要であった。1930年代の電子部品は，受動部品では炭素皮膜抵抗器，電解コンデンサの登場，スピーカーではダイナミックスピーカーの普及など，技術革新の渦中にあったから（平本 2000a），その意味でも研究部門の充実は不可欠だった。もちろん研究部門の充実は，それだけではなく，当時の最先端技術であったテレビの研究開発にとっても重要であった。
　1936年3月時点で松下無線の研究開発組織をみると，各工場（「工場課」に属する「本社工場」の「ラヂオ工場」，「木工工場」，「金属工場」，及び「十三工場」，「工場課」とは独立した組織であった「電動機工場」の「工場課」）には，それぞれ「現製品ノ改良並ニ研究」などを行う「技術係」があった。他方，それら工場に属していた組織とは別の組織として「研究課」があり，4つの「科」に分かれていた。「第一分科」は電気蓄音機の研究と設計，「第二分科」は部品の研究，設計，試作，「第三分科」は受信機の研究，設計，試作，コイルの研究，「試作科」は試作を，行なった（松下無線 1936）。部品の研究開発が全体のなかでも重要な位置を占めていたことがわかる。さらに1938年4月には東京研究所を開設し，測定器や電解コンデンサなどの部品，テレビ，軍用無線機の研究開発を本格化させた（松下電子 1986：15）。
　このうち，当時のコンデンサの最先端製品であった電解コンデンサの開発に

ついてみると、山中電機や、早川も、自社開発を進めていたが、その成績が思わしくなく、結局、東京電気との提携で同社から購入する契約を結んだ（平本 2000a：33）。松下は、「ヒット商品R-10を出したあと、H電機がよく似たラジオを出したが、この中にはじめて国産のコンデンサを高圧にも使っていた（それまでは高圧の電解コンデンサは輸入していた―引用者）ところから松下でも電解コンデンサの生産にとりくむこととなった」（松下電器 1968：4-5）。この「H電機」が早川であるという確証はないが、松下がR10を発売した翌1936年に早川も同様の回路構成（24B-47B-12B，定価25円）で外観はR10に酷似した「38型」を発売しているし（東ラ公19360105：11）、早川は前年の1935年に東京電気と資本提携していた。その東京電気のラジオ用の電解コンデンサの発売は1935年であったから（平本 2000a：33）、この「38型」に東京電気製の高圧電解コンデンサが使用されていた可能性はかなり高い。「H電機」は類似品で松下のR10に対抗しようとし、その類似品での先端部品の国産化が今度は松下の部品内製を促したのである。

しかし、その開発は容易ではなかった。多くの困難がともない、ようやく1938年に実用化に成功した。「はじめてラジオ受信機にとりつけられたときの感激は筆舌に表すことができない」（松下電器 1968：345-346）という回想が残るほど、その開発は困難な過程であった。部品技術が高度化していくなかでの部品の内製はそう容易ではなく、電解コンデンサでは早川は内製に失敗し、松下は成功したのであった。

松下のラジオ関係のエンジニアの人数は着実に増加していった。1931年に専門学校卒業者を2名採用したのがエンジニア採用の最初であったが、1937年9月には大学・専門学校の理工系卒業者は28名、中等学校を含めると理工系の「店員」は58名であった（松下無線 1937：3-4）。1945年1月には、松下無線の後身である松下電器産業無線製造所の「技術社員」は316名に達した（松下電器 1945：5）。研究部門の拡充が進んだのである。

（3）　製品品質の安定

この量産体制の形成で市場でのラジオの品質は安定していったものと思われ

る。そもそもそれがこの戦略の目標であった。1935年半ばには，当時の受信機故障について次のように評価されている。

「放送開始十周年を迎えたる昨今，市場に販売せられつつある受信機を見るに，家内工業的製品は殆ど其の姿を消し，大量的工場製品が大部分を占めるの状況である。／此の結果は受信機の故障発生状況にも好影響を及ぼし，粗悪なる部分品の使用，不完全なる組立工作に原因する故障を著しく減少」した（ラ日193506：1）。

このことを正確な数値で示すことは困難であるが，幾つかの傍証はある。一つは，聴取者数にたいする機械故障による聴取廃止者数の減少である。巻末付表1のように，その比率は1935年を境に大きく低下している。同表からは，聴取者数にたいする廃止者数の比率自体が1920年代には25％にも達していたのが1930年代に入ると低下し，1935年からは10％をきるまでになっていることがわかる。聴取廃止者数比率が大きく低下したという点で，ラジオ市場は1920年代とは大きく変わったのであった。その要因の一つがこの機械故障による廃止の減少であった。1930年度には「機械故障」は，「不明」を除くと「廃止事由」の18.4％で「家事上」に次いで第二位を占めていたが，1935年度には同13.1％で「廃止事由」の第四位に低下したのであった（日本放送協会『昭和五年度　第一次聴取者統計要覧』，『業務統計要覧』1936）。

ラジオ品質安定のもう一つの傍証は，放送協会の認定制度が軌道にのり始めたことである。既にみたように，1928年に放送協会は品質優良な部品，受信機の普及を目指して認定制度を始めたが，当初はなかなか実効はあがらなかった。しかし，1934年3月に制度の大改正が行われ，対象をそれまでの低廉良好の製品から耐久確実で適当な売価の製品へ変更したこともあって（ラ年鑑1935：265-273），ようやくこの制度も軌道にのるようになった（日本放送協会 1965：上：287）。電力会社が認定品を優遇したのも効果があった（岩間 1944：245-247）。交流受信機の認定数は，1928～1934年まで累計して23件にすぎなかったのが，35年36件，36年44件と急速に増加した（ラ年鑑1937：180，同1941：253）。ここでも

1935年が画期となったのである。

　上記はいずれも1935年ころに製品品質が安定したことを示している。それは，こうした量産体制の形成によるものとみて間違いないであろう。

③　大量販売体制の形成

　大量に生産することとならんで，大量に販売することもそう容易ではなかった。

（1）　流通網の整備

　1930年代初めの三共電機，それに続いた松下，早川など，ラヂオの大量生産を意図したメーカーは，いずれも何らかの形で流通網の整備に着手せざるをえなかった。零細な小売業者，混乱した流通網などを前提としては，製品を大量に販売することは困難であったからであった。

　「ラヂオ受信機大量生産制度の創始者」三共電機は，1931年，連鎖店制を進めた「細胞組織販売網」の樹立を目指し（東ラ公19360315：8，無タ19310108：3-5），小売店，特約店を援助，指導して「共存共栄」の実績をあげようとした。また，同年7月には，月賦販売を促進するために東京の一流問屋を網羅した株式会社日本ラヂオコーポレーションを設立した。さらに，大同電気や東京電燈などの電力会社と提携し，それらの直接販売用受信機を納入した。「細胞組織販売網」や月賦販売，電力会社への販売，あるいは輸出など，幾つかの販売ルートを構築，整備し，大量販売を目指したのであった。しかし，三共電機はこの戦略で成功することはできなかった。

　それに続いたのは松下であったが，松下が早くから流通網の整備に着手し，それに成功したことはこれまでの研究史で既に明らかにされている。しかし，それらの先行研究は，基本的に松下側の資料や分析に依拠しているために，ラヂオ産業の展開のなかでの位置づけという視点が十分ではない。ここでは，その点を補いつつ松下の流通網の整備の過程をみておこう。

　ラヂオに参入した時の松下は，販売機能の一部を自らもち，地域毎の代理店

網を備えていた。1931年時点では，北海道配給所，東京支店，名古屋支店，大阪支店，九州支店，台湾配給所をもち，ほぼ全国をカバーする，穏やかなテリトリー制による代理店網をもっていた（小林 1979：巻末付表，尾崎 1989：139）。第2章にみたように，1931年10月に松下が直接，ラジオ事業に参入する時も松下幸之助は代理店を集めて製品の説明会を行ない，「共存共栄」を訴えたのであった（小林 1979：79-82）。

　1933年7月から1934年3月にかけて松下は製品別事業部制を創設するが，それとともに各製品の販売機能は徐々に各事業部に移っていった。それを先導したのは既にみたようにラジオ事業であり，1933年8月に，ラジオを担当する第一事業部は「ラヂオ部東京出張所」を設置し，事業部の直売を開始した（小林 1979：109）。続いて，1934年11月には名古屋に，1935年4月には福岡に事業部の出張所をおいた。1935年12月の松下の分社化で，ラジオ事業は松下無線株式会社として分立したが，そこでは完全に販売機能は各分社に統合された。

　上記の代理店網が，どの程度，松下によって組織化されていたかについては，不明な点が多い。尾崎（1989）は，松下の最初の高価な「当選号」の価格維持に代理店が協力したことをこの時期の代理店の系列化の進展を示す事実の一つとしてあげているが（同：139），それが事実であったかどうかはかなり疑問である。代理店がそれにどの程度協力したかが判明しないし，少なくとも結果としての高価格維持はできなかった可能性が高い。再販価格を維持できるような販売網ではなかったとみる方がこれ以後の推移からみても自然である。

　松下に限らず，1930年代前半の主要メーカーのセットには定価自体がついていなかった。業界新聞に掲載された各社の受信機やシャーシの広告をみると，1935年初めまで定価が記載されている例は稀であった（『日刊ラヂオ新聞』，『ラヂオ公論』など）。松下の受信機の宣伝で定価が記載されるのは，1936年2月のR10角型が最初であり（東ラ公19360215：14），それ以降，広告には定価が記載されるのが通例となる。松下では，その事業部史（『飛躍への創造』）でも1931年のセットについては定価の記載がない。

　この時期のラジオ用品市場では粗製濫造や乱売が横行しており，1930年代初頭は製品技術革新も激しかったから，メーカー側の価格決定力はきわめて限定

されていた。松下の営業史がいうように,「売価に関する当時の一般の状況として,メーカーは商品を造って自社の採算に合う値で取引先に渡すだけであり,卸店にしても小売店にしても,それぞれの仕入値を基準に自らの判断で任意に売価を設定し,販売するのが通常であった」(小林 1979：116-117)。広告に定価の記載がないのは,そのことを反映しているとみてよいであろう。

　ラジオの主要メーカーのなかで,もっとも早く定価を製品広告に記載するようになるのは早川で,1933年1月にシャーシに (ラ公19330130：1,広告),11月にポータブル・セットに,1934年12月に通常のセットに定価がつき,それ以降それが通例となる (ラ公19330130：1,同19331115：12,同19341220：3)。続いて1935年3月には大阪変圧器,同7月には田辺商店,七欧,同8月にはミタカ電機と続いた (東ラ公19350325：22,同19350715：1,5,同19350825：9カ)。1935年には多くのメーカーが定価を記載するようになった。

　松下はむしろその点では後れていた。しかし,松下も,1935年7月からラジオと乾電池,ランプについて正価販売運動を開始した。松下幸之助は,「販売業者は,絶対信用のある商品につけられた正価なるものに対し,確固たる信念をもって需要家に提供する,かくすれば,かけひき等に費やす無益な時間と精力とを,販売能率増進のために利用でき,同時に業者の不当な競争からも避け得られるわけであります」(小林 1979：119) とした。取引コストの節約と販売の合理化,不当な競争の克服のカギを定価販売に求めたのである。

　しかし,そのためには混乱した流通網を整備する必要があった。その4ケ月後には,小売店の連盟店制度の実施に取りかかった。「卸段階ではなおも松下電器の代理店同士が互いに入り乱れて,小売店に売り込んでいる」(小林 1979：123) という状態では,正価の維持はおぼつかなかったからである。卸の仕切り価格を明確にし,小売店は一つの代理店から仕入れるようにした。各代理店毎に小売店を割り振り,小売店に対しては,系列代理店からの仕入れだけを対象に感謝配当金を提供して他の代理店からの仕入れよりも有利にした。各事業部には連盟店専任係がおかれ,その普及に努めた (『松下電器社内新聞』19351215：1)。連盟店は,1935年末に1,200店,1941年末には1万を超えた (小林 1979：126-127)。

早川も，1936年2月，販売網を整備する新販売制度を実施した（東ラ公19360215：13-14，日刊工19360211：2）。目的は，メーカーと卸，小売間の分業を明確にすることであり，早川は卸の直営をやめて自らが獲得した得意先も無償で地区毎の代理店に提供した。代理店を中央代理店と地方代理店に分け，製品をすべてこの代理店をとおして配給することとした。小売店には，共存共栄を訴えて「福祉券」（10〜50銭）を受信機に添付した。これに販売店名，仕入店名などを記入して早川に送付するとその金額が送金される他，福利券の枚数即ち販売高に応じて割増金が贈与される仕組みであった。早川はそれで販売店の名簿を作り，新製品の通知などサービスに役立てた。小売店の利益を護りながら自らの製品の販売を促進し，また仕入の安定を図るとともに，製品の流通状態を調査するのが目的であった。

　前述したように，早川は1936年初めからコンベアシステムを導入しており，時期的にみてそれと対応して流通制度の整備を図った可能性が考えられる。あるいは，前年11月の松下の連盟店制度に直接，影響を受け，それに対抗した可能性も高い。

　他方，この早川の「福祉券」は明らかに松下に影響を与えた。松下も，ラジオについて1936年7月から共益券制度を実施した。連盟店が販売する受信機に「共益券」（50銭〜1円，早川より高いことに注意）を添付し，それを松下に返送することでその額に応じた所定の金額を小売店に贈呈する制度であった。松下はこのデータを分析して，1/3の有力小売店での販売が全体の売上高の2/3を占めることを発見し，販売促進のためには有力小売店を選別して重点的に援助することが有効だという方針をたてた。そのため，松下電器の連盟店に加えてナショナル受信機連盟店を組織した（「連盟店制度ができるまで」松下電器 1962：『社史資料』No.8：24-25）。

　こうして，松下と早川の競争のなかでメーカー主導の流通網の整備が進んだ。とくに大阪でその傾向が強かった。1935年11月の時点で既に「大阪では問屋とメーカーの関係は仲々簡単には離れることの出来ない極めて密接なものとなっている」といわれたが，その時点では東京ではそうではなかった（東ラ公19351125：5-6）。「東京の夫れは都合次第で何うにでもなる極めて頼りないもの

であ」り,「問屋対メーカーの関係は明日が約束されていない,利幅と人気の感情に依って……常に動いてい」た。東京では,卸問屋はいろいろなメーカーの製品を扱い,卸商報を発行して広く地方卸や小売に販売していた。松下と早川の競争が主導した大阪と違い,中小企業間の競争という色彩が強かった東京は,流通網の整備で後れたのである。

(2) 流通網整備の実態と効果

　この松下の流通網の整備は,研究史のうえでは戦後の流通系列化の「原型」が形成されたものと評価されている(岡本1973,下谷1994)。確かにそれ以前の混乱した流通システムからは大きな進化であり,量産体制の形成に見合う流通システムの整備が行われたと評価できるであろう。しかし,戦後のそれとは違って,流通網の専売化という点ではなお限界があったことは注意しておく必要がある。

　松下は代理店の専売化を早くから目指してはいた。1932年6月から松下は代理店契約の更改に際して,乾電池,ランプ,ラジオなどの製品別の契約に改めた。そして代理店の製品単位の専売化を目指したのである(小林1979：100-101)。1933年11月には,各代理店の仕入額の3％を積立て,松下の業績を考慮してその配当金を贈呈する「配当金付感謝積立金制度」を作った(同：112)。そのうち専売を承諾した代理店には専売感謝金を贈呈した(「わが社の販売制度の推移」松下電器1963：『社史資料』No.9：20)。その結果,ラジオでは,中馬商店(大阪)のように1932年から「松下電器全製品専売代理店」となる代理店もあった(ラ公19320920：6)。しかし,業界新聞の広告でみる限り,1933年の岩崎商店(京都：松下,早川,山中などの代理店)や1934年の山本電文社(大阪：松下,早川,田辺,七欧などの代理店),1937年の中央ラヂオ(大阪：松下,早川などの代理店),大同電盟(大阪：松下,早川,山中,七欧,田辺などの代理店),エスキ商店(大阪：松下,早川などの代理店),1938年の中西ラヂオ店(大阪：松下,早川,日本ビクター製品を取扱)など,関西でもなお複数の有力メーカーの代理店を兼ねる卸問屋も少なくはなかった(ラ公19330920：10,同19340510：19,同19370220：2,同19370330：22,同19370410：4,同19381130：3)。おそらく東京ではその傾向はより著しかったであ

ろう。前述したように当時の流通で主導権を握っていたのは問屋であり，有力な問屋は資本規模も大きく，容易には専売化はしなかったのではないかと思われる。

また，連盟店についても，1941年末には１万店を超えたが，それは前掲表２－２のラジオ商工業者の数が8,300余りであったことや1939年８月の「電気器具類販売」の小売店数が全国で11,540であったこと（内閣統計局『昭和14年臨時国勢調査結果表』）と比べると過大ともいえる数である。松下の流通支配が広汎であったともいえるが，逆に専売化など，コントロールの内容はそれほどでもなかったとも考えられよう。

つまり，代理店―連盟店制度は，流通を整理したことで同じ松下製品のブランド内競争を抑止するのには大きく寄与したように思われるが[18]，専売化によるブランド間競争を抑止することには限界があったものと思われる。定価を維持することには寄与したものと思われるが，排他的な販売網を形成できたわけではなかったのである。

他方，混乱した中での流通網の整備にはかなりの投資が必要であった。松下は，代理店を整備し，専売化するためには，「感謝積立金」にたいする配当や「専売感謝金」を贈呈したし，連盟店には「感謝配当金」を贈呈し，「共益券」への贈与金も支払った。かなりのインセンティブを与えないと思うような流通網の整備はできなかったのである。またそれは，松下の「共益券」の額が早川のそれより２倍以上高かったことに示されているように，企業間競争の手段でもあった。

それらがどれくらいの金額に昇ったのかは正確には判明しないが，唯一，それを示しているのではないかと思われる数値として，松下無線株式会社「本社損益計算書」（自昭和14年12月１日至昭和15年５月31日）の「商品付帯費」に「歩引割戻」という勘定項目がある。それは895千円であり，「当期総販売高」は5,444千円だったから，「販売高」にたいして16.4％に達していた（松下電器関係資料）。戦後の松下電器産業の有価証券報告書に記載された「値引き・戻り高」の総売上高に対する比率のピークは1964年度下期の11.8％であった（岡本1973：248）。「本社損益計算書」は，会社全体ではなく重要だとはいえその一部

第 4 章 寡占企業の成立

表 4-4　1938年7月1日の各社製品の相場（4球）

(単位：円)

製品種類（真空管別）	24B-26B-12A-12F	56B-26B-12A-12F	57-26B-12A-12F	24-24-47B-12F	(58/57)-24-47B-12F
ナショナル（松下）	37	30	39	55	69
シャープ（早川）	36	29	38	55	68
テレビアン（山中）	34	30	36	51	66
コンサートン（タイガー）	33	30	36	50	70
ヘルメス（大阪無線）	35	32	—	55	75

資料：『日本工業新聞』1938年7月5日。

の損益計算であると思われるのでこの二つの比率は厳密な意味では比較できないが，当該の1940年度上期の当期利益金が285千円だったことを考慮してもこの金額が相当高かったことが分かる。残念ながらこの一期しかその数値は判明しないが，この流通網の整備と維持にはかなりの投資を要したことは確実であろう。

　逆にいえば，その資金的余裕がなければ，流通網の整備は可能ではなかったのである。次の節にみるような松下のラジオ事業の高収益率がそれを可能にしたとみてよい。

　他方，この流通網の整備は大量に製品を販売しつつ，正価を維持する仕組みを作ることによって，ラジオ事業の成功を支えたことも確実だと思われる。ただ，製品価格が現実にどの程度，維持できたかについては，多くのことはわからない。上記のような流通網整備の実態からして，価格維持がそう容易であったようには思われない。例えば，1936年末から37年1月にかけて，京都のラジオ商がナショナルの乱売広告をだしたことから，松下と特約を結んだ業者との間で訴訟事件が起きた（ラ公19370120：5）。1938年3月の東京の有力問屋である富久商会の卸商報でも，「最初にして最後，二度とでない」，「ナショナルダンピング品二種五百台限り」として松下の受信機2種が掲載されている（富久商会『THUNDER』193803）。それらは，松下製品の正価維持が現実的であったことを示してもいるし，それが厳密には実行可能ではなかったことも示していよう。

　表 4-4 は，1938年7月1日の各社製品の「相場」であるが，松下製品は，早川，山中の主要メーカー品のなかではどのクラスの製品でも高く，とくに早

川よりはほぼ1円ずつ高いことが分かる。松下より高い製品もあるので，松下製品は最高級品というわけではないが，主要メーカーのなかでは製品の差別化，ブランド・イメージの確立に成功していたことはわかる。この時期は，材料の入手難からラジオ価格が値上がりしている時期であり，「相場」とは定価を意味しているのか実際の販売価格なのか不明でもあるので，この表のもつ意味は限定してとらえる必要があるが，松下が製品価格を他の主要メーカーより高めに維持できていたことは確かであろう。

このブランド・イメージの確立には，製品開発での成功と並んでこの流通網の整備が寄与したであろうことは疑いない。そしてこの二つの要因は，松下自身がそのラジオ事業の成功の要因として認識していたことであった。1945年，電機系の各分社を再統合した松下電器産業の無線製造所の業容書は，その前身である松下無線の成長を次のように記している。

設立頭初ハ専ララジオ受信機ノ製作販売ヲ営ミ其ノ優秀ナル製品ト合理的販売政策ニ依リ着々トシテ斯業ニ進出シ遂ニ全国ラジオ受信機需要ノ三割強ヲ提供シ製造業者トシテ第一位ヲ占メルニ至レリ（「松下電器産業株式会社無線製造所業容書」昭和弐拾年壱月壱日現在）

「優秀ナル製品ト合理的販売政策」が成功のカギだと認識していたのである。

4　資本蓄積の構造

流通網の整備にもかなりの資金を要したが，相次ぐ工場の増設や部品生産の拡大にも当然，資金は必要であった。大量生産・販売体制を形成するにはある程度の資本規模が必要だったのである。それにともなう資金の調達や資本蓄積はどう行われたのであろうか。1930年代のラジオメーカーの資本蓄積についてみてみよう。

(1) ラジオメーカーの資本蓄積

　三共電機が大量生産戦略に乗り出すにあたって，1931年に50万円の増資をして大同電気と京成電気軌道から役員を迎え入れ，次いで250万円の増資を計画したことからもうかがえるように，大量生産戦略には数十万から百万円くらいの資本規模が必要であった。1931年に松下が直接，ラジオ事業に進出したときも松下幸之助は，100万円あれば「理想の工場をつくり，生産を合理化して驚くほど安くじょうぶな受信機が造れる」と考えていた（松下幸之助 1982：264）。しかし，松下にとっても最初からその規模の投資をするのは困難であった。資金は工場建設などの固定資本投資にも必要であったが，後掲表4－8からもうかがえるように，ラジオ事業の場合は運転資金により多額の資金が必要であった。

　当初のラジオメーカーのほとんどは中小零細企業であったから，上記の資本規模の達成は簡単にはできなかった。ただ，固定資本投資はそれほど大きくはなかったから，製品販売に成功すれば，自らの資金で生産規模を大きくしていく可能性もなくはなかった。

　多くのラジオメーカーの場合，外部からの資金調達で重要な意味をもっていたのは，問屋の資金であった。ラジオメーカーは零細なものがほとんどだったから，ある回想では「銀行では，ラジオ屋には金を貸すな，という命令がでていたほど」（松本 1978：上：134）だったという。銀行に依存できないとすれば，資金力があり，流通の主導権を握っていた問屋の資金に依存するのは自然のなり行きであった。第2章にみたように，当初は製造と卸を兼営していたり，問屋によって設立されたメーカーも少なくなかった。

　しかし，量産規模が大きくなっていくにつれ，資金需要はさらに強くなり，様々な資金調達の方法が試みられた。早川では「工場拡張，機械の整備と毎年引きつづいて資金を注入することばかりで金がいった」ので「或年の暮に従業員諸君と相談して今後の賞与を年利八分で私が預かることにして，それらの金を事業資金に流用」するほどであった（早川 1963：235）。

　ある程度事業が拡大すれば，三共のように株式会社となって株式発行による資金調達を目指す企業が現われてくる。山中無線電機製作所は1933年8月に資

本金20万円（全額払込済）の山中電機株式会社に，早川金属工業研究所は1935年5月に資本金30万円（全額払込済）の株式会社早川金属工業研究所に（同月，50万円に増資），七欧無線電気商会は1935年6月に資本金20万円（全額払込済）の七欧無線電気商会株式会社に，坂本製作所も1935年に資本金25万円（全額払込済）の株式会社となった（日無史：第11巻）。松下が1935年12月に各事業部を分社とし，ラジオ部門が松下無線株式会社（資本金500万円うち150万円払込）となったことは既に述べた。1935年はこの点でも一つの画期であった。

ただし，株式会社になってもその規模からかも分かるように，社会的資金を広範に集められるわけではなかった。早川は，1935年5月に株式会社化した時に上記した従業員からの預り金を5倍の株として分与したが，それでも1938年11月の株主数は82名にすぎなかった（早川電機 1962：99）。他の企業の株主数はよく分からないが，大半は創業者やその関係者が所有していた場合が多いものと思われる。

それでも，それと関連して外部からの資金導入が行われたことは注目すべきである。1930年代半ばから後半にかけて，真空管と無線機器製造の大企業であった東京電気と日本電気はラジオメーカーに出資し，系列化を進めた。東京電気は，1935年，山中電機に1/3を出資した（資本金45万円のうち15万円）。経理担当を含め3名の重役を派遣し（日無史：第11巻：150-151），無線機に関する事業共同経営契約を結んだ（東芝社史編纂資料）。同年4月の早川の株式会社化の際にも約30％を出資し，取締役2名，経理主任1名を派遣した（東芝社史編纂資料）。同年6月，七欧無線電気商会が株式会社化する際にも1/3出資し，重役を送り込んだ（東芝社史編纂資料）。それらの出資の意図は，セットメーカーの経営権を握ることではなくあくまで真空管販路の確保であった（藤井・東京電気特許課から H. L. Sommeree 日本ビクター Managing Director あて1936年3月23日付け書簡，東芝社史編纂資料）。

同様に，日本電気は1934年，坂本製作所に出資し，取締役を派遣した（日通工 1993：25-29）。東京電気の場合と違って，ここでは経営そのものの再建に携わり，同じく住友の出資を受けていたコンデンサメーカーの三陽社製作所などと1937年に合併して日本通信工業株式会社となった。さらに，日本電気は，

1939年，松下無線に出資して提携関係を結び（約10％所有），専務の梶井剛を松下無線の取締役とした（日刊工19390420，日本工19390512，松下無線株式会社『第五期営業報告書』1940年6月）。

　これらの真空管メーカーからの出資は，零細な資本規模でありながら量産規模の拡大を目指していたラジオメーカー各社にとっては重要な意味をもっていたことは疑いない。1940年8月の早川の70万円から100万円への株主割当による増資に応じた東京芝浦電気の事例では，次のような社内文書が残っている。

（早川の売上高は昭和12年以来増加してきたが―引用者）これに要する設備も漸次増設せられ昭和13年下期末に於ける固定資産251,304円は昭和15年上期末に於て439,481円に達し188,000円余を増加せり貯蔵材料亦昭和13年下期に比し約3倍に昇れり。／以上の増設資金並に運転資金は主として借入金を以て賄い来たりしも現在銀行借入金550,000円に及び金融上甚しく窮屈となり今後の運用に困難なる状態となれり／就ては右金融緩和の為め資本金を左記の通り増加せんと計画せり（「早川金属工業会社資本金増加の件」東芝社史編纂資料）

　早川（1936年早川金属工業，1942年早川電機工業と改称）が70万円に増資したのは1936年12月であったが，それ以降の1930年代後半の拡張は，設備投資も含め主に銀行などからの借入金に負っていたのである。それでは「金融上甚しく窮屈となり今後の運用に困難」だから，増資を計画したのであった。

　同社の貸借対照表をみても，そのことはうかがえる（表4-5）。この表から1935年度上期から1940年度上期にかけての大雑把な資金の使途を計算すると，固定資産29万円，「有価証券」10万円，「売掛金」34万円，「預金現金」29万円，「製品材料」102万円であり，一方，資金の源泉としては，「資本金」20万円，「短期借入金」109万円，「買掛債務」63万円であった。資本金や準備金・積立金の増加では固定資産の増加も賄えていないのであり，短期借入金と企業間信用が企業成長には重要だったことが分かる。

　他方，この期間の利益金の累計は30万円であり，1935年度上期から増資が行われた1940年度下期までの資本金・準備金・積立金・前期利益繰越金の増加54

表4-5　早川電機工業株式会社貸借対照表（主要勘定項目のみ）

（単位：千円）

年度	1935上	1935下	1936上	1936下	1937上	1937下	1938上	1938下	1939上	1939下	1940上	1940下	1941上	1941下	1942上	1942下	1943上	1943下	194臨時	1944上	1944下
資産	705	795	915	948	1,073	1,273	1,474	1,853	2,148	2,775	2,909	3,117	2,942	3,636	4,212	5,562	6,815	9,939	13,195	27,758	31,188
土地建物	46	55	59	57	65	71	88	94	114	186	177	233	322	350	337	330	317	476	818	2,589	2,793
機械・工具	94	104	112	110	113	120	123	139	155	176	214	217	213	207	209	224	337	462	576	883	968
建設仮勘定	–	2	0	5	3	4	0	2	25	1	37	3	20	2	49	46	164	355	20	168	324
有価証券	–	–	–	–	–	1	1	8	67	78	101	85	98	106	200	251	284	564	578	968	982
売掛金	190	232	272	319	342	500	475	729	578	879	529	797	460	781	773	1,178	933	1,639	4,561	7,970	3,108
預金現金	29	22	31	17	44	18	80	128	199	251	318	331	532	650	735	793	1,442	2,080	1,699	6,273	4,664
製品・材料	310	336	399	397	455	511	649	713	952	1,135	1,328	1,384	1,226	1,435	1,805	2,574	3,049	3,784	4,236	6,978	14,273
負債																					
資本金	500	500	500	500	700	700	700	700	700	700	700	700	1,000	1,000	1,000	1,000	1,000	3,000	3,000	7,500	7,500
準備金	–	0	1	2	2	3	5	6	8	11	13	16	19	23	30	36	42	47	60	70	91
積立金	–	0	1	1	1	1	2	3	5	8	11	14	18	35	41	41	57	137	147	167
長期借入金	–	–	–	–	–	–	–	–	–	–	–	–	–	400	350	300	250	200	200	150	–
短期借入金	2	–	–	–	–	–	167	491	499	1,058	1,086	993	381	841	1,054	2,240	4,131	4,786	7,007	–	8,000
買掛債務	181	254	376	397	303	460	470	477	693	797	806	776	655	680	836	847	696	601	827	1,770	2,713
前受金・仮受金	7	14	6	17	6	1	0	22	59	7	57	13	17	11	184	86	106	368	651	16,304	9,595
未払金	8	6	8	17	21	33	8	29	24	23	11	32	41	19	17	34	21	269	299	437	588
前期繰越金	–	1	2	0	0	1	3	4	5	7	9	10	11	18	29	33	36	41	41	49	115
当期利益金	2	15	14	1	0	20	36	26	37	41	92	55	58	76	137	100	100	83	247	612	1,226	2,088
総資本利益率(%)		4.0	3.3	0.2	4.0	6.0	3.8	4.3	4.1	4.2	3.9	3.8	5.0	8.3	5.1	4.1	2.7	7.1	12.7	12.0	14.2

注1）1935年度から1943年度上期までは12月～5月末が上期，6月～11月末が下期，1943年度下期は6月～10月末，1943年度臨時は11月～3月末，それ以降は，4～9月末が上期，10月～3月末が下期．
2）1943年度下期，1944年度臨時は5ヶ月間なので，総資本利益率はその修正をしてある．
3）総資本利益率（％）＝当期利益金×2（ただし半期の場合）／資産額(当期平均)×100％（表4-6，4-7，4-8（資産額は実質）も同じ）．

資料：工鉱業関係会社報告書．

万円に遠く及ばない。この間の自己資本の充実も外部からの資金調達による部分が大きかったのである。

　山中電機の場合も，株式払い込みの内容は不明であるがほぼ同様であったものと思われる。表4-6から，同じように1935年度下期から1940年度下期にかけての大雑把な資金の使途を計算すると，固定資産31万円，「棚卸資産」189万円，「当座資産」125万円であり，一方，資金の源泉としては，資本金（未払い込み資本金を調整）37万円，「長期負債」83万円，「短期負債」186万円であった。早川ほどではないにしても，長期，短期の負債が企業成長には重要だったことが分かる。利益額と自己資本の充実との関係については，1935年度下期から1940年度上期までの利益金の累計は45万円であり（同社損益計算書による），1940年度下期までの資本金・準備金・積立金・前期利益繰越金の増加は47万円だったから，利益額の累計は自己資本の増加に及ばなかった。ここでも，外部からの資金調達（おそらく東京電気）が重要であったのである。

第4章 寡占企業の成立

表4-6 山中電機株式会社貸借対照表

(単位：千円)

年度	1935下	1936下	1937下	1938下	1939下	1940下	1941下	1942下	1943下	1944下
資産	619	793	1,348	2,002	2,639	4,115	4,949	5,376	8,087	30,634
未払込資本金	75	38	38	－	275	275	－	－	－	－
有形固定資産	77	72	80	213	336	346	569	744	832	2,735
無形固定資産		1	1	5	26	37	37	154	434	617
棚卸資産	155	201	643	1,115	1,543	2,043	1,661	2,951	3,200	6,603
当座資産	297	472	567	651	427	1,342	2,555	1,280	3,160	18,139
仮払金	15	9	19	18	32	72	127	247	461	2,540
(実質資産額)	544	755	1,310	2,002	2,364	3,840	4,949	5,376	8,087	30,634
負債										
資本金	450	450	450	450	1,000	1,000	1,000	1,000	1,000	2,000
法定準備金	3	6	10	14	20	29	39	50	62	93
積立金	10	5	6	10	25	50	80	110	130	145
長期負債	15	4	199	642	517	844	700	600	1,500	200
短期負債	123	289	612	785	912	1,982	2,822	3,255	4,854	26,016
引当金			13	28	51	85	158	207	247	588
前期繰越金	7	12	23	24	36	39	47	52	95	74
当期利益金	11	27	35	49	78	86	103	102	199	1,518
総資本利益率(%)	3.7	8.3	6.7	5.2	6.7	5.4	4.6	3.9	4.7	9.3

注1) 実質資産額＝資産額－払込未済資本金。
　2) 総資本利益率の分子は，同社損益計算書記載の各上期・下期の「損益金」である。各上期の「損益金」は，1935年度上期9，36年度上26，37年度上34，38年度上37，39年度上68，40年度上80，41年度上98，42年度上99，43年度上117，44年度上289，各千円である。
資料：工鉱業関係会社報告書。

七欧の場合は（表4-7），1935～40年度の資金の源泉としては同じように「短期負債」が82万円と重要であるが，1937年の40万円の増資が大きな位置を占めている点が多少，異なっている。しかし，1935～40年度全体をとっても利益金の累計は12万円であり（同社損益計算書による一表示は省略），この増資も外部からの投資（おそらく東京電気の1/3払い込み）が重要であったことは同様である。

この三社は，松下につぐ有力メーカーであったが，大きくいえば，いずれも企業成長には外部からの運転資金と設備資金の供給が重要であったのである。

（2） 松下電器の資本蓄積

松下はそれらとは違っていた。まず松下の場合は，関連分野で既にある程度成功していた企業の進出だったから，少なくとも当初は企業内の他分野からの

表4-7 七欧無線電気株式会社貸借対照表

(単位:千円)

年度	1935	1936	1937	1938	1939	1940	1941	1942	1943	1944
資産	332	504	965	1,195	1,550	1,582	1,787	2,040	2,328	6,225
有形固定資産	20	64	254	245	261	254	270	306	306	×
無形固定資産										151
棚卸資産	147	163	279	528	850	746	897	1,073	1,225	1,200
当座資産	154	262	423	412	429	570	611	652	788	4,134
仮払金	11	15	9	10	10	12	9	9	9	10
負債										
資本金	200	200	600	600	600	600	600	600	600	2,400
法定準備金		1	1	2	3	5	7	10	13	16
任意積立金		5	6	7	9	13	17	22	26	29
長期負債									500	450
短期負債	120	296	348	573	917	940	1,139	1,366	1,102	3,092
引当金								15	17	22
利益金	3	2	10	13	21	24	24	27	70	216
総資本利益率(%)		2.9	1.8	1.2	2.4	2.8	2.8	2.6	4.5	

注1) ×は判読不能
　2) 総資本利益率の分子は,同社損益計算書記載の各上期・下期の「損益金」である。各上期の「損益金」は,1936年度上期10,37年度上3,38年度上0,39年度上12,40年度上20,41年度上23,42年度上23,43年度上29,各千円である。
資料:工鉱業関係会社報告書。

投資が重要であった。前述したように,1933年にはラジオ事業の累積赤字は10万円に達したから,専業企業であれば破綻したことは間違いない。他に成功した部門をもつ多角的事業体であったことが有利に作用したのであった。

しかし,1933年の改革に成功して以降は,ラジオ事業は高収益をもたらすことになり,その資本蓄積は基本的にはラジオ事業からあがる利潤部分の再投資によったものと思われる。具体的な数値は,ラジオ部門が分社化して松下無線となって以降の1936年度からしか判明しないが(表4-8),そこからはそのことが明らかである。

この表から,1936年11月末から1940年5月末までの資金の使途と源泉を大雑把に計算すると,使途としては,固定資産8万円,「売掛金・未収入金」79万円,「現金預金」49万円,「原材料・製品」132万円であり,流動資産の増加が著しかったことが分かる。前掲表4-1のように,1936～39年度には松下のラ

第4章　寡占企業の成立

表4-8　松下無線株式会社貸借対照表（主要項目のみ）

（単位：千円）

	1936年11月末	1937年11月末	1938年11月末	1939年11月末	1940年5月末	1940年11月末	1941年5月末	1941年11月末	1942年5月末	1942年11月末	1943年5月末	1943年11月末	1944年5月末
資産	5,811	5,961	6,656	7,634	7,521	8,174	9,614	10,883	12,041	17,155	23,089	35,587	55,640
払込未済資本金	3,500	3,200	2,500	2,500	2,500	2,500	2,500	2,500	2,500	2,500	—	2,500	—
土地建物	436	403	369	444	457	473	541	551	663	923	1,176	1,746	3,030
機械設備	290	245	290	340	338	334	351	425	421	398	423	1,078	1,612
建設勘定	—	—	—	—	8	64	40	187	329	218	2,012	3,344	1,688
有価証券	—	10	29	64	64	125	76	76	77	775	1,875	1,890	2,023
売掛金及未収入金	570	611	996	1,478	1,360	936	1,381	2,156	2,182	2,960	6,756	8,997	25,487
預金現金	95	478	568	529	587	541	586	901	979	1,551	2,424	3,547	5,289
原材料・製品	530	667	1,633	1,959	1,848	2,925	3,618	4,370	6,152	7,190	9,936	11,311	
（実質資産額）	(2,311)	(2,761)	(4,156)	(5,134)	(5,021)	(5,674)	(7,114)	(8,383)	(9,541)	(14,655)	(23,089)	(33,087)	(55,640)
負債													
資本金	5,000	5,000	5,000	5,000	5,000	5,000	5,000	5,000	5,000	5,000	5,000	10,000	10,000
積立金	—	45	95	165	240	414	512	612	764	929	1,087	1,265	1,592
買掛金・未払金	269	320	357	661	661	543	615	522	721	610	1,177	1,694	2,869
支払手形	34	36	358	767	560	74	100	99	110	118	124	229	231
前受金・仮受金	—	20	127	113	127	10	432	488	258	1,101	2,331	3,357	9,431
借入金	50	—	—	—	—	1,000	1,845	2,471	3,134	6,856	10,248	15,448	24,448
納税引当金・積立金	—	95	126	150	245	426	300	700	931	1,127	1,417	75	3,025
前期繰越金	—	44	109	141	166	196	225	262	316	367	413	452	479
当期利益金	293	357	393	490	285	304	314	394	396	396	486	2,154	2,400
固定資産償却	80	77	109	148	78	96	109	151	170	152	158	269	594
配当金（配当率）		207(12%)	251(12%)	300(12%)	150(12%)	125(10%)	125(10%)	125(10%)	125(10%)	125(10%)	125(10%)	188(10%)	338(9%)	450(9%)
総資本利益率（％）		14.1	11.4	10.5	11.2	11.4	9.8	10.2	8.8	6.5	5.2	15.3	10.8
株主数				207	214	213	219	222			318	403	420

注1）実質資産額＝資産額－払込未済資本金。
資料：松下無線株式会社『営業報告書』（第一期は松下電器関係資料，第二期以降は雄松堂マイクロフィルム版）。

ジオ生産台数は42％も増加したにもかかわらず，固定資産の増加はたいしたことはなかったのである。他方，資金の源泉では，資本金の払込み100万円，積立金や繰越金が40万円，「買掛金・未払金」39万円，「支払手形」53万円，「納税引当金・積立金」25万円，「前受金・仮受金」13万円であった。企業間信用も大きいが，早川などと比べると自己資本部分の充実が顕著である。資本金の払い込みや積立金などは固定資産の増加をはるかに上回り，流動資産のかなりの部分を賄う形になっている。

他方，1936年11月末から1939年11月末までの利益金累計は153万円であり，上記期間の資本金の払込みと積立金，繰越金の増加140万円とほぼみあっている。資本金払込みについてみると，1937年4月に30万円，1938年7月に70万円を払い込んだものであるが（松下無線1938：1），同社はこの時点では株式を公開していなかったから松下全体としては外部からの払込みではなかった。また，

1936～39年度の配当金額を合計してみるとこの払込金額とほぼ同額であったと推定できる。1936年度の利益金処分の状況が判明しないが，当期利益金の額や次期の積立金，繰越金の額からみて配当率はこの間の配当率（12％）と同じだった可能性が高く，とすると同年度の配当金は18万円となり，この期間の配当金の総額は94万円となるからである。つまり，増資額は事後的には配当金の合計とほぼ見合っており，払込の時期のズレの問題はあるが，この間の自己資本の充実は利潤部分の再投資によっていたということができる。つまり，この間の松下無線の資本蓄積は，自己資本部分の充実によるところが大きく，そしてそれは自らの利潤の再投資によっていたのである。

それを可能にしたのは利潤率の高さであった。払込未済資本金を除いて総資産利益率を計算すると同社の年間の利益率は10～12％に達する。表4-5，同4-6の早川や山中のそれと比べると倍くらい高いことがわかる。この利益率の差こそ各社の資本蓄積の構造の差をもたらし，ひいては企業成長の差に結び付いたのである。

5 寡占体制の成立

(1) 産業組織の変化

大量生産戦略に成功した松下，早川は高いシェアを獲得し，寡占体制を成立させることになった。表4-1の数値は表注にも指摘したように正確な数値とはいえないが，1930年代半ばには松下がかなり高いシェアを獲得したことを示している。松下は1935年の年頭にあたり，「全国需要の四割を得べく，各支店出張所へ既に販出責任額を発し」（『松下電器所内新聞』19350125），全国シェア4割を確保したとされるから（松下電器 1981：78），表4-1の数値はそうおかしくはないといえる。つまり，松下は1935～38年にかけて約4割のシェアを占めており，続いて早川が15％程度，山中が10～15％程度であったのである。

これ以外のメーカーをも含めた全体のメーカー別ラジオ生産が判明するのは，1941年になってからであるが（表4-9），この3社に続くのは，タイガー（7.0％），ミタカ（6.0％），七欧（5.6％），日本精器（5.3％），大阪無線（4.7％）など

第4章 寡占企業の成立

表4-9 1941年受信機生産台数表

社名	三球マグネチック	四球マグネチック	四球ペントード	四球ダイナミック	四球電池式マグネチック	五球マグネチック	五球ダイナミック	五球スーパー小型ダイナミック	五球オートトランスダイナミック	五球電池式スーパーマグネチック	六球交直両用マグネチック	六球スーパーダイナミック	局型11号	局型122号	局型123号	小計	その他	合計	比率(%)
松下	2,486	95,458	58,177	34,438	326	42,745	6,106					697	19,268	4,500		264,201	1,927	266,128	22.6
山中	5,217	58,709	78,877	21,577				456					11,518	10,161	9,727	196,242	220	196,462	16.7
早川		77,425	31,210	8,419			581	641					13,789	9,831	4,803	146,699		146,699	12.4
タイガー	168	38,478	11,106	916		320						3	3,927	532	27,508	82,958	30	82,988	7.0
ミタカ	5	57,195	1,036	2,718		73	26	16					2,292	7,207	689	71,257		71,257	6.0
七欧	295	27,968	15,308	7,600			1,490						3,782	1,917	7,089	65,449	684	66,133	5.6
日本精器	20,000	12,951	9,349	3,749									2,839	2,690	1,202	52,780	10,000	62,780	5.3
大阪無線		34,429	5,075	4,116									1,989	5,136	4,852	55,597		55,597	4.7
原口無線		21,424	1,889	916									6,831	694	266	32,020		32,020	2.7
日本ビクター						14,443		7,236				4,681	26,360	5,432		31,792		31,792	2.7
大洋		10,836	1,242	905		1,611		388		11		28	3,916	3,745	2,241	24,923		24,923	2.1
双葉		16,604	368	1,677	3,739		10		15	14			1,026	605		24,058		24,058	2.0
滝沢		20,568		204		500							21,272			21,272		21,272	1.8
八欧		8,377	5,829	4,457		1,150	231	114				21	20,179			20,179		20,179	1.7
日蓄工業				3,741			3,386					626	1,060		812	9,625	8,632	18,257	1.5
白山		5,837	90	104	1,788	814				1,590			3,884	1,741	504	16,352	594	16,946	1.4
石川		3,171	202	327		166	159	1,072				148	2,892	3,484	1,236	12,857	1,005	13,862	1.2
青電社		5,569	176										2,170	1,780	600	10,295		10,295	0.9
深井		4,492	4,654	220									9,366			9,366		9,366	0.8
壱村		2,823	215	191		431	95	10					3,765			3,765		3,765	0.3
原崎												48				48	3,158	3,206	0.3
東京無線		204	126										330			330		330	0.0
計	28,171	502,518	224,929	96,275	5,853	47,810	26,517	2,707	7,236	1,616	14	6,252	81,183	54,023	61,529	1,146,633	31,682	1,178,315	100.0
比率(%)	2.4	42.6	19.1	8.2	5.0	4.1	2.3	0.2	0.6	0.1	0.0	0.5	6.9	4.6	5.2	97.3	2.7	100.0	

資料：放送係『昭和一八年八月　受信機等価格決定関係』（国立公文書館蔵）より作成。

であった。これらと松下，早川，山中の3社との間にはかなりの規模の差があったことが分かる。

　1930年代半ば以降のこのラジオの産業組織は，松下の優位がきわだっているという点で特徴的なものであった。この点の国際比較は困難であるが，1940年のアメリカでは，第一位のRCAのシェアは14.4％，続いてフィルコが14.2％，エマーソンが8.9％，ガルピンが8.9％と各社のシェアは接近していた（Maclaurin 1949：訳書：174）。戦後の日本のテレビでも1950年代から60年代はじめにかけての白黒テレビでは第一位のメーカーのシェアは17～25％，1960年代半ばから1970年代前半のカラーテレビでは28～30％であり，各社のシェアはそう離れていなかった（平本 1994：55，79，114）。それらと比べると，松下の4割のシェアというのは異例であるといってよいであろう。

（2） 価格決定メカニズムの変容

　こうして大量生産企業の優位が確立したが，それにともない，企業間競争の様相も変化していった。とくに，価格決定において有力企業のリーダーシップが形成されていったことは大きな変化であった。

　p.141でみたように，1930年代半ばまではメーカーは小売段階での製品価格を維持することはできなかった。メーカーも有力企業の優位が確立しておらず，流通も混乱していた。粗製濫造品が横行するような市場であった。もちろん，第1章p.56にみたように，業界団体での価格維持の試みは繰り返し行われていた。1925年の大阪ラヂオ組合，26年の東京ラヂオ卸商組合，27年の関西ラヂオ卸商協会，1929年の東京ラヂオ商組合など，主に卸小売業者を主体とした組合は粗製濫造の横行のなかで価格の協定，維持を企図したし，直接，メーカー間の価格協定も行われた。1933年1月に結成された「ラヂオ受信機製造同盟」は，東京メーカー（田辺商店，七欧，山中など）と大阪メーカー（松下，早川など）による全国的組織であったが，同年2～3月にかけて，製品の値上げを決定した（日ラ新19330225，同19330313）。1933年3月には東京ラヂオ製造業組合も（日ラ新19330322），1934年9月には日本西部ラヂオ商工組合も（無タ19340919：4）価格協定を行った。しかし，それらが功を奏したという記述を見つけることはできない。現実的には効果はなかったとみて間違いないであろう。

　しかし，松下，早川などの大量生産企業の優位が確立して市場占有率が高まり，かつ流通網の整備で小売段階でも定価に強い影響力をもつになると，松下，早川のプライス・リーダーシップが明らかになっていく。とくに，日中戦争の本格化以降，材料費高からラジオ価格の値上げが問題となるとそれは明確となった。1937年1月には，先年末からの材料価格の上昇で「近く各メーカーは，一斉に二，三割の値上げを発表せんとしている模様」であったが，「之れ等小メーカーの値上げに依っては大メーカーの落付態度も之に追随して値上げを余儀なくされるものと予想され」た（日本工19370113）。この時点ではまだ，小メーカーは，大メーカーに先んじて値上げをしてもそう不自然ではないと思われていたのである。有力企業のリーダーシップは明確ではなかった。しかし，1938年に入ると，2，3月には，松下，早川，大阪無線の関西メーカーは一方

で歩調を揃えて1割値上げを決定し（日刊工19380313），他方では開発した新製品の発表を材料高で売価の決定ができないとして手控えている模様と報道された（日本工19380318）。『日本工業新聞』は，後者が続くと小メーカーにとって打撃であり，「一部小メーカーでは昨今全く新製品の製作から手を引いている模様」と報じている（同上）。続いて4月には，折からの「非常時特別課税」を価格に転嫁するために各メーカーは3割程度，価格を引き上げたが，さらに7月には，材料価格の高騰から「昨今，又もや松下，早川両メーカーの協定による……大巾値上発表……松下早川の共同値上げを例に各メーカーの製品卸売単価の大巾引上げも必至」となった（日本工19380705）。松下，早川が共同してプライス・リーダーとなったのである。他メーカーはそれに追随する傾向を強めた。翌39年3月にも，材料費の高騰から「関西有力ラヂオメーカーはこのほど非公式に会合し，ラヂオ価格の統制につき協議を重ねた結果各メーカーともこの方針には全部賛成し，いよいよ近く受信機協定値段を作成各社の意向を取り纏めることに決定した」（日本工19390302）。同9月にも，材料難から各メーカーは協議し，受信機価格の値上げを企図した（日本工19390831）。

しかし，こうして松下などの有力メーカーの価格決定がラジオ価格水準に強い影響力をもつようになると，逆にこんどは業界への影響の大きさから，松下，早川などの個別企業の事情だけでは価格を設定できないという問題も生じた。松下は，1938年11月，「国策1号型」受信機を発売しようとしたところ，「価格その他の点で販売戦線に異状を招来する恐れがあるのでＢＫ（大阪中央放送局―引用者）でも同問題を重視するに至り」，「松下無線に対して各方面から交渉が行われた結果一号型の市販は暫時延期することになった」（日刊工19381201）。この受信機の使用真空管は，57-26B-12A-12Fで定価26円であったが，同じ球を使用した某メーカーのものは38円であった（日刊工19390127）。松下製品は安すぎたので，市販を中止せざるをえなかったのである。同様の事例は，山中電機でも起こった。山中も1938年9月，国策受信機を発表したが，その定価は20円と安く，東京ラヂオ工業組合は発売を延期し，26円で販売するよう迫った（日本工19380924）。山中は従う意向と伝えられた。他メーカーに打撃を与えないような範囲に価格設定は抑えられたのである。

表4-10　ラジオ公定価格原価計算書

(単位：円，銭)

	四球マグネチック	四球ペントード	四球ダイナミック	五球スーパー小型ダイナミック	局型11号	局型122号	局型123号
材料費	25.07	37.14	48.41	55.13	25.70	27.86	37.03
［うち真空管］	[5.97]						[10.59]
［うちキャビネット］	[4.09]						[4.92]
［うら電源変圧器］	[4.05]						
労働費	1.57	2.33	2.80	3.39	1.60	1.72	2.31
間接費(材料費×13.3％)	3.33	4.94	6.44	7.33	3.42	3.71	4.92
製造原価	29.97	44.41	57.65	65.85	30.72	33.29	44.26
一般管理及び販売経費(製造原価×12.3％)	3.69	5.46	7.09	8.10	3.78	4.09	5.44
総原価	33.66	49.87	64.74	73.95	34.50	37.38	49.70
利益(総原価×6％)	2.02	2.99	3.88	4.44	2.07	2.24	2.98
販売価格	35.68	52.86	68.62	78.39	36.57	39.62	52.68
物品税(販売価格×30％)	10.70	15.85	20.58	23.51	10.97	11.88	15.80
生産者販売価格	46.40	68.70	89.20	101.90	49.55	51.50	68.50
9.18公定価格(税10％込み)	33.00	49.50	69.30	75.00			
現行公定価格(税30％込み)	33.90	48.70	68.20	78.00	24.00	39.00	53.20

注1）時点は1943年と思われる。
　2）生産者販売価格は販売価格＋物品税の銭位を2拾3入し5銭単位としている。
資料：ラジオ受信機統制組合「ラジオ受信機原価計算書」放送係『受信機等価格決定関係』。

　こうして，ラジオの価格決定は，1930年代末には30年代前半とは大きく異なることになった。粗製濫造で低価格を競うような状態から有力メーカーのリーダーシップが確立し，しかもその水準は他のメーカーにもそう打撃を与えないようなものとなったのである。このことは，1930年代末にはラジオ価格は，人為的にある程度高い水準に決められるようになったことを意味している。

（3）　価格水準の推移

　そのことはラジオ価格の推移にもみてとることができる。1930年代の標準受信機である「並四球」の価格をみると，前掲表3-3のように，1938年くらいから上昇を始めており，しかも小売物価指数との関係でも相対的に上昇している。1930年代前半から半ばにかけては低下傾向にあったものが，1930年代末には一般物価と比較しても割高となったのである。

この企業間競争の変容とならんで，ラジオ価格の安定にコスト面から影響したのは，ラジオの主要材料である真空管価格の安定であった。ラジオの製造原価のなかでは，真空管が大きな比率を占めていた。表4-10は，少し後の戦時中のラジオ公定価格改訂に際しての原価計算書であるが，「並四球」とみてよい「四球マグネチック」の製造原価では，その29.97円のうち25.07円が材料費であり，そのうち真空管（57-56-12A-12F）は5.97円であった。真空管が製造原価の2割を占めていたのである。

この真空管市場では，1932年9月以降，特許権をテコにして東京電気の独占的地位が確立し，真空管価格はそれまでのように激しく低下しなくなった。1932年，東京電気のラングミューア特許権をめぐる係争はいずれも東京電気の勝利に終わり，同9月に中小メーカー8社との間に，10月にはフィリップスとの間に協定が成立した（ラ公19320910：2,『昭和七年十二月　輸入真空管不当販売問題ニ関スル参考資料』（国立公文書館蔵））。中小メーカーもフィリップスも生産数量と価格を制限された。東京電気の価格支配が確立したのである。

ラングミューア特許がきれた1935年以降も，東京電気は本章4（1）でみたセットメーカーへの投資やドン真空管製作所，宮田製作所など中小真空管メーカーへの投資などをとおして市場の確保を図った（東芝社史編纂資料）。他方，中小メーカーの側でも工業組合を形成し，真空管価格の維持を図った。1937，38年には，東京真空管工業組合は東京電気と共同で真空管価格の値上げを行ったのであった（ラ公19370430：10，日本工19380315）。さらに，1941年には，中小メーカー8社が東芝の系列下に入り，それ以前の3社を加えて11社が同社の傘下に入った。一部で中小メーカーによる低価格競争は行われたが，東京電気は有力セットメーカーとの間に資本関係や契約関係をとおして真空管供給を確保していたこともあり，東京電気の真空管価格はその影響をほとんど受けなかった。ラジオ用受信管価格は，表4-11のように，1930年代半ばにはほぼ安定しており，1937年4月以降はむしろ上昇したのであった。技術革新の激しいエレクトロニクス製品としては異例の事態といってよいであろう。1920年代から30年代はじめにかけてとは，この点で大きく変化したのである。

もちろん真空管価格が安定ないし上昇しても，それをラジオ価格に転嫁でき

表4-11　東京電気真空管小売価格

(単位：円，銭)

	192901	193001	~193110	193110	193201	193208	193302	193307	193402	193412	193502	193504	193704	193804	194003	194009	194102
UY-227			3.00	2.50	2.50	2.50	2.50										
UY-27A									2.00	2.00	2.00	1.80	2.00				
UX-226	3.00	3.00	1.60	1.25	1.25	1.00	1.00										
UX-26B									0.80	0.80	0.80	0.75	0.90	1.10	1.10	1.00	0.95
UX-112A	2.75	2.75	1.50	1.25	1.25	1.25	1.25										
UX-12A									1.00	1.00	1.00	0.80	0.90	1.10	1.10	1.00	0.93
KX-112B			1.50	1.25	1.25	1.25	1.25										
KX-12B									1.00	1.00	1.00	0.80	0.90				
KX-12F														1.10	1.10	1.00	0.93
UY-224			4.80	4.50	4.50	3.00	3.00										
UY-24B										3.00	3.00	2.60		3.00	3.00	2.75	2.65
UY-247B						3.00	3.00										
UY-47B										3.00	3.00	2.50		3.00	3.00	2.75	2.55
KX-280			3.80	3.50	3.50	2.50	2.50										
KX-80										2.50	2.50			3.00	3.00	2.82	2.75
UY-56								4.50	2.80	2.80	2.80			2.50	2.50	2.28	2.15
UZ-57								6.50	4.30	4.30	4.30			3.50	3.50	3.19	2.98
UZ-58								7.00	4.30	4.30	4.30			3.60	3.60	3.28	3.15
資料・備考	無タ	無タ	無タ	無タ	無タ	ラ公	ラ公	マ新	ラ公	ラ公	無タ	無タ	マ新	ラ公	日本工	東京	マル公

注1)　時点の192901は1929年1月を表す。「～193110」は1931年10月以前を表す。
　　2)　資料・備考の「無タ」は『無線タイムス』，「ラ公」は『ラヂオ公論』，「マ新」は『マツダ新報』，「日本工」は『日本工業新聞』，「東京」は東京府認可の協定価格，「マル公」は商工省告示による第一種品の小売業者販売価格を表す。

るかどうかはセットメーカー間の競争関係によるところが大きい。真空管価格は既に1932年ころから下がらなくなっていたが，「並四球」価格は32～34年の間に大きく低下していることにそのことはうかがえる。また，1937～38年からの「並四球」価格の上昇も使用真空管価格の小売価格の上昇に比較すると明らかに大きかった。1937年の27A-26B―12A-12B の東京電気小売価格合計は4.7円，1939年の57-26B-12A-12F のそれは5.8円であったのにたいし（『マツダ新報』，ラ公など），早川の「並四球」は1937年25円，1939年には38円であった。この間のセットメーカー間競争の変容がやはり大きかったのである。

　こうして1930年代末の日本のラジオ価格は，主要材料である真空管のそれを含めて寡占価格としての性格をもつようになり，割高な水準に維持されたのであった。

　そのことを反映して，日本のラジオ価格は国際的にみても，1930年代末には割安の程度を縮小させたものと思われる。「並四球」は，当初こそ他国の受信機に比べてかなり安価であったが，1930年代末にはそうとはいえなくなった。1934年にはアメリカのテーブル型ラジオの平均価格は27.4ドル（Eoyang 1936：

92，邦貨換算約93円）で「並四球」の約3.7倍であったが，1939年にはプラスチック製の5球スーパー・テーブル型の平均価格は16.2ドル（高村 1940：15-18，約62円）で，「並四球」の約1.7倍であった。1940年にはアメリカでは5〜6ドル（21〜25円）で5球スーパーが買えたという（本誌記者 1941：13）。安価な受信機でラジオの普及を目指したドイツの国民受信機と比べてみても，1933年のVE-301は76マルク（約91円）で「並四球」の2〜4倍もしたが，1938年のその小型普及版である小型受信機（DKE1938，2球式）は35マルク（約50円）で「並四球」の約1.7倍であった。外国為替相場の問題もあり，厳密な比較は困難であるが，相互の価格差は縮小したのは確実であろう。アメリカの消費者は1940年頃には日本の消費者が「並四球」を買う価格より安い価格でより高級で性能のよい5球スーパーが購入できた。もはや「並四球」は安価ともいえなかったのである。

　こうして1930年代半ば以降の日本のラジオは技術的に停滞したばかりではなく，あるいはむしろそれ故に，価格も前の時期に比べれば割高になったとみて間違いない。

注
(1) 松下電器 1981：75。しかし，このR48でも不良問題はついてまわった。「高温多湿と潮風の強い地方では，チョークとトランスの断線が多く，その対策にずいぶん苦労した。これはトランスの乾燥工程を改善したり，真空含浸してからピッチづめをするなどして解消し，以後の受信機ではすべてこのように改良された」（松下電器 1968：4）。
(2) 「生む楽しみ育てる楽しさ」（座談会）『松風』1964年5月号，11頁。
(3) 同上。
(4) 沢井 2005：197-198。引用は臨時産業合理局生産管理委員会『試験所及研究所ノ整備』日本工業協会，1933年，8頁。
(5) 前掲「生む楽しみ育てる楽しさ」15頁。
(6) これ以前の新製品開発の流れは，「企画」⇨「研究」⇨「企画会議」⇨「工場課」⇨「担当工場」⇨「発送倉庫」となっていた（松下無線 1936）。
(7) 「創世期のラジオ業界　あのころの思い出を語る」『電波新聞』19550316：4。
(8) ただし，これは廉価すぎるとして小売商の反対にあい，撤回して25円で発売した（ラ公19340610：10，早川 1962：87）。

(9) 「無線部」,「電機部」にはそれぞれ販売課,製造課,研究課があった。ただ,経理,庶務,人事などは「総務部」に属した(ラ公19370720:15,早川電機工業1962:96)。

(10) 早川金属工業研究所・藤村薫の発言(「帝都ラヂオ界に活躍しつつある中堅人士の技術並に販売に関する座談会」無電193601:46)。

(11) この直前の同年3月の同社の「業務規範」では,これに近い作業を担当していたのは,「各作業場設備ノ改良並研究」や「使用器具改良並研究」を行う各工場の「技術係」であり,しかも同係はそれらの他に,「現製品ノ性能試験」や「現製品ノ改良並研究」,「製品企画」,「研究並企画課トノ連絡」をも行っていた(松下無線1936)。

(12) 中尾哲二郎の発言。「生む楽しみ育てる楽しさ」(座談会)『松風』196405:15。

(13) 中尾哲二郎の発言。前掲「生む楽しみ育てる楽しさ」15頁。

(14) 松下電器1968:290。ただし,ここでもやはり製品不良は生じた。九六式空一号無線機では,軍は大量生産の目的で松下に発注したが,1943〜44年頃,現場部隊で故障が続出したという(下谷 1998:127)。

(15) 東京の有力メーカーの山中電機も,「真空管とキャビネット以外のすべて自家製品でという一貫作業方針で進ん」だ(日無史:第11巻:145)。

(16) 松下無線1936。この他に工場としては「機械工場」があったが,これには同様の組織は見当たらない。

(17) 岡本1973,尾崎1989,下谷1994,崔2004,など。

(18) しかし,1937年6月の松下乾電池の調査でも,同社製品の仕入先が1軒だけである販売店は44.3%にすぎなかった。この連盟店制度は「松下乾電池が主体となって実施した」といわれ(「連盟店制度ができるまで」松下電器1962:『社史資料』No.8:22),同社はもっとも熱心に取り組んでいたと思われるが,それでも制度開始から1年半以上たっても小売店の半分以上は2軒以上の代理店から仕入れていたのである。尾崎1989:147(原資料は「松下電器連盟店経営資料」昭和12年11月号)。

(19) ただし,中小メーカー8社のうち4社は契約条件を不服として協定を破棄したし(無タ19320924:2,同19330909:3),ドン真空管など,もともと協定には加わらなかったメーカーも多かったから,東京電気のコントロールは全体に及んだわけではなかった。

第5章

戦時下のラジオ産業

> 独逸ニ於キマシテハ一戸一受信器ト云ウコトニ，殆ド強制的ニナッテ居ルヨウナ次第デゴザイマシテ，私共モ出来得ルナラバ，サウ云ウヨウニ日本全国ニ対シテ「ラヂオ」ヲ普及サセタイ
> （逓信省電務局長田村謙治郎，1939年2月4日衆議院予算委員第六分科会）

> 協会の方針は確に放送協会の業界干渉，否もっと強く業界へのファッショ的強行である
> （『東京ラヂオ公論』1936年11月15日）

　日中戦争が始まり，戦争体制が本格的になるとラジオ聴取者は急速に増加した。普及率は1944年度には全体で50％を超え，市部では約70％，郡部でもほぼ40％に達した。これが敗戦以前のラジオ普及のピークであった。戦争は報道への人々の関心を高めたことはもちろん，戦局が進むと人々の疲労の蓄積や食生活の不充足などの日常生活の不満が高まる一方，新聞，雑誌，映画などの娯楽手段は縮小したから，ラジオは手近な娯楽手段としても重要性を増したのであった。

　さらに，空襲が始まると，ラジオは警報伝達手段として不可欠の存在になった。戦時下の生活ではラジオは必需品となったのである。有名な玉音放送もラジオがあってはじめて可能なことであった。

　アメリカでは戦争が始まるとラジオは生産禁止になったが，日本ではそうならなかった。既にラジオが十分普及していたアメリカとそうでなかった日本との違いであった。戦時下でラジオの生産と配給の統制が問題となったが，それ

は当時の官民の状態ではそう容易なことではなかった。官庁は互いに対立し，民間は抵抗した。紆余曲折を続けたのである。

1 戦争とラジオ

1937年の日中戦争の開始から戦時体制への移行は，ラジオにも大きなインパクトを与えた。戦争で情報伝達，ないし情報操作の手段としてのラジオの重要性が高まった。ラジオの普及が緊急の政治的な課題となったのである。他方，戦争開始にともなう貿易統制は，ラジオの原材料の調達を困難にした。資材の配給や価格の統制，ラジオの配給が問題となったのである。

(1) 「一戸一受信機」

1937年8月の日中戦争の勃発以降，報道への関心が高まり[1]，聴取者は激増したが，翌38年夏頃になると聴取者の増加傾向は減退し始めた。放送協会は，受信機の供給不足や価格の高騰などが影響しているとみていた（日無史：第8巻：106）。

前章にみたように，1938年には有力メーカーのプライス・リーダーシップが確立しており，受信機価格は一般小売物価との関連でみても割高になりつつあった。そのことも影響しているであろう。しかし，平時ではともかく，戦争体制下では聴取者増加の停滞は当局者にとっては問題であった。

そこで，放送協会と通信省は，積極的な加入促進運動を展開することとした。1938年12月より翌年3月まで，毎月一週間の「特集演芸週間」を設け，戦争発生以降の緊張状態にたいし娯楽を強調して普及促進を目指した。これは「聴取者には非常に歓迎された」（日無史：第8巻：107）。また，受信機売出しの全国的実施を要請し，標語を募集して，それ（「挙って国防揃ってラヂオ」）を配したポスターを全国に頒布した。このポスターは陸軍，海軍，内務，逓信の各省の連名によるものであったが，逓信省以外の中央官庁名がラジオ普及のポスターに現われたのはこれが最初であった。ラジオの政治的な重要性の高まりを象徴する出来事であった。

1939年10月には「放送用私設無線電話規則」を改正し，聴取許可料を半減し，かつ放送協会が代納できることとした（通信省電務局 1939：4-7）。新規聴取者は聴取許可料については実質的に負担しなくてもよくなったのである。そのうえで，前回の普及運動とほぼ同様の普及運動を第二次のそれとして同年11月より翌1940年3月まで行った（日無史：第8巻：108）。ここでは，勧誘のポスターには上記4省に加えて厚生省も参加した。

　この総合普及運動は，ラジオの普及を目指す各官庁によるものであったが，とくに逓信省と放送協会は，この時期，ドイツの政策的なラジオ普及の影響もあって，「一戸一受信機」をその目標としていた。

　例えば，1938年5月および翌年5月の地方長官会議で逓信大臣はその点を強調した（宮本 1940：14-16）。議会でも，1939年2月4日の衆議院予算委員第六分科会（逓信省及鉄道省所管）で，ラジオ普及の促進についての増永元也の質問に答えて逓信省の田村謙治郎電務局長は，冒頭の引用のような答弁をおこなった。

　独逸ニ於キマシテハ一戸一受信器ト云ウコトニ，殆ド強制的ニナッテ居ルヨウナ次第デゴザイマシテ，私共モ出来得ルナラバ，サウ云ウヨウニ日本全国ニ対シテ『ラヂオ』ヲ普及サセタイト云ウ考ヲ持ッテ居ルノデゴザイマス，ソウ致シマスノニハ，（増永の一引用者）御話ノ通リ一面ニ於テ受信器ノ購入費ヲ極ク安クシナケレバナラヌ……受信器ヲ安ク製造サセルト云ウコトニ付キマシテハ，現在ノ受信器製造業者ノ状態デハ，中々ソウ云ウ風ニ行カナイノデアリマシテ，ドウシタナレバモットズット安ク，而モ相当「ラヂオ」ガ聴ケテ長ク保ツト云ウヨウナ，比較的立派ナ受信器ヲ造ルコトガ出来ルカト云ウコトニ付テ，只今内々私ノ手許デ研究中デゴザイマス（第七十四回帝国議会衆議院予算委員第六分科（逓信省及鉄道省）会議録（速記）第一回，20頁）。

　田村は，ドイツの「一戸一受信機」を日本でも実現することが目標であること，その手段としては安価で「比較的立派ナ受信器ヲ造ル」ことが重要であり，それを目下，研究中であるとしたのである。後者は，「放送局型」受信機とし

て実現することになるのであった。

（2） 標準受信機問題の出現

ただ，安価で「比較的立派ナ受信器ヲ造ル」試みは，この議会答弁の前から行われていた。そもそも放送協会にとっては，安価で優良な機器の普及は重要であり，1928年には認定制度を開始していた。しかし，なかなか実効をあげることはできずにいた。

こうした状態にあった日本の当局者に1933年のドイツの国民受信機の登場が影響するのは自然であった。ナチス・ドイツは，1933年，総統の声を全国民に伝達するため，一家庭一受信機を目指して，「国民受信機」（Volks Empfänger）を開発した。ラジオ機器製造業組合（Wirtschaftstelle für Rundfunk-apparatefabriken）が設計し，同組合の指定企業が「国民受信機委員会」の規格に基づいて生産した。価格は76マルク（交流式3球，回路は再生検波・低周波増幅）に公定されていた（中郷 1934）。同年には早くも全体のラジオ生産の24％を占め，翌1934年には44％を占めるにいたった（ゲルツ 1935：7）。

この成功から，直ちに日本もやるべきであるとする主張が登場した（苫米地 1934：554-555，苫米地貢は東京中央放送局企画課長）。しかし，当初は放送協会の中にも，社会体制の違いから所詮は「アノ世」と「コノ世」の比較であり，「麦は水田に播かるべきものではない」（中郷 1934：977，中郷孝之助は日本放送協会事業部長）という見解もあった。他方，放送協会改組の立役者といわれた（ラ公 19351115：9），上記の逓信省・田村謙治郎（この時は電務局業務課長）は，その改組が行われた1934年5月の第8回定時総会で聴取者対策の一環として受信機に関する研究を放送協会に要請した（日本放送協会 1965：上：312）。田村は上記の議会答弁のかなり以前からこの構想を持っていたのである。

1935年になると，受信機の標準化が各方面からうたわれるようになり（無タ 19350213：6，早川の経澤徳太郎の見解），8月頃には逓信省，放送協会，日本ラヂオ協会などでそのための常設委員会の設置が目指された（無タ19350807：2）。

同年末にいたり，これは標準受信機問題として現れることとなった（東京市役所 1938：49）。同年12月に放送協会は，東京，大阪の著名ラジオメーカーを招

致して,「日本国民受信機とも云うべき標準受信機の制定問題」について意見交換を行い, 1936年3月には, 放送協会はその研究所に標準国民受信機の製作を命じた。構想としては, 研究所が定めた標準受信機を5大メーカー（松下, 早川, 山中, 坂本, 七欧）に製作させ, 放送協会で買い取って業者や電力業者に販売させようというものであった。受信機は何種類かあったが, もっとも廉価なものは57-47B-12Bの3球式で小売価格20円, 月賦で販売というものであった。放送協会はメーカーに13円で納入することを求めたが, メーカー側は20円で小売するなら14.4円で卸さねばならずそれでは製作不可能と回答した。しかし放送協会は, ドイツの国民型と類似した形式の日本化は可能であると強気であった（日刊工19361108）。

これにたいし, 民間側は自由競争を阻害するものとして強く反発した。まず反対したのは卸業界であり, 5大メーカーの指定製作が明らかになってからはそれ以外のメーカーも加わった（岩間 1944：208-216）。業界紙も「協会の方針は確に放送協会の業界干渉, 否もっと強く業界へのファッショ的強行である」（東ラ公19361115：1）とした。全国的な「標準受信機対策全国協議会」も結成され, 放送協会総裁, 逓信大臣, 商工大臣への陳情も行われた。年末には5大メーカーも標準受信機の相談は一時中止されたいという趣意書を提出した（ラ公19361215：6-7, 3）。1937年2月には, 標準受信機対策全国業者大会が開催され, 750名余りが参加した。戦時中に執筆された『ラジオ産業廿年史』は, この大会を「今日の統制時代に照し自由主義華やかな時代の風景として感慨無量を禁じ得ない」と回顧している（岩間 1944：215）。日中戦争の開始以前には, 民間の抵抗はかなり強かったのである。同3月には, 貴衆両院に請願書が提出された（ラ公19370330：6）。

しかし, 放送協会もあきらめなかった。1937年4月には, 業界との摩擦を少なくするため標準機という名称を廃し,「放送局型」として1号型（3球）の他に3号型（57-58-47B-12B）の見本試作を5大メーカーに委託した（ラ公19370430：5）。9月にはそれを販売する構想であったが, 日中戦争の勃発で延期を余儀なくされた。同9月に放送協会はあらためて逓信省に対して放送局型受信機規程の認可を申請した（日刊工19370811：2, 同19370926：2, ラ公19371130：

10)。通信省は，電気通信技術委員会に付議するに先立ち，放送聴取受信機特別委員会を設立して検討した（日刊工19371102：2，日本工19371123：9）。

　この頃には，これ以外にもある特定のタイプの受信機を政策的に普及させようとする企画が出現した。国民精神総動員との関連でラジオを全国十数万の青年団に設置しようとする，内務省，大日本聯合青年団の「青年団ラヂオ」（1937年9月）や，国民精神総動員はまず役所からという趣旨で，府市町村役場や郵便局などに約6万台のラジオを設置することを計画した，内務省，通信省の「官庁ラヂオ」，満州電信電話株式会社の受信機規格制定，販売などである。[3]

　業界自体も同様の試みを行った。組合で受信機の型を設定して，大量に販売しようとする「組合型受信機」である。1937年3月に設立された東京ラヂオ工業組合では，標準型受信機の計画を12月の理事会で申し合わせた（ラ公19370803：6，同19371220：2）。大阪ラヂオ商工組合も同様の試みを開始した（ラ公19371210：1）。官庁も放送協会も業界もこの時点ではほぼ同一の志向性のもとにあったのである。東京ラヂオ工業組合の「組合型受信機」を報じた『ラヂオ公論』がいみじくも指摘したように，「これも時代の産物」であった（ラ公19371220：2）。

　こうした「時代の産物」の背景には，前章でみた受信機技術革新の停滞という事態があった。業者は，標準受信機問題への反論の一つとして「今日の標準機は明日の標準機とならず」（岩間 1944：214）と主張していたが，もしそれが事実であれば，こうした試みはおよそ実効性をもたなかったであろう。しかし，そうではなかった。

　そもそも放送協会の標準受信機そのものが既に市場にあるものとそう大きく異なったものではなかった。この問題をめぐって行われた，大西立二・都下ラヂオ関係12団体代表と葭村外雄・放送協会計画部長の討論でも，大西が「あの設計は決して新しい考案ではなく，すでに市場にあるものに過ぎない之を称して標準とはどう云う訳けか」と質したのにたいし，葭村は「標準と決めた訳ではないが，余り高級なものでもいかず，と云って余り世間に普及化しているものでは矢張り技術者の誇りもあって，結局市場品の中から一番良さそうなものを選んだ訳だ」（東ラ公19361125：3）と回答したのであった。

ただ、同じように「時代の産物」であっても、放送協会と業界側とで全く異なる点があった。製品の価格をどう設定するか、誰が製造するか、どう販売するかなどであり、それをめぐってこの問題はその実現まで長い間、紆余曲折を繰り返すことになるのである。

（3） 放送局型受信機の実現

1938年1月、「放送局型受信機規程」が逓信省で認可され、実施されることとなった。合理的な受信機を制定し、希望するメーカーに、工場設備の調査や試作品の試験のうえで製造させようとするものであった。受信機は、電波の「中電界用」として第1号型（57-47B-12F：現金小売定価23円）、より電波が弱い「弱電界用」として第3号型（58-57-47B-12B：現金小売定価36円）を定め、月産二千台以上の生産能力があるメーカーに製造を認可する方針であった（日刊工19380120、ラ公19380120：2）。

これにたいし、卸小売業界は、民間側の意向を聞かずに価格まで決定して発表したことに強く反発し、東京府ラヂオ商業組合連盟ほかの商業組合は、2月、価格指定の排除などを求めて商工大臣に陳情した（日本工19380227）。メーカー側は、当初、静観していたが、大蔵省が折からの支那事変特別税法の物品税をこの局型には免税にする動きを示したこともあって（通常のラジオは1割課税）、反対の態度を明らかにした。東京ラヂオ工業組合は、同2月には局型を製作しないことを決議し、陳情書を商工省、大蔵省、逓信省に提出した（日本工19380228）。その陳情書では「我等は自由放任に飽き茲に統制を希求し組合を結成したるものに有之素より合理的統制には賛意を表するもの」だが、合理的ではないので反対するのだ、とした（日本工19380301）。1936〜37年の標準受信機問題の段階とは考え方が大きく変化したことがうかがえる。

6〜7月になり、放送協会は、材料の高騰から価格の値上げを認める方針に転じ、規格も材料難から幾分緩めることを約束した。それをうけてメーカー側は局型試作に積極的な姿勢に転ずることになった。8月には、大阪ラヂオ工業組合員は一斉に製作申請を行い、東京でも2社が申請した。1939年2月に、ようやく最初のメーカーとして日本精器に許可がおりた。放送協会は1939年度の

目標を25〜30万台とし、商工省は局型には銅を優先的に配給する方針を決定した（日刊工19380731，同19380806，日本工19380810，日刊工19390221，同19390222）。

一方，放送協会は，1938年末には新たに資源節約型の受信機を開発し，逓信省通信技術調査委員会で認可を受けて，1939年3月，第11号として仕様書を発表した（真空管は第1号型と同じで，電源トランスに単巻変圧器を使用）。これは，銅を従来の1/3〜1/4ほど節約できるといわれた。価格は後に，メーカー側の希望を入れて30円と決定され，物品税免税とされた（日本工19381227，同19390304，同19390127，同19391128）。

1939年3月には逓信省電気通信委員会はタイガー電機にも認可を与えたが（日本工19390309），生産はいっこうに開始されなかった。放送協会は，材料価格の高騰から局型価格の値上げを逓信省に申請し，6月に第1号34円，第3号46円の改正値段が認可された（日本工19390621）。逓信省は，1939年8月7日，放送用私設無線電話規則を改正し，その中に受信機として「逓信大臣ニ於テ聴取無線電話用標準受信機トシテ認定シタルモノ」を追加したが，同日の告示でその標準受信機として「放送局型受信機」を認定した。8月には，大蔵省は工場出荷価格26円未満の局型受信機を物品税免税とした（ラ年鑑1940：228）。認可メーカー数は7月には7社となったが，材料配給の方針が明確ではなく，設計変更される可能性もあり，指定された価格では採算がとれないおそれもあるとして，製作を開始するものは現れなかった（日本工19390701，同19390808）。

市販が開始されたのは1939年10月で第3号型が最初であったが，1939年度の実績は200余台に過ぎず，放送協会の25万台の夢は実現しなかった（日本工19391020，日刊工19391213）。3号型は再生妨害の排除に努めたため感度が劣弱となる欠点があり，感度と音量の大きい市販製品にかなわなかったという問題もあった（日無史：第8巻：45）。

1940年3月には，第11号型も市販が開始された（日本工19400307）。ラヂオ協和会，大阪十五日会といった主要メーカーの団体は工場仕切り値を25円に協定したが，小売価格は30円に決まっているので，値幅や価格引き上げ問題で紛糾し，放送協会は50万円の予算をとって受信機普及奨励金50銭を販売業者に交付することとした（日刊工19400223，同19400301，日本工19400305，同19400315）。しか

し，メーカーにとっては局型製造の利益率は依然低く，生産に消極的であった。材料支給の関係でともかく製作してみて，放送協会がどこまで材料を支給してくれるかをみてみようという傾向であったが，1940年度には肝心のその資材の優先配給に失敗し，50万台という計画はおよそ達成できず，生産台数は4万台にとどまった（日刊工19400509，日本工19401029，岩間 1944：66）。

他方，後にみるように，1939年頃には銅の不足から銅を使用する電源トランスを省略するトランスレス受信機が志向されるようになっていたから，局型受信機としてもその開発が目指された。放送協会は，1939年9月，トランスレス真空管及びそれによる新しい局型受信機を研究し，東京，大阪のラヂオ工業組合に提示して意見を求めた（日本工19390910，同19390912）。一年近い，試作，開発の後，逓信省の認可を得たのは1940年10月であり，12月に第122号（再生検波・低周波増幅：42円60銭），第123号（高周波増幅付き：57円60銭）として発表した（日本工19401027，同19410102）。

このトランスレス2機種につき，製作メーカーが認可されたのは1941年5月であったが，第123号については，ダイヤル機構，回路などに製作上，不利な点が発見され，ラヂオ工業組合技術委員会で改造案を検討し，放送協会はその暫定規格を決定した（日刊工19410522，同19410701，同19411028）。両機とも，判定困難な故障が続出し，非常に不評であったという（岡本 1963：189-190）。

前掲表4-9にみるように，局型の生産が軌道に乗ったのは，トランスレス機を加えたこの1941年からであった。材料の配給問題がやはり重要であった。1941年6月には資材割当は受信機生産の2割程度となり，メーカーは資材不足に陥った（日刊工19410610）。そこで，メーカーは局型の生産に向かわざるをえなくなった。放送協会は1941年3月，放送局型受信機需給調整規程を定め，同4月から開始された日本ラヂオ工業組合連合会の局型受信機需給調整事務に協力した（日無史：第8巻：30，45）。需要量の調査とその工業組合への連絡，供給割当の審議などが行われた。

実際の生産としては，トランスレスの第122号，第123号が遠隔地である郡部への普及という意味でも主力となった。表4-9でも，主に生産されたのは第11号，第122号，第123号の3機種であることが分かる。局型の生産は，1941年

には約20万台で全体の約17％，1942年には約44万台，全体の約40％であった（放送係 1943）。

　こうして，放送局型受信機は戦時下でようやく機能するに至った。最初の構想からおよそ6年，「放送局型受信機規程」が逓信省で認可されてからでも生産が本格化するまで3年かかったのである。日本はドイツの制度の輸入を目指しながら，実現するのは容易ではなかった。最初は自由競争を阻害するものとして民間側は強く抵抗したし，日中戦争開始以降，民間側も「自由放任に飽き茲に統制を希求」するようになっても，利益率の低い局型受信機を本格的に生産しようとするメーカーは現れなかった。当局は，局型を免税にしたり，販売奨励金を与えたりしたが，効果は乏しかった。

　この局型受信機が生産されるようになった最大の要因は，材料の配給問題であった。メーカーは資材不足から局型の生産に向かわざるをえなかったのである。結局，この局型受信機が現実に機能するにいたったのは，政策的にラジオ普及を促進する手段としてというよりは，資源制約下でのラジオ生産統制の手段としてであったのである。

2　戦時統制の展開

　この局型受信機問題にも現れているが，日中戦争の開始以降のラジオ産業にとってもっとも大きな問題は材料の配給問題であった。1937年の輸出入品等臨時措置法ではラジオは輸入禁止品目とされ，他方，臨時資金調整法では「丙種」に分類された。後者は直接には資金調達が困難になることを意味したが，そればかりではなく，銅，鉄などの配給にも影響することが予想された（ラ公 19371130：8）。事実，再三の業者の陳情にもかかわらず，1938年以降は鉄，銅などの入手が容易ではなくなっていくのである。

（1）　工業組合の形成

　ラジオ産業でも，1931年の工業組合法による工業組合の形成の動きは早くからあったが，それが実現したのは1937年であり，したがってそれは間もなく戦

時統制の機関として機能することとなった。1932年に設立された東京ラヂオ製造業組合は、1933年2月には工業組合法による工業組合の設立を目指したが（日ラ新19330220）、容易には実現しなかった。1936年、ラジオ輸出に粗悪品販売などの問題が顕著となるに及んで、工業組合形成の気運が高まった。しかし、その設立は容易ではなく、1年ほど紆余曲折を経ることになった（岩間 1944：434-436）。

1937年3月、東京の受信機製造業者76名は、東京ラヂオ工業組合の創立総会を開いたが、その事業の第一は、「輸出品はとかく粗悪品が向けられ問題を惹起し、今後の伸長を阻害する憂いあるので先ず検査に注力する」ことであった（日刊工19370325）。それまでの任意団体であるラヂオ製造業組合を法規組合に改組して、輸出統制の強化を図ろうとしたのである。それ以外の事業目的としては、材料の共同購入、資金の貸付、生産調節、価格協定、共同販売などがあげられた（日刊工19370325）。同年7月、商工大臣の認可を受け、出資金の払込に入ったが（ラ公19370803：6）、「負担をしつつ義務を負うことの馬鹿馬鹿しさを唱えて加盟を拒んだ例も沢山あ」（岩間 1944：434）った。同年には、組合はエナメル線の共同購入を行い、組合型受信機の制定を目指した（ラ公19371220：2）。また、局型受信機制定への反対運動を展開した。

この東京での工業組合の形成は、大阪でのそれを促進した。その事業目的の点からしても全国的な組織でなければ意味がないものがあり、東京の組合幹部は当初から大阪での組合形成を希望していたが（ラ公19370803：6）、実際の組合形成の契機は、日中戦争の開始にともなう材料統制の必要性であった。商工省は、1938年3月、4月から始まる鉄鋼統制の関係で大阪にもラジオ工業組合を作った方がよいとメーカーに示唆した（日本工19380228）。東京ラヂオ工業組合は、同月、日本鉄鋼製品工業組合連合会に加入し、鉄鋼の配給ルートを確保した（日本工19380312）。商工省は、1937年9月の工業組合法の改正で、貿易の統制などでとくに必要とする場合には工業組合の設立を強制することができるようになっていた（宮島 1987：113）。大阪のメーカーにとっても、それまでの大阪ラヂオ商工組合はメーカーと販売業者の対立、卸業者と小売業者の対立などがあり、組合を脱退する好機でもあった（日刊工19380307）。同年4月、26社が

参加して大阪ラヂオ工業組合が創設された[(4)]。大阪ラヂオ商工組合は，この工業組合とより広範なメーカー（80社余り）を網羅した大阪ラヂオ製造組合，及び大阪ラヂオ商業組合とに分かれることになった（日刊工19380503）。

大阪ラヂオ工業組合は，1938年6月に第一回の組合員総会を開催し，材料の統制と技術研究を主な事業とすることとした（日本工19380620，日刊工19380621）。材料統制では，鉄鋼配給の「ラヂオ・メーカーの割当が何れも，二，三日分しかないという有様」だったことから，同7月，直ちに当局への陳情を開始した（日刊工19380719）。8月の第二次鉄鋼是正配給では，第一次の3倍が配給されることとなり，「不充分ながらも操業継続可能」となった（日刊工19380825）。

こうして，日中戦争の開始とその長期化で，「資材の配給は総べて工業組合を通じて為されるようになり，工業組合の仕事も資材の獲得配給が最大事業になっていった」（岩間 1944：435）。その後の鉄鋼配給では，1938年度の第4四半期は第3四半期の1割増となり，追加配給もあって満足できる量を確保したし（日刊工19381207，同19381223），銅についても，1939年2月には配給が緩和された（日本工19390223）。

しかし，1939年になると，鉄鋼，銅，ハンダなどの配給は減少した（日本工19390827）。東西工業組合は陳情を繰り返したが（日本工19390827，同19391217），材料不足は明らかであった。1940年も同様であり（日刊工19400223），材料配給を受けるため，東京ラヂオ工業組合では加入申し込みが激増した（日本工19401031）。

1940年10月には日本ラヂオ工業組合連合会が結成された（日本工19401025）。東西の工業組合と神奈川県第二電気機器製造工業組合のラヂオ部が加入し，製品の検査や鉄鋼の消費制限，生産制限，規格の統一，価格協定，販売制限を主な事業とした（同連合会定款，ラ年鑑1942：530-533）。同連合会は，1941年1月と9月に受信機の生産台数の計画を作成して企画院や放送協会に提出し，資材の獲得に努めた（日本工19410106，同19410903）。

こうした材料不足にもかかわらず，前掲表4－1のように，ラヂオ生産台数は1941年までは増加していった。メーカーは何らかの形で資材を調達できたのである。輸出品への優先的配給や局型受信機への配給があったし，あるいは無

線機などの軍需物資用資材の転用なども行われた。部品業者の戦後の回想では，戦時下での資材は陸海軍の肝入りで割合，豊富に入手できたという（松本1978：248）。また，闇取引も行われた。割当の申請を過大に行うこともあったし，各配給資材間のバランスも良くなったから，闇取引が生じるのは当然であった。とくに，ニクロム線（日本工19390723）やアルミ（日刊工19400223）ではその傾向が強かった。「ラジオセットをつくり続けようと思ったら，ヤミで材料を買わなきゃならない。ヤミで材料を買って，ヤミで製品を売って物品税をごまかせば，大儲けできる時代だった」という（昭和無線工業の池田平四郎の回想，SMK 1986：53）。大阪の工業組合では，お互いの工場を見学しあい，機械の台数や物品税を調査するなどして，申請と割当の公平を保つことに努めた（日刊工19390815）。

　この資材の統制のほかにも，工業組合はいくつかの事業を行った。材料の共同購入（日刊工19381017，日本工19390926，同19391109，同19391120），受信機価格の協定（大阪，日刊工19390204，同19400730），共同試験所や共同作業場の設置（日刊工19390930，同19400121），また，後にみるような受信機の機種の制限や規格の統一，業界再編などの事業を行った。共同試験所や共同作業場については，企業内の試験設備が十分でないと局型受信機製作の認可を受けることができないという事情もそれを促進した。東京組合は，1939年9月，局型受信機や輸出受信機の試験を行う検査室，軍用無線機の部品製造などを行う共同作業場を放送協会から2万円の資金提供を受けて建設した（日刊工19390930）。大阪組合も，1940年1月，共同試験場を設置した（日刊工19400121）。

　1942年8月，後にみるように，電気機械統制会に加入するため，ラジオ受信機統制組合が形成されたことにともない，東京，大阪の工業組合，工業組合連合会は解散した。

（2）　商業組合の形成

　流通業者も，早くから1932年の商業組合法による商業組合の形成を目指していた。1932年には，田辺などの東京の卸業者は，卸，小売の双方を含む組合形成を構想し，小売業者の一部は小売業者だけの組織を志向して対立した。後者

にとっては，共同仕入などの共同事業を行うには小売業者だけの組織の方が望ましかった（岩間 1944：432）。一時，放送協会が両者の調停に乗り出したが（日ラ新19321025），対立は激しく調停は容易ではなかった。その後，東京都南ラヂオ商業組合など，各地に小売業者の商業組合が形成されたが，卸業者の組合が認可されたのは，1939年10月になってからであった（日本工19391021）。

　大阪でも，1938年4月に工業組合が形成されたのと並行して，大阪ラヂオ商工組合は商業組合化を目指したが（日本工19380407），卸業者は小売業者と共同での事業は現実的ではないとして，7月に大阪ラヂオ卸商業組合を結成した（日本工19380710）。両組合の申請にたいして，商工省は，同一地域に同一目的の組合を2つ認可することはできないとしたので（日本工19380922），両者は事業上の協定を結んで（日刊工19381117），再度，申請した。大阪ラヂオ小売商業組合がまず認可され，大阪ラヂオ電器卸商業組合は1940年10月に認可された（日本工19401010）。

　これらのうち，比較的その活動状況が分かるのは大阪ラヂオ小売商業組合で，1938年10月，大阪ラヂオ工業組合技術研究部の協力を得て組合型受信機を制定し（日刊工19381031），工業組合加盟メーカーの製作で同年12月から一千台を発売した（日刊工19381122）。それが好評だったので，翌1939年3月にはさらに1,500台を追加することとした（日刊工19390225）。卸業者をとおさず，工業組合から受信機を直接，共同で仕入れて販売したのである。

（3）　統制会への参加

　1941年8月の重要産業団体令制定で重要産業には統制会が設立されることとなったが，電気機械についてはその監督権をめぐって逓信省と商工省との確執があり容易には妥協をみなかった（中村・原 1973：115）。メーカー側も，東芝，日立など多角経営の企業は電気機械として単独の統制会を希望し，日本電気など通信機の専業企業は重電機器と通信機の2元的統制会を望んだ（日刊工19410801）。一元化がきまっても，会長や役員人事をめぐって紛糾が続いた（安川 1970：99-107）。日本ラヂオ工業組合連合会も，通信機統制会を設立し，そのなかにラジオだけを独立させた放送用無線部会を設置するよう，逓信省，商工

省，放送協会に陳情した（日本工19410814，日刊工19410814）。

　結局，1942年1月，日本電気通信機器工業組合，日本電気機器工業組合，日本電気計測器工業組合，日本蓄電池工業組合を引き継いで電気機械統制会が設立されたが，ラジオメーカーはその参加の形式をめぐって官庁間，メーカー間に対立が生じた。松下，早川，山中などの有力メーカーは単独に加盟したが，多くのセットメーカー，部品メーカーをどうするかという問題が生じた。ラジオ関係の品種別工業組合である，真空管，蓄電器，ラジオ各工業組合のうち，真空管と蓄電器はメーカーが単独加盟することになったが，ラジオについては逓信省と商工省との話し合いがつかず（日本工19420525），単独加盟か組合を結成して参加するかが容易には決定しなかった。

　商工省は，セットメーカー，部品メーカーを一括して統制組合を結成させ，団体加盟する方針を決定した（日刊工19420620）。1942年8月，重要産業団体令に基づきラジオ受信機統制組合の設立命令が下され，電気機械統制会に団体加盟することになった（日刊工19420813）。業界の要望を商工省がとくに認めて，団体令に規定しているような地域別の組合ではなく，全国単一の組合となった（日刊工19420802）。商工省は，会員として22社，設立発起人7人を指定した（日本工19420814）。

　ラジオ受信機統制組合の設立委員会では，「設立委員長（七欧無線社長七尾菊良氏—原文注）同副長（ミタカ無線—同）の選任に際し胚胎した電気機械統制会通信部首脳者に対する不満，同通信部提出の統制組合案に対する異論其の他委員会不統一の空気は今後の理事長決定問題までに波及し」た（日本工19420831）。最後の問題については，商工省は，理事長を統制会の通信部長（佐鳥仁佐・元日本電気），副理事長をミタカ無線（山口兵左衛門）にする意向と伝えられたのが紛糾のもとであったが，結局はそのとおりの人事となった。ラジオ業界の側からみると，理事長が業界外部から指名されたことなどにおそらくかなり不満が残る組織の形成となったのである。

（4）業態整備

　戦時統制として大きな問題の一つとなったのは，業界の再編整備であった。

材料の配給との関連でこれは早くから問題とされた。1939年6月には，政府当局は東京ラヂオ工業組合で中小メーカーの転業を慫慂した（日本工19390620）。東西の工業組合は，業界整備の方向を検討し，1941年10月にはその成案を得て，工業組合連合会整備委員会で決定した（日刊工19411027，同19411108）。組合員の業務内容を受信機組立，完成部品（スピーカー，トランスなど），未完成部品の3つに分け，それぞれ必要な資格を設けて非適格業者を整備すること，及びそれらの間に下請関係を設定しようとするものであった（日本工19411219）。資格としては，受信機組立は月産2千台以上で放送協会の認定規格に合格できる技術をもつもの，完成部品は月産1万台分以上で放送協会の認定規格に合格できる技術をもつもの，未完成部品は放送協会の認定規格に合格できる技術をもつもので，それぞれ組合の承認が必要であった。下請については，受信機組立および完成部品業者は，組合より受給した資材について下請発注の義務を負い，親工場は子工場の資本，労力，技術等について指導育成の責任を負い，継続的に発注することが求められた。非適格業者は，それぞれ合併して適格となるか，適格業者への合併か転業，廃業することとされた。

　その後，ラジオ業界の整備については，商工省資材局と逓信省電務局無線課との間で協議があり，逓信省が担当することとなった（日本工19420205）。1943年には，電機統制会のレベルで生産分野の画定，企業整備及び協力工場体制の確立が問題とされ，生産分野の画定については従来の命令によらない形から命令で行う方針とされた（日産19430107）。1944年にも，電機統制会傘下の「日本ラジオ受信機工業統制組合」（ラジオ受信機法制組合力）は，戦時下の無線機需要に応えるため「軍官民関係各方面一体となって全国のラジオ製造工場を全面的に無線通信機製造に転換せしめることになった」ので，ラジオ生産を確保するため数社を選んで専門工場に指定し，他は全て通信機製造に振り向ける案を作成し，当局に申請した（日産19441010）。

　こうして業態整備計画が次々と作られたが，どう実行されたかは不明である。メーカーとしては，材料調達の面からもラジオ生産より，軍，官需に傾斜していった。萩工業貿易や野地無線電機のように次第に業務を縮小していったり（日無史：第11巻：187-188），昭和無線工業のようにラジオをやめて無線機器部品

第5章　戦時下のラジオ産業

生産に転換していったメーカーもあったが（SMK 1986：53），ラジオ生産を継続しつつ無線機生産やその部品生産に傾斜していったメーカーも多かった。

（5）価格統制

受信機価格についても統制された。1940年12月には，受信機の最高販売価格が商工省告示第799号で表5-1のように指定された。価格はメーカーによって1級品（16社）と2級品とに分けられた。前掲表3-3と比較すれば分かるように，この公定価格はかなり低めに設定されたとみてよい。しかし製造原価は上昇傾向にあったから，流通マージンが低く抑えられ，流通業者にしわが寄せられた形になった（日本工19410627）。もちろん，製造業者販売価格も低く抑えられていた。これより後になるが，1943年頃と思われる受信機価格の改訂作業をみると，「並四球」である「四球マグネチック」の「製造者希望価格」（一級品，税抜き裸運賃）は36.02円であったのにたいし，ラジオ統制組合の電機統制会への「統制組合答申価格」は32.29円，電機統制会の「統制会査定価格」は30.56円であった（「ラジオ受信機製造者販売価格比較表」放送係 1943）。統制会は，総原価を94％掛けで見積もっており（「ラジオ受信機マル公改訂原価計算書」同），その結果，メーカー希望価格より15％低い価格となったのである。なお，統制会が査定した利益は統制会査定総原価の4％であった。

また，この価格が「包装費荷造費及ビ運賃ヲ含ム」とされたことから，メーカーにとっては運賃のかかる地方への販売は近隣の都市での販売に比べて不利となった。そのため，「受信機公価は生産都市における市価となって……著しき製品偏在の現象」が生じた（日本工19420526）。受信機は都市に集中してしまったのである（日刊工19411216，同19420521）。

（6）受信機配給問題

さらに，受信機の配給統制が問題とされた。上記の統制会への加盟問題と関連して，放送協会を中心にラジオの製造，販売を統一した一大統制会社案が形成され，やがてそれはラジオ，真空管の共同販売会社の設立，その統制会への加盟につながることになったのである。

表5-1 ラジオ販売指定価格（1940年12月6日）

（単位：円）

種別	使用真空管	級別	製造業者販売価格	卸業者販売価格	小売業者販売価格
三球マグネチック	57-12A-12F	一級品 二級品	23.20 21.00	24.60 22.30	29.50 26.70
四球マグネチック	57-56-12A-12F	一級品 二級品	28.70 25.90	30.50 27.50	36.60 33.00
四球ペントード・マグネチック	58-57-47B-12F	一級品 二級品	41.20 37.20	43.75 39.50	52.60 47.50
四球ダイナミック	58-57-47B-12F	一級品 二級品	57.70 52.00	61.30 55.25	73.70 66.40
四球電池式マグネチック	32-30-30-33	一級品 二級品	33.20 30.00	35.25 32.85	42.30 38.20
五球マグネチック	58-57-56-12A-12F	一級品 二級品	40.00 36.10	42.45 38.30	51.00 46.00
五球ダイナミック	58-58-57-2A5-80	一級品 二級品	82.20 74.10	87.30 78.70	105.00 94.60
五球スーパーヘテロダイン小型ダイナミック	2A7-58-57-47B-12F	一級品 二級品	66.00 59.50	70.10 63.20	84.20 75.90
五球オートトランス・ダイナミック	12YV1-12YV1-12YR1-12ZP1-24ZK2	一級品 二級品	71.00 64.00	75.40 68.00	90.60 81.70
五球電池式スーパーヘテロダイン・マグネチック（電池なし）	167-1A6-167-167-169	一級品 二級品	52.00 48.70	57.35 51.70	68.90 62.10
六球交直両用式マグネチック（電池なし）	32-30-56-30-33-12F	一級品 二級品	52.00 46.90	55.20 49.80	66.30 59.80
放送局型受信機第11号	57-47B-12F	なし	24.00	25.50	30.70
放送局型受信機第122号	12YR1-12ZP1-24ZK2	なし	33.00	35.10	42.30
放送局型受信機第123号	12YV1-12YR1-12ZP1-24ZK2	なし	45.00	47.80	57.60

注1）「一級品」とは次の銘柄の製品をいい、「二級品」とはそれ以外のものをいう。ビクター（日本ビクター蓄音器），テレビアン（山中電機），シャープ（早川金属工業），コロンビア（日本蓄音器商会），ウェーヴ（石川無線電機），ヘルメス（大阪無線），クラウン（日本精器），メロデー（青電社），コンサートン（タイガー電機），エルマン（太洋無線電機），オーダ（白山電池），フタバ（二葉電機），アリア（ミタカ電機），キャラバン（原口無線電機），ナナオラ（七欧無線電気），ナショナル（松下無線）。
2）本表価格には包装費荷造費及運賃を含む。
資料：『ラヂオの日本』昭和16年1月号，54頁。

1941年末,資本金1千万円を超える大統制会社を設立して全国のラジオの生産,販売,検査を統制し,ラジオ機種を制限しようとする構想が現われたが(日本工19411209),「放送協会の肝煎り」とされるこの案には直ちに東西の有力業者に反対の声があがった(日本工19420111)。松下,早川,大阪無線は上京して,通信省,放送協会と協議し,大規模な共販は不必要とした(日本工19420122)。放送協会の案は,放送協会が51％を所有する資本金1,500万円の統制会社を設立し,輸出入品等臨時措置法や国家総動員法,あるいは特別の法律をもって,メーカーの全ての製品を同社に販売させ,販売業者にたいしては同社の統制に従い配給することを命令するというものであった(日本工19420207)。電気機械統制会には販売面を代表する唯一の会員として加盟し,統制会の代行機関としてラジオの生産配給を行おうとするものであった。同社は,「従来個々の販売会社或いは卸商の営める事業を合理的に代行し」,小売業者については整理をしたうえで府県別に小売商業組合を形成させ,この組合は「統制会社の方針に基き組合員に配給するものと」した。メーカーや卸業者は,同社の40％をもつ株主となることが構想された。業界が強く反発するのは当然であった。

　業界はそれぞれ独自の案を作成して,放送協会に対抗した。工業組合連合会は資本金100万円の案を,卸業者は500万円のそれを,小売業者は100万円の案を作成した(日本工19420224)。通信省も1,500万円の案を提示し,工業組合連合会に第2次の案の提出を求めた(日本工19420321)。通信省は商工省とも協議し,従来案を白紙として改めて電気機械統制会通信部で案を作成することになった(日刊工19420503)。通信部の案は資本金を1千万円にする案と伝えられたが(日刊工19420523),6月には生産者の案の方に傾いた(日本工19420603)。

　この案の実施でもっとも大きな打撃をうけるのは,共同販売の実施で「代行」されてしまう卸業者と,独自の販売網の形成に努力してきた松下,早川などの大阪有力メーカーであることはいうまでもない。他方,小売業者は,ある部分は整理されるとはいえ,いずれにしても配給機関として残ることは確実であり,利害は単純ではなかった。こうした利害の錯綜をよく示していたのは,松下,早川などの販売網の組織化がもっとも進んでいた大阪の事例であった。

大阪では，商業組合の結成をめぐって卸業者と小売業者の対立があったことはp.176でみたが，大阪ラヂオ小売商業組合理事長水川剛は，いちはやく組合関係者と大阪ラヂオ配給株式会社を設立して，計画中のラヂオ共同販売会社の下部市販配給機構に指定されることを目指した（日刊工19420822）。小売業者の一部はこの案に能動的に参加しようとしたのである。

　p.176でみたように大阪小売商業組合は，受信機の共同仕入，販売を行っており，その事業を拡大して共同販売会社の下部機構に編入されようとする構想であった。以前からその受信機を供給してきた大阪無線，タイガー，双葉電機（1940年二葉電機を改称）はこの設立運動に加わった（日本工19420803）。

　しかし，松下，早川の製品を扱う卸業者はそれに合流することを敬遠し，別の配給会社を設立しようとする姿勢をみせた。大阪府の調査では，大阪府のラヂオ流通の卸段階は，メーカーの直接販売，代理店，小売商業組合の共同仕入事業部の3つがあり，前2者が大阪府下小売商に7割，小売商業組合共同仕入が3割を販売していた（日本工19420917）。大阪府は，この3者を株主とした配給会社を設立して中央共販会社の直属配給機構にする計画であったが，「一部有力卸商（代理店―原文注）に於いて之を歓迎せず……自主的統合の機運にあ」るといわれた。

　1942年9月24日に業者大会が開催され，大阪ラヂオ小売商業組合の約半数である約400名が参加したが，「同会社（大阪ラヂオ配給株式会社―引用者）は不合理の点多しと決議をなし参会者一同断然会社反対の意見をまげず飽くまで目的を貫徹せんとして気勢を挙げた」（日本工19420926）。小売業者の間でも反対が多かったのである。

　また，松下は，ラヂオ共販会社案にたいして，品種別に配給機構が検討されていることを批判し，「たとえ統制経済下の配給機構とは云え，現実を飛躍して考えられない……必ず消費者の実情を考慮し，地方の特殊事情を合せみて最も適切な統制指導の円滑になし得る機構が確立されねばならない」とした（『松下電器社内新聞』194205：44-45）。松下は，同年3月に地域別に販売会社を整備して，電気系の全製品の市販と特殊大口向け販売とを一括して販売する配給機構の改革を行ったが，それは「国家全体的配給機構の再検討が叫ばれつつあ

る折柄我社に於ても時局の要請に積極的な呼応を示し，従来よりも更に一層強力な販売組織を以て適正配給の完遂を期する為」（同：45）であった。松下は，品種別配給ではなく，各電気製品を統合した販売を目指したのであり，これこそ「最小限度の人員を以て最大の能率を発揮し且配給の円滑化を計らんとする重大な要求」（同：46）に応える途であるとした。独自の販売網の整備で応じたのである。

　1942年10月3日，ラジオ配給統制会社の設立発起人会が開催されたが，そこで決定された会社案は，その事業を同社株主の製造したラジオ，部品，真空管の購入及び販売とし，その資本金を100万円，その株主は，放送協会20％，外地放送局5％，受信機メーカー48％，卸業者10％，部品メーカー7％，真空管メーカー10％とするものであった（日本工19421006，同19421007）。事業目的は当初の放送協会の構想と変わらなかったが，規模を大幅に縮小され，株主構成も放送協会主体からメーカー主体に変更された。放送協会の構想は大幅に後退したのである。その指定配給所には従来の各メーカーの代理店をあてる予定であったが，その企業整備が必要とされた（日本工19421024）。なお，この設立発起人17人のなかには，松下は選ばれなかった。輸入マイカ（雲母）の使用をめぐって商工省に虚偽の報告をしたことが原因であると報道された（日本工19421001）。

　ラジオ受信機配給株式会社は1942年11月，設立されたが，その業務の開始は容易ではなかった。指定配給所の指定は，ラジオ受信機統制組合の卸業者業態調査の完了をまって行われる手筈であったが，業者は当局の企業整備方針やラジオ以外の商品取扱の許可の有無，在庫品の処理などを懸念して，指定配給所決定の重要資料である業態調書申告の提出を引き延ばしたりした（日産19430124）。メーカーも「電気機械統制会の方針に対して極めて消極的態度を持して」いた（日産19430822）。さらに，電気機械統制会と関係当局との間にも意見の相違が生じた。当局は，ラジオ販売業者は兼業している者が多いので，ラジオだけを対象とする企業整備は「業界の実態と遊離せるものである」としたが，統制会は，ラジオの配給はあくまで国家の要請に即して適正円滑に行われるべきであり，従来の実績は「第二次的に考慮すべき」である，などとした

（同上）。当局は業者の利害に理解を示し、統制会はそれを二義的として配給の合理性に拘泥したのである。同社は1943年4月から本格的事業を開始する予定であったが、同年8月下旬になっても「開店休業の状態」であった（日産19430822）。

同社の下部機構についての方針が決定されたのは1943年9月末であり、「大体既存販売店を活用することとなった」（日産19430926）。企業整備については「その地方の実情に即応し漸次具体化することにして一時保留した」。統制会の意向は簡単には実現できなかったのである。ただ、メーカーの直営販売店は統制会が接収することとした。同社は、同年10月からようやく業務開始の運びとなった。

こうしてこの配給問題でも、最初の構想から業務開始までおよそ2年弱がかかったし、放送協会の構想はそのまま実現することはできなかった。ここでも業界の利害、官庁・統制会間の対立が錯綜し、統制は容易ではなかったのである。

同社の活動の詳細は不明だが、順調に活動できたとしても同社は内地販売だけを対象とするものであった。外地販売はメーカーの自由に任されたから、1944年末頃には「外地向け輸、移出量は激増し内地向けの約七、八倍に達し」たと報道された（日産19450110）。真偽のほどはこれ以上は不明だが、もしそうだとすれば、受信機配給統制はほとんど失敗に終わったのである。

3 戦時下の受信機革新

戦時体制への移行は、受信機技術にも影響を及ぼした。標準受信機制定問題はその一つであったが、それ以外にも材料入手が困難になると、それに対応した革新が求められることとなった。また、外貨獲得のためにオールウェーブ受信機の開発も課題となった。

（1） 材料節約と受信機革新

p.174にみたように、1938年以降は鉄、銅などの入手が容易ではなくなり、

それへの対応が課題となった。とくに銅の不足は大きな問題であり、銅を使用するトランス（電源トランス、低周波トランス）を省略することが受信機技術の当面の目標となった。まず行われたのは、低周波増幅回路に電圧の抵抗増幅法（抵抗結合）を採用して低周波トランスを省略することであった。この技術は以前から知られており、日本でも1930年代初頭に受信機の交流化や増幅度の高い真空管の出現、抵抗器の品質が向上したことなどから流行のきざしをみせた（中垣 1930：34-37）。この抵抗結合は、周波数特性が良いので音質には良いし、受信機の故障の大きな原因であった低周波トランスの断線を避けられるのでメリットは大きかった。しかし、増幅度が低いことやコストがかかることから安価なセットには普及していなかった。それが、銅の節約という観点から安価なセットにも採用されるようになったのである。早川は既に1936年にそうしたセットを発売していたし（日本工19381002）、1938年の松下の新 Z-2も抵抗結合で音質のよさをうたっていた（岩間 1938：広告、頁不詳）。

しかし、抵抗結合を採用すると感度、音量が減退することから、「並四球」の検波球をそれまでの27Aや56から24Bや57に代えるセットが現れた。山中が1938年9月に発表した「国策受信機」は24Bを、同年末の松下の「国策受信機」は57を、早川の年末の「普及一号型」も57を採用した（日本工19380920，同19381114，ラ公19381215：9）。57の価格が発売当初の1934年末の4.3円（東京電気の小売定価）から1938年4月には3.5円（同）と低下したことがその背景にあるものと思われる。次第に57を採用するメーカーが多くなり、「並四球」の標準的な構成としては、抵抗結合の57-26B-12A-12Fとなった。1939～40年には、このうち低周波増幅管26Bを56にかえて増幅度を高めた「並四球」も現れ、57-56-12A-12Fという構成も多くなった（山中・T20号、七欧・国策2号、早川・標準型1号、大阪無線・M5型など）（日本放送協会周知課 1939：28，日本工19400411，同19410108）。「並四球」もこの問題を契機に少しずつ内容を変化させたのである。

次に目標となったのは電源トランスの省略であったが、それも技術としては既に存在していた。アメリカでは、1933年頃からトランスレスが登場し、流行していた。アメリカでは直流配電地域が残っていたし、自動車ラジオも流行していたから、直流電源にも適応する真空管ニーズがあった。1933年にウェスチ

ングハウスは交直両用の傍熱型整流管25Z5を発表し，それと同じヒータ電流（0.3A）をもつ，43などの低電圧電力増幅管も発表した（日本電子機械工業会電子管史研究会 1987：80，大塚 1994：209-210）。1933年頃にはそれを用いた各種小型交直両用スーパーが流行した。

日本でも，アメリカでの流行をうけて1933年末に東京電気が25Z5と43を完成させ，ドン真空管や宮田製作所，安田真空工業なども追随した（岩間 1944：196）。なかでも安田は4球一組11円などの価格を発表し，積極的な姿勢をみせた。放送協会も電源トランスを省略することで受信機価格を低下させることができることを期待して，「真空管業者の奮起を促した」（同）。

しかし，日本ではこの時にはトランスレス受信機は現れなかった。原因はコストであった。1934年末には東京電気の25Z5は定価5円，それに組み合わせる増幅管の43が5.5円だったのにたいし，電源トランスは，例えば富久商会の4球（27A-26A-12A-12B）用で卸定価2.1円，整流管12Bが1円（東京電気の定価），増幅管26Bが0.8円（同），12Aが1円（同）だったから（ラ公19341210：頁不詳，広告，富久商会『卸商報』193501：2），同様の回路を組むのに4.9円ですむことになり，コスト的にあわなかった。電源トランスも普及型の真空管の価格もかなり安かった一方で，アメリカのような自動車ラジオ需要はほとんどなく，交直両用需要も小型化需要もそれほど強くなかったから，通常の交流受信機以外でのトランスレス需要はなく，したがって25Z5や43の価格が低下する要因は乏しかったものと思われる。アメリカでは，25Z5も43も発売から3年くらいで価格は半値以下になったが，日本では価格はほとんど変化しなかった。[7]この時点では，トランスレス受信機が普及するコスト，市場条件はなかったのである。

戦時体制に入り，銅の節約が課題となってこのトランスレスが再度，問題となったのであった。その際，カギとなるのは真空管の開発であったが，その開発は1934年頃とはかなり様相を異にすることになった。1938年末に真空管メーカーと放送協会の間でトランスレス真空管の開発について種々，協議が行われ，開発する真空管の規格を統一したのである。とくに，先の25Z5などはヒータ電流が0.3Aで30Wの電力を要するので，当時の「並四球」の20W以下より電力消費量が大きくなることが問題であった。当時，ラジオの電力料金は20

Wまでが低い料金で定められているのが普通であり,聴取者の負担の軽減の意味からも電力の節約の意味からもヒータ電流を下げることが求められた。日本の事情に適したトランスレス用真空管の開発が目指されたのである。結局,協議の結果,ヒータ電流は0.15Aとすることなどが決定された(丸毛 1939:14-17)。

トランスレス真空管の開発は,各真空管メーカーや放送協会技術研究所で行われ,東京電気は1939年6月にトランスレス真空管のシリーズ(24ZK2, 12ZP1など)を発売した(日本工19390509, 同19390612, 同19390623)。その前に同社は完成した真空管をセットメーカーに送付し,受信機の試作結果の研究会を開催した。[8]「所要電力が20ワット以内に制限されていたため,東京電気株式会社は大いに苦心したといわれる[9]」。品川電機もすぐに追随した(日本工19390823)。他方,HW真空管はこの規格には合わない独自の真空管を完成させた(岩間 1944:225)。

1940年には,大阪無線や東芝などから,それらの真空管を使用したトランスレス受信機が発売されたが(日本工19400121, 日刊工19400323, 日本工19390917),真空管価格が従来より10円高いといわれ,その点で普及がやはり問題だとされた。その後もトランスレスは真空管の生産技術の点で高価につくのが問題だという状況は続いた(日刊工19410919)。やはり価格の点から容易には普及しなかったのである。その普及は結局,1941年以降の放送局型受信機(第122号,第123号)によって行われることとなったのであった。

こうしたトランスの省略以外の金属の節約や代用品の使用としては,シャーシを合成樹脂製にしたり,高周波用磁心を同調コイルに挿入して可変導磁率同調方式としバリコンを節約するなどが行われた(ラ年鑑1942:245)。後者については,新たに東京電気化学工業が加藤・武井特許で開発したフェライトが使用されることもあった。[10]

(2) オールウェーブ受信機の共同研究開発

第3章でみたように,1930年代の世界の受信機はオールウェーブが主流となっていった。しかし,日本では,逓信省の禁止もあってオールウェーブ受信機は普及しなかった。日本のラジオ・エンジニアの間に,このままでは日本の受

信機技術が海外にますます後れていくという焦燥感が生まれるのは自然であった。また，日中戦争以降になると，外貨の獲得のためラジオの輸出がメーカーの戦略の一つとなった。輸出製品には材料の優先的な配給が行われるのも魅力であった（日刊工19380621）。しかし，輸出となると，オールウェーブでなくては競争力はなかった。オールウェーブの開発が企業やエンジニアの共通の課題になったのである。しかも，逓信省の禁止のもとで開発を行うとなると，その禁止解除のための共同行動が必要であった。共同でオールウェーブを開発しようとする試みが行われることとなったのである。既にラジオの共同開発としては，1933年から電池式受信機の開発がセットメーカー，真空管メーカー，部品メーカー，放送協会などが参加して行われており（平本 2004），そうした開発方法もはじめてのことではなかった。

　1937年8月，放送事業，学会，官庁技術者，メーカーなどのラジオ関係者の組織であった社団法人日本ラヂオ協会は，委員会を組織してオールウェーブの研究にのりだすこととし，まず，逓信省のオールウェーブ禁止を解除するように運動することとした（ラ公19370825：13）。これは実を結ばなかったが，1938年9月，同趣旨の発言を逓信省工務局無線課長の小野孝が行ったことから，急に事態は進展した。この講演を受けて業者側は，禁止を解除するべく逓信省や商工省当局を訪れた。しかし，内務省は簡単には動きそうもなかった（日本工19381001，同19381005）。

　1938年11月，日本ラヂオ協会は，通信機器の輸出振興や国産化を目的として学会関係者や電気通信機器製造企業関係者などによって設立された社団法人電気通信協会（1938年5月設立）と共同して「全波受信機調査委員会」を設置することを決定した（日本工19381111）。委員会は，技術調査委員会（規格調査委員会，特許調査委員会からなる）と輸出調査委員会（特許対策委員会，販路調査委員会，輸出対策委員会からなる）とからなり，まず，規格調査委員会は，商工省所有のフィリップス製オールウェーブを電気試験所か放送協会技術研究所で試験し，分解して各部品の規格研究を行うことになった。フィリップス製の半値の250円で製作することが目標であった（日刊工19390115）。

　1939年2月には，逓信省，商工省は，オールウェーブの試作を5社（日本通

信工業,松下無線,七欧無線,三田無線,山中電機)に行わせた（日本工19390215）。両省は,全波受信機特別委員会を設置し,技術上の研究と海外進出方針を協議決定することにした。5社の試作機の特長をとって基本型を決定し,製作させ,電気通信協会などの機関を動員して輸出させる方針であった。各社の試作品は3月に完成し,電気通信協会に提出された。逓信省では,年間約5,6千台の輸出を目標にして業者を督励した（日本工19390304）。その試作品は「音声の低いことにおいて到底外国品に及ばない」（日刊工19390317）といわれ,また,電気試験所での試験では,「受信音波（ママ）キャッチには聊か研究の余地有り」とされた（日本工19390319）。

続いて第2次の試作を行うこととしたが,その目標は,「一応外国に輸出しても何等遜色なき程度の受信機を製作せしめること」であった（日刊工19390419）。前出の全波受信機技術調査委員会は,製作技術の向上や標準回路の設定などを行う技術小委員会,真空管の規格制定などをおこなう規格小委員会,使用特許の調査を行う特許小委員会の3小委員会を設置することとした（日本工19390402）。8月には5社の試作品が完成し,続いてその試作に基づいて技術調査委員会はオールウェーブの標準方式を決定した（日本工19390802,『電気通信』193910：115）。

1939年末には,タイの憲法記念日博覧会に各社のオールウェーブを出品した（日本工19391102）。「出陳した製品は,フィリップ（ママ）などの一流製品と比較しますと,まだまだ性能の点に於ても,外観の点に於ても,遺憾ながら劣って居」た。価格でも「（日本の—引用者）4社の製品は……向うで評価した場合には大体五十バーツ位になります。然しこの値段では作れないと云うことはハッキリして居」た。1939年末には,電気通信協会はいろいろなツテを頼って外国製オールウェーブの入手を図った（日刊工19391210,日本工19391211）。

1940年12月には,再度,タイの憲法記念日博覧会に上記の標準方式による試作品を出品したが,日本製品は不評であった。高級品は欧米品が優位であり,普及品は上海から出品されていた。日本製品は技術,価格ともに不利であった（全波受信機技術調査委員会 1941：54,日本工19410305）。技術調査委員会は,これらの試作に基づいて全波受信機標準仕様書を制定した。この時点でも,当初,意

図していた標準規格の制定までは「尚今後研究調査すべき事項多々ある」ことは明らかであった（全波受信機技術調査委員会 1941：54）。1941年12月にはさらに改良を加えて，タイの博覧会に再度，出品した（電気通信協会 1958：23-24）。

1930年代後半に電気試験所でオールウェーブの研究を行っていた和田英男は，1939年末に日本の技術について，「全波受信機の如き高級なものを完成するのには多大な困難があ」るとした（和田 1939：24-28）。和田によれば，「現在市場に於て入手し得る高級な部分品を使い注意して設計すれば，電気的特性を一先ず外国品と同程度のものに仕上げることには大して困難はない」が，「其の電気的特性のあるものを長期に亘り維持することに対しては若干の困難がある」のであった。一見，そう困難は大きくないと指摘しているようにみえるが，実はそうではなかった。例えば，オールウェーブで当然問題となる周波数の安定度をとりあげてみると，「現在我国の受信機に於ては余り注意が拂われてはいない」が，それを確保するには，周波数変換用発振器の周波数が電源スイッチを切ってからどう変化するのか，部品に温度や湿度がどう影響するかなどの研究や部品の機械的性質の高さの確保などが必要であるが，「普通に使用されている周波数帯切換転換器，トリマー蓄電器の如きものには特に注意すべき不良品が多い」現状であった。スピーカーも「我国で現に使用されている高声器には，全波受信機用として適当なものがなく，其の音質は諸外国の水準より遙に下であ」り，「ダイヤル，周波数帯切換転換器等の機械的部分の動作」も「我々が入手し得る国産品は甚だ粗末である」状態であった。

「並四球」とオールウェーブを，コンデンサ，抵抗器の点数だけで比較しても，前者が10数点くらいであるのにたいして，アメリカの後者では30～60点，全波受信機技術調査委員会の全波受信機標準仕様書でも31点であった。部品点数で数倍の複雑な機構で高度な作用をする製品を容易には製造できないのは当然であったといえよう。

結局，この共同研究でも「一応外国に輸出しても何等遜色なき程度の受信機」の製作という目標は達成できなかった。「技術委員会に於て技術者相集り特に七欧，日本通信工業，松下，三田，山中の五製造業者と共に之が製作技術に関し全く利益を無視し協力」したとされたが（『電気通信』194304：88），性能

も価格も劣った製品しかできなかった。戦時中に，大戦1年前くらいのRCA・オールウェーブ（Q12型：5球）を評した電気試験所のエンジニアは次のように指摘している。「このような5球全波受信機を我が国でも製作出来るかというに，残念ながら到底出来ない……吾々の持つ技術が世界の一流水準より相当低いことの説明にもなる」（後藤 1943：14）。日本では到底できない理由は，部品の種類が少ないこと，良質ではないこと，金属管やGT管が生産されていないこと，導電材料や磁性材料の材質，機能が低いこと，設計技術の未熟などであった（同：19）。

結局，この全波受信機調査委員会は大きな成果をあげえないまま，1942年5月，南方電気通信調査委員会が設置されたのにともない，これに包括されることになった（日刊工19420507）。

（3） 規格の制定と品種の統制——受信機革新の終焉

戦時体制下では，受信機や部品の規格の制定も本格化した。もちろん，これ以前から規格の制定は目指されてはいた。日本ラヂオ協会では1927年にラヂオ受信機規格調査委員会を設置したし，また，放送協会の認定制度には認定規格があって，部品や受信機の規格が1928年以降，定められてきていた。しかし，なかなか実効はあがっていなかった。その後，1935年には，メーカー側からゲージ統一の運動が起こったが，標準受信機問題が起ったこともあって，実現することはなかった。しかし，戦争の開始は材料問題などから規格の統一へのニーズを高めたし，統制に対する社会的な違和感の弱まりはそれを容易にするものでもあった。「過去に於て実行困難と見られた電気通信界殊にラヂオ部分品等の規格統一も今日では左程困難でない様に見られてきた」のであった（尾山1938：43）。

放送協会は，1938年10月，材料難や非常時対策の一端として規格統一を図るために，東京，大阪のラヂオ工業組合代表など関係者を招いてラヂオ規格統一協議会を開催した（日本工19380930）。業界でも，関西では，標準受信機制定などの動きが起ったことから受信機規格を自主的に統制しようとの意見がでていた。東京側と相談し，賛意を得て参加したのであった。「従来同問題は営利を

主とする業界に於ては難事中の難事として顧みられなかったものであ」ったが，ようやくその実現に動き出したのである（日本工19381004）。毎月一回，会合がもたれ，1939年3月の第7回委員会では第一次の成案ができた（日本工19381009，日刊工19390321）。委員会の名称も「ラヂオ用品統一委員会」とされ，「ラジオ用器具の操作軸」(1939年1月決定)など，次々と規格を制定した（ラ年鑑1942：248-249）。1939年9月には，資材に関する連絡調整を計ることをも事業に追加し，名称も「ラヂオ用品委員会」と改称した。材料難が進むとむしろ規格を緩和することが必要となり，受信機臨時規格などを検討した（日本工19391118）。

1940年12月にはラジオの販売指定価格が定められたが，これは製造できる受信機種類を14品種に限定したことで，受信機革新には大きな意味をもった。1940年末をもって，規格外の受信機の製造は打ち切られることとなったからである（日本工19410110）。さらに，1941年8月には，逓信省は，材料の節約のため，受信機種類を7つ，真空管はそれに対応するものに整理し，それ以外を製作禁止とすべく商工省と打合せた（日刊工19410824）。同9月には，放送協会も受信機規格を淘汰して，4種（局型第123号，普4球，5球スーパー，電池式受信機）に限定しようとしたが，業者の反対にあってできなかった（日刊工19410919）。この時，東西両ラヂオ工業組合側では，真空管不足対策として，「並四球受信機の全国的製作を行いこの受信機不足を打破せんと計画し並四球受信機の規格統一及び技術向上，資材は代用品使用のこと等につき研究をつづけた結果，両工組技術委員の手でその試作品を完成し……東西両工組品の長所を取り入れて全国的な並四球受信機を製作することに方針を決定」した（日本工19410921）。民間側の標準受信機は「並四球」なのであった。さらに，日本ラヂオ工業組合連合会は受信機規格を15種から11種にすることに決定し，放送協会に申告した（日刊工19411013）。こうして，「従来の如き各社独自見解に依る新製品に対する研究は消極化」した（ラ年鑑1943：211）。戦時体制下で受信機種類は固定され，かつ削減されて，通常の新製品開発はほぼ停止したのであった。

ただ，戦時体制にともなう新たな受信機の開発も他方で目指されてはいた。1941年には，防空上の配慮から以前から進められていた有線放送用の受信機の試作が放送協会技術研究所で行われた（日本放送協会技術研究所 1961：70）。1942

年の電気機械統制会設立の際の通信部の事業計画の中には「十六，新製品の調査研究……東亜型ラジオ受信機及び携帯用ラジオ受信機等の如き新製品に対する調査研究」が含まれていた（日本工19420525）。前者は中国などの日本軍の進出地域でのラジオ需要に対応しようとするものであり，後者は空襲などの非常時対応用のラジオであったものと思われる。1942年6月には，有力メーカーは，北支那向け受信機の規格，価格などを協議したが，東西両工業組合の意見が衝突し，それぞれ別に進むことになった（日本工19420609，同19420717）。8月には，華北向け受信機として東西メーカーと放送協会が規格を研究した，華北11号，13号が制定され，資材の優先割当を受けて興亜院より発注があった（日本工19420805）。同10月には，南方向け受信機についても，関係署省において協議し，規格を2～3種にして，工場，輸出商を指定すると報道された（日本工19421021）。南方向け受信機については，戦時下の共同研究組織であった研究隣組でもとりあげられ，1943年6月に「第8013研究隣組（南方受信機に関する研究隣組）」が日蓄工業の平塚新次郎を組長にセットメーカー，部品メーカー関係者を集めて結成された（青木 2004：30）。また，軍の要求で放送協会技術研究所が研究し，メーカーに試作させるところまでいったが，製品化はできなかった（日本放送協会技術研究所 1961：69）。

　1943年以降になると，受信機革新に関する情報はほとんどなくなる。放送協会技術研究所ですら，受信機研究はあまりできなくなった（日本放送協会技術研究所 1961：69）。限られた種類の製品を生産するだけで手一杯であったように思われる。受信機革新は終焉したのである。

４　戦争と企業

　戦時下でラジオメーカーは大きく変容した。戦時下でもラジオ生産は重要ではあったが，その技術は軍事用無線機器に応用できたから，軍需生産が激増した。戦争が進むほどその傾向は著しくなり，ラジオメーカーは軍需企業としての性格を強めていったのである。

（1） 輸出と海外生産

　戦時体制に入ってからの企業戦略の変化の一つは、輸出の重視であった。1937年に材料統制が開始されて以降、輸出の促進が目指されて材料が優先的に配給されたことから、各社とも輸出への志向が強まった。政策的には円貨圏以外への輸出が望ましかったが、第3章にみたようにそれら諸国への輸出は停滞的であった。山中では、英文のパンフレットやカタログを作ったり雑誌広告を載せ、見本機を送るなどの輸出努力をしたが、「大量の輸出を見るまでには至らなかった」（日無史：第11巻：160）。前にみたように、日本はオールウェーブでは競争力がなかったから、輸出が伸びないのは当然であった。

　前掲表3-4にみられるように、輸出が大きく増加したのは1930年代末には満州と関東州であり、1940年代前半には中国向けも伸長した。とくに満州の受信機販売を行っていた満州電電からは毎年、大量のまとまった注文がきた。1939年度には12.5万台の発注があり、早川、松下、山中ですべて引き受けた（日本工19391026）。1940年度は20万台とされ、早川、松下、山中に加え、二葉、日本ビクターが受注した（日刊工19400323）。

　とくに早川は、「創立以来終始一貫堅実ナル方針ノ下ニ努力ヲ傾注シ大陸進出」を図り（同社『第11期営業報告書』：1940上：7）、この戦略に積極的であった。同社営業報告書では、この1940年度上期のほか、40年度下期（「我社ハ依然大陸進出並ニ第三国向輸出ヲ著々実行シ」）、41年度上期（「満州市場ニ対スル進出ハ愈々積極的ニシテ、ソノ業績特ニ刮目スベキモノアリ」）まで、積極的に輸出に努めたことが報告されている。

　他方、満州電電向けの受注戦に破れた下位メーカーは中国向けに注力し、大メーカーが満州向けで余力がなかったこともあり、北京放送局（北京中央広播電台）は下位メーカーに進出を要請した（日本工19390419）。

　この輸出で資材を確保したことがラジオ生産の継続には重要であった。早川では、1940年度上期には「統制ハ益々強化セラレ、特ニ資材ノ入手ハ困難ノ度ヲ加エ」たが、「大陸進出ノ結果ニヨル統制資材ノ受給ニ依リ些カノ不安モナク生産ヲ拡充続行シ得タ」し（同社『第11期営業報告書』：1940上：7）、1940年度下期でも「我社ハ依然大陸進出並ニ第三国輸出ヲ著々実行シ資材入手ニ於ケル不

安ヲ払拭シ」たのであった（同社『第12期営業報告書』：1940下：9）。

戦時下で占領地域が広がると，そこでの放送が次々と開始されたが（日本放送協会 1965：上：580-590），受信機の供給は容易ではなかった。とくに南方地域では受信機はオールウェーブであり，真空管には金属真空管を使用しているものも多かったから（日刊工19420217），新しい供給はもとより保守も容易ではなかった。松下，早川，山中，日本ビクター，七欧無線の5社は，日本ラジオ輸出株式会社を設立し，満州，中国，仏印以外の南方地域への輸出にあたることとした（日刊工19421025）。しかし，事業が順調にいったようには思われない。

海外生産も行われた。満州では内地から受信機が着荷するとその3割程度が故障してしまっているといわれ，輸出の増加につれてメーカーにとっては現地での修理工場ないし生産工場の建設が課題となった（日刊工19390318）。満州電電は，各メーカーと諮り，1942年10月，各社の共同出資による満州無線工業株式会社を設立させることとした。資本金は250万円で，松下が125万円，満州電電が50万円，早川，山中，日本ビクターがそれぞれ25万円ずつ出資した（日刊工19421029）。とくに海外工場建設に積極的だったのは松下であり，1942年7月には朝鮮松下無線株式会社（払込資本金50万円），9月には台湾松下無線株式会社（資本金50万円全額払込）を設立し（松下電器関係資料，日本工19421016），無線機，ラジオを生産した。

（2）軍需への傾斜

戦時下でラジオメーカーは軍需に傾斜していったが，軍需への戦略には，メーカー毎に違いがあった。主要メーカーのなかで早くからそれに積極的だったのは山中であった。1932年には，満州事変後の状況から「国運の発展と共に無線通信機の需要も亦急増し，正に無線機メーカーの黄金時代来るを想わしめるようになったので，まず社内技術陣に無線機製作技術に経験ある技術者を採用することとなり」（日無史：第11巻：146），他メーカーから3名，翌年に工業高校卒と大卒の新卒者を3名，採用した。まだ軍では制式機材とはなっていない航空用超短波同時送受話機の開発に着手し，「軍の指定工場という年来の目的達成」（同：147）を目指したが，開発は容易ではなかった。軍の正式指定品とな

ったのは，1935年の海軍用の真空管のクッションソケット，1936年の陸軍の九八式高声司令器がそれぞれ最初であったが，それ以外にも逓信省関係には送信機，受信機，陸軍には携帯用及び移動式無線送受信機を大量に納入した。1936年には定款を変更し，「無線通信機関係を拡充して，ラジオ関係を縮少（ママ）する方針」（同：152）を明確にした。1939年には陸軍に小型無線機が採用となり，初めて陸軍兵器本部との間に購買契約をして大量の受注を得た。同年には，製造部を五つに分け，ラジオ，通信用受信機，放送機の他，陸軍関係と海軍関係とを独立の製造部とした。1940年には，さらに「民需殊にラジオ受信機の生産を制限し，軍，官需に主力を注ぐこととなった」（同：159）。

　同社の場合，軍需戦略は明確ではあったが，実現するのはそう容易ではなかったことが分かる。技術面ではエンジニアを新たに雇用し，数年の経験の蓄積が必要であった。表5-2の製品別生産額をみると，ラジオ生産は1940年度をピークに減少を始め，1941年度からは無線機などが増加していくことが分かる。1943年度にはラジオより無線機などの方が生産高は多くなる。

　これにたいし，松下，早川は，当初は軍需にそう積極的ではなかった。松下無線が軍需生産に積極的に取り組むようになったのは1936年頃であった。同年5月には，研究課に特殊機器製作係を新設し，7月には特殊機器課とした（『松下電器社内新聞』19360525，同19360815）。同課は海軍への納入の働きかけを始め（同19360915），同年11月，同指定工場となった（『松下電器社内新聞』19361210）。翌1937年2月には，1936年6月に新設した特殊機器課を第二事業部として独立させ，軍，官，学校，企業などへの機器の設計，製造，販売を一貫して担当することとした（『松下電器社内新聞』19370320）。軍官需関係機器事業が事業部として独立したのである。同時に，新工場の建設に着手した。

　1939年に松下無線は日本電気と資本提携したが，その目的の一つは日本電気の技術の導入であった（日本工19400112）。1940年1月，日本電気専務の梶井剛を取締役に迎え，同9月，通信関係の技術指導を仰ぐこととした。無線機製作の一貫化や真空管製造への進出が取り沙汰された（同上）。ここでも無線機技術の獲得はそう容易ではなかったのである。しかし，日本電気は技術者の派遣や真空管の供給については消極的であった（日刊工19400117）。

1940年8月の同社第6回取締役会では「海軍方面ノ無線通信兵器ヲ更ニ積極化」すること，翌9月の第7回取締役会では「陸軍用無線機ニ対スル積極方針」も決められた（松下電器関係資料）。軍需への取組を強化したのである。さらに，1942年には「『関西ニ於ケル無線通信兵器ノ技術並ニ製造設備ノ独立』ト云ウ軍御当局ノ見地ヨリ特ニ選バレテ之ガ達成ヲ命ゼラレ部品ヨリ完成品ニ至ル一貫大量生産ノ御命令」を受けた（松下電器 1945）。関西の無線通信兵器生産の拠点として重視されたのである。

　1943年7月には，陸軍用無線機工場として郡山工場を，海軍機上電装用品工場として内田工場を設置した。1944年1月には軍需会社の指定を受けた。1944年3月には海軍航空無線機用工場として四条工場を新設し，それまでの本社工場を部品専門工場として再編した。つまり，陸海軍それぞれに工場を分け，工場別の組織にしたのである。「工場ニ経理課ヲ設ケ独立ノ会計ヲナシ，購買，製造，販売，代金回収ニ至ル一貫ノ経理業務ヲ遂行スルト共ニ工場決算制度ヲ採」ったのであった（松下無線内田工場 1944）。

　早川の場合はさらに後れた。早川は，1931年に陸軍から特殊短波受信機の注文を受けたが（早川電機工業 1962：79），早川徳次は自らの事業を「生活文化に直結」した「買って喜び売って楽しい事業」と考えていたから（早川 1963：270），事業の中心はあくまでラジオであった。しかし，1938年には材料配給の関係からラジオ生産が順調にはいかなくなり，軍需への転換を図ることとなった。同年7月，早川徳次は陸海軍の出先機関をエンジニアを帯同して訪問し，軍需品発注を働きかけた（日刊工19380703）。また，早川は船舶無線機への進出も企図し，それとこの軍需とで1939年3月には材料難は一掃されたといわれた（日本工19390321）。1940年8月には資本金70万円を100万円に増資し（全額払込），「無線業界ニ雄飛スルノ財的基礎ヲ固」めた（同社『第12期営業報告書』：1940下：9-10）。1940年2月には，陸軍兵器本部監督工場となり，1941年12月には陸軍航空本部監督工場となった（早川電機工業 1962：102-104）。1940年12月～1941年5月末には，「無線通信機及軍需関係業務ノ本格的進展」をみた（同社『第13期営業報告書』：1941上：5）。1944年4月に軍需会社の指定を受けた（同社『第20期営業報告書』：1944上：4）。

表 5-2 早川・山中の製品別売上高推移

(単位：千円)

年度	早川						山中電機			
	ラジオ	増幅器	ラジオ部品	電気機器	その他	合計	ラジオ	無線機	無線機器類	合計
1935	426	3	87	70	—	585	576	—	—	576
1936	1,011	4	225	100	—	1,341	1,718	—	—	1,718
1937	1,217	23	159	80	—	1,479	2,898	—	—	2,898
1938	1,875	83	291	370	—	2,620	3,896	—	—	3,896
1939	2,912	216	269	571	—	3,966	6,757	—	—	6,757
1940	3,236	315	351	641	—	4,543	8,624	—	—	8,624
1941	4,679	413	361	671	—	6,123	7,014	2,535	441	9,990
1942	5,851	725	434	497	—	7,508	5,853	3,498	823	10,174
1943	7,921	1,476	219	814	1,597	12,025	4,460	5,481	850	10,791
1944	342	123	579	861	22,113	24,019	1,488	16,796	765	19,049

注1）早川の各年度は，各上期と下期の合計である。
　2）早川の1935年度は下期のみである。
資料：『工鉱業関係会社報告書』。

　製品別生産額をみると，早川の場合は1942年度下期までラジオ生産は伸びており，無線機が含まれると思われる「その他」が増えるのは1943年度下期からであった（『工鉱業関係会社報告書』）。表 5-2 でも1943年になってもラジオの生産が主力であったことが分かる。

　このほか，戦時下の材料難から無線機や軍需に進出する事例は，1938年から40年にかけて，大阪変圧器（大阪変圧器 1972：223），七欧無線（日刊工19381204），ミタカ電機（日本工19390326），タイガー電機（日本工19400112）などがあった。

　こうして主要ラジオメーカーは無線機生産を中心とした軍需企業へと転身していった。技術面でみると，技術的に停滞していたラジオに代わってより高度な無線機技術を獲得していったのであり，エレクトロニクス企業としての能力をそれなりに高めていく過程であったことが注目される。

（3）　資本蓄積の変容

　軍需への傾斜は，また，各社の資本蓄積の状況を大きく変えることになった。
　山中の場合をみると，1940年度下期から1944年度下期にかけての大雑把な資金の使途は，固定資産297万円，「棚卸資産」456万円，「当座資産」1,660万円

第5章　戦時下のラジオ産業

などであり，一方，資金の源泉は，資本金（未払い込み資本金を調整）128万円，準備金・積立金16万円，「短期負債」2,403万円，「当期利益金」152万円などであった（前掲表4-6）。「短期負債」が巨大になったことが分かる。営業報告書（表示を省略）では，1943年度下期の貸借対照表の「貸方」は809万円であったが，そのうち「前受金」が346万円，「借入金」が150万円であった。軍需生産にともなう前受金が大きかったのである。「短期負債」で「棚卸資産」と「当座資産」の増加を賄って余りあるほどであった。

　他方，固定資産については，資本金・準備金・積立金・前期繰越金の増加138万円では足りないし，1944年度下期にそれまでと比べて極端に増加した「当期利益金」を加えても若干，足りていない。自己資本ではカバーできなかったのである。

　また，1940年度下期から1944年度上期までの利益金の累計は109万円であり，1944年度下期までの資本金・準備金・積立金・前期繰越金の増加138万円に及ばない。この間の累積配当金も推定で38万円（入手できたこの間の同社の営業報告書では株主配当金はすべて年一割）であったから，資本金自体の増加（128万円）にそれはとうてい及ばない。以前からみられた外部資金依存型の蓄積がいっそう顕著になったのである。

　松下の場合も同様の傾向がみられる。1940年5月末以降の同社の貸借対照表をみると（前掲表4-8），それ以前との違いは明瞭である。資産額が1940年5月末から1944年5月末にかけて激増するが，この間の大きな資金の使途としては，有形固定資産（「建設勘定」を含む）553万円，「有価証券」196万円，「売掛金・未収入金」2,413万円，「原材料・製品」946万円などであり，他方，資金の源泉としては，未払込資本金の徴収も含めた資本金750万円，「前受金・仮受金」930万円，「借入金」2,445万円が大きかった。

　つまり，与信や製品・材料，固定資産投資で資産規模が急拡大したが，その資金の源泉は，借入金，前受金・仮受金，資本金の増加であった。とくに巨額だったのは借入金であった。1930年代後半には貸借対照表ではいったんなくなった「借入金」が40年代に入ると現れ，しかも激増したことが分かる。「借入金」，「前受金・仮受金」，「買掛金・未払金」の増加は，「売掛金・未収入金」，

「原材料・製品」の増加を上回っている。この借入金の激増で自己資本比率は1940年5月末の67％から1944年5月末の26％へと急速に低下したのであった。

他方，固定資産と有価証券投資の増加は資本金増加とほぼ見合っており，自己資本で賄えた形にはなっている。固定資産償却と有形固定資産の推移から設備投資の動向をみると，1940年5月末以降，それまでは償却の範囲内にほぼおさまっていた設備投資はそれを超えて大きく増加するようになり，とくに1942年11月末以降，その傾向は著しくなった。1940年5月末～1944年5月末の設備投資累計671万円にたいし，固定資産償却累計は118万円であった。それでも，積立金，引当金，繰越金などの内部資金で残りのかなりの程度（413万円）を賄えているところは，他メーカーとは違っていた。

資本金の増加についても，外部からの資金調達という性格が強くなった。1940年5月末から1943年11月末にかけての利益金の累計は473万円であり，1944年5月末までの資本金の払込みと積立金，前期繰越金の増加888万円には遠く及ばない。配当金累計をみても，この間130万円であり，1940年5月末から1944年5月末までの資本金の増加750万円（1943年3月，250万円払込，同年6月，株主割当倍額増資250万円払込，1944年度上期，250万円払込）にとうてい及ばない。資本金の増加も大半は外部から調達されたのである。この点は，1930年代後半とはまったく様相を異にすることとなったのである。

しかも，その外部は，松下の本社にとどまらなかった。松下の外部からの払込みが増加したのであった。当初は非公開であった松下無線の株式は1939年3月に一部公開され（2万株―全株式の2割），同4月にも日本電気との提携で松下幸之助が所有していた1万株が同社に譲渡された（平本 2008：19）。社会的な資金の導入が始まったのである。

その結果，松下無線にたいする松下幸之助と本社である松下電器産業の持株比率は低下していった。1939年11月末には松下幸之助と松下電器産業は同社株式の58.3％を所有していたが，1944年11月末には47.3％に低下したのである（平本 2008：20）。とくに松下幸之助は，この間，30％から17.8％へと持株率を大きく低下させたのであった。

1930年代後半には利潤部分の再投資を基本に成長していた松下も，軍需生産

の拡大で外部資金依存型の蓄積へと大きく転換したのである。

　早川の場合は少し違っていた。1940年度上期から1944年度下期にかけて大雑把な資金の使途を計算すると，固定資産366万円，「売掛金」258万円，「預金現金」435万円，「製品材料」1,295万円などであり，一方，資金の源泉としては，資本金・準備金・積立金704万円，「短期借入金」691万円，「前受金・仮受金」953万円などであった。前受金や借入金はもちろん大きいが，自己資本部分の増加が大きいのが特徴的であった。固定資産や有価証券投資の増加はこの自己資本部分で十分賄えており，この点，1930年代後半とは違っている。

　それには資本金の増加680万円が大きな意味をもっているが，これは，1940年8月に株主割当で30万円，1943年4月にも株主割当で200万円，1943年12月に株主割当150万円，黒島織布の工場設備の現物出資126万円，従業員割当50万円，会社縁故者公募124万円の増資によるものであった（各期営業報告書）。とくに1943年4月の増資は，「軍当局ノ御示達ニ依リ業界希有ノ三倍増資」であった（同社『第18期営業報告書』：1943下：頁不詳）。軍部の指示によって大規模増資を行ったのであった。

　他方，1940年度上期から1944年度上期までの利益金の累計は269万円であり，1944年度下期までの資本金・準備金・積立金・前期繰越利益金の増加709万円に遠く及ばない。配当金の累計も68万円だったから（各期営業報告書，表示を省略），株主割当増資分380万円にまったく及ばない。1930年代後半以上に外部からの資金調達が重要であったのである。早川の場合は，株式公募をも含め，外部からの株式投資がこの時期の資本蓄積では大きな意味をもっていたのであった。

　その結果，創業者である早川徳次の持株率は急速に低下していった。早川徳次は1940年度上期に28名にたいして2,600株（同社株式の18.6％）を譲渡し（営業報告書），1941年6月の持株比率は31.2％であった（早川金属工業株式会社『株主名簿』）。つまり，早川徳次は1940年以前には50％を所有していたものと思われるが，1940年8月の増資で持株比率が低下したのである。さらに，1943年5月には22.3％（早川金属工業株式会社『株主名簿』），1945年9月には11％（『工鉱業関係会社報告書』）となった。1943年4月と12月の大規模増資についていくことができ

なかったのである。この5年間で早川徳次の持株比率は1/5に低下したのであった。1945年9月の時点では，東京芝浦電気（14％所有）とその子会社の日本電興（11％所有）に及ばなくなった。むしろ，東芝の子会社としての性格が強くなったといってよいであろう。

　こうして，企業によって多少の違いはあるが，各社とも戦時下の軍需生産への傾斜で，外部資金依存型の蓄積の性格を強めたのであった。このことは，他面からみれば，各社は急速に成長したということでもあった。松下の場合でいえば，松下無線は松下全体のなかでも「最も有効に軍需生産に協力できた」部門といわれ（松下電器 1953：61），1940年代には松下ではもっとも販売高の大きい部門となった（クラビオト 1986：41）。松下全体の企業成長を牽引する事業となったのである。

　ラジオメーカー各社は，軍需生産の拡大のなかで技術的にも高度な能力を蓄積し，企業規模も急速に大きくなった。部分的には海外生産の経験も積んだ。それなりに企業成長をとげたのである。

注
(1) 第6章2(3)の1939年末新規加入者動機調査参照。
(2) 東ラ公19360125：3。受信機は，3～4球，価格20円というものであった（日刊工19360327）。
(3) 役場，郵便局などへの設置については，後に撤回した（ラ公19370930：2，同19371120：3）。満州電信電話の受信機については，ラ年鑑1937：267-268。
(4) 日本工19380407，日刊工19380329。なお，これは1933年に中小ラジオ・部品メーカーによって結成された大阪ラヂオ工業組合とは別の組織である（ラ公19331010：12）。
(5) 日本放送協会ラヂオ相談所が取り扱った「受信機拡声器ノ故障箇所比較」では，「低周波トランス・一次断」が「真空管」と並んでもっとも多かった。例えば，日本放送協会『昭和五年度　第一次聴取者統計要覧』など。
(6) 他の真空管価格はこの2時点間ではむしろ上昇している。ちなみに24Bは1934年末も1938年4月も3円であった（ラ公19341210：頁不詳，広告，同19380330：15）。
(7) アメリカでは，25Z5の価格は1933年に2ドルだったのが1936年頃には99セント，43も1933年に2.5ドルだったのが1936年頃には99セントと，いずれも3年ほどで半値以下になった（Eoyang 1936：207-208）。この間の東京電気の25Z5の小売価格の

推移は判明しないが，卸価格では1934年8月に3.50円（山中電機大阪出張所『山中の卸商報』193408：頁不詳），1936年6月に3.25円（伊藤ラヂオ商会『伊藤卸商報』193606：8）であり，1938年4月には小売定価が6.5円に値上げされているから（MJ193804：11），小売定価はこの間，据え置かれていたものと思われる。

(8) 早川，松下，二葉，大阪無線，タイガー電機と1939年4月22日に開催した（日刊工19390423）

(9) 日本放送協会 1965：上：466。しかし，藤室 2000：79は，これらは日本独自の真空管だがアメリカ製品と本質的には同一のものだとしている。

(10) TDKは1940年度に松下に10万個という大量納入をしたが，この磁心を使った同調はバリコンと違って修理ができず，代理店から苦情が殺到し，以後，バリコン代用のフェライトは売れなくなった（松尾 2000：432-433）。

(11) 相原 1940：72，80。相原は松下無線の社員でタイに派遣された。

(12) 貴志 2006：51は，華北11号，13号の制定は1942年1月のこととしている。

(13) 乗松謙次「内田工場の生い立ち」，綱川厚己「郡山工場顛末期」，吉田和央「四条工場について」，稲垣威夫「門真工場の思い出」（松下電器 1961：『社史資料』No. 2）。

(14) もっとも，この資本金の増加で大きいのは1944年10月の倍額増資（100万円）であるが，これは「軍需用通信機器生産増強ノタメ下請工場三森電機製作所及愛国工機製作所ヲ併合」したことによるもので（『工鉱業関係会社報告書』），固定設備を現物出資した可能性もある。

第6章
戦前ラジオの産業ダイナミクスとイノベーション・システム

> もしあなたが自分の時代をはっきり見たいのなら，遠くから眺めることだ。どのくらいの距離から？と聞かれれば，答えはきわめて簡単である。クレオパトラの鼻が見えないくらいの距離からである。
> （オルテガ『大衆の反逆』訳書，98頁）

　戦前日本のラジオ産業の発展の到達点を確認し，その発展と停滞のメカニズムを問題としよう。

1　産業発展のダイナミクス

（1）　ラジオ産業の発展――エレクトロニクスの形成
　戦前の世界のラジオ普及状況を聴取者数で比較すると，**表6-1**のように，1930年代末には日本は世界で5番目に多い国であった。これはほぼラジオ受信機の市場規模を示しているとみてよいであろう。日本のラジオ市場は英米独には及ばないまでもフランスとそう変らない規模で，ヨーロッパの他の各国に比べれば格段に大きかったのである。しかも，ヨーロッパ各国とは違って日本では輸入はほとんどなかったから，これはラジオの産業としての規模をも示している。日本のラジオ産業の規模は国際比較でみるとそう小さいというわけではなかったのである。英米独との比較は次項にみるが，フランス，イタリアなどと比べればそう違わない水準にあった。
　国内の産業規模としても，1940年頃にはラジオはある程度の規模に達してい

表6-1 ラジオ聴取者数の国際比較（1938年末）

（単位：千人）

順位	国名	聴取者数	順位	国名	聴取者数
1	アメリカ	28,000	9	オランダ	1,109
2	ドイツ	11,503	10	オーストラリア	1,102
3	イギリス	8,908	11	アルゼンチン	1,100
4	フランス	4,706	12	ポーランド	1,016
5	日本	3,983	13	イタリア	996
6	スウェーデン	1,227	14	メキシコ	875
7	カナダ	1,163	15	チェコスロバキア	764
8	ベルギー	1,126	16	デンマーク	763

資料：『ラヂオ年鑑』昭和15年版，343～349頁より作成。

た。『工業統計表』に「家庭用ラヂオ受信機械器具」が現れるのは1939年からであるが，1941～42年には電気機械器具全体の生産高の約7％を占めた（同）。1920～30年代前半のように，中小零細企業が乱立する小さな産業ではもはやなかった。

　エレクトロニクスを代表する産業であるとともに，電気機械の重要な構成部門の一つになったのである。企業としても真空管の東芝やラジオの松下は，日本を代表する大企業の一角を形成する企業となった。

　技術面でも，あるところまでは順調に欧米技術に追いついていっていた。受信機の交流化や4極管，5極管の採用などでは，欧米にはそう後れていなかった。真空管でも，アメリカ技術を採り入れ，それを国内の条件にあわせて改善する能力を獲得した。

　ここではとりあげなかったが，受動電子部品でも抵抗器における炭素皮膜抵抗器（理研のリケノーム），コンデンサにおける電解コンデンサ（佐藤電機工業所，東京電気など）など，1930年代には画期的な技術の国産化に成功した（平本2000a）。

　こうして，基本的には外国技術のうえでではあるが，部品から製品までいちおう国産化を達成し，国内外の比較においてもある程度の産業規模に達したのであった。家電製品の先がけとしてのラジオ，能動部品としての真空管，受動部品の抵抗器，コンデンサ，コイルなど，産業としてのエレクトロニクスはこ

第6章　戦前ラジオの産業ダイナミクスとイノベーション・システム

こに形成されたといってよいであろう。その形成を主導したのがラジオだったのである。

（2）　産業発展のダイナミクス(1)――1925～1930年代前半

　その産業発展のダイナミクスを歴史をあらためてふりかえりながら問題にしよう。

　ラジオ産業発展の前提は，放送の展開であった。放送協会は全国的な放送網の形成を目指し，1933年末にはその根幹が一応完成した。放送局の数は1925年の3から1933年には25局を数え，1941年には45となった。この放送の充実が受信機普及の前提であった。

　ラジオ産業自体としては，当初は，数多くの個人や中小零細企業による生産が特徴的であった。まず，多くの個人による起業がみられた。ラジオが最先端のしかも未知の魅力に富んだ技術であったこと，個人の能力でも処理可能だったことなどから，ラジオ・アマチュア（ホビイスト）たちが分厚く存在していたことがこの起業の背景の一つであった。もちろん，高い収益が見込まれたことが基本的な動機として存在していたことはいうまでもない。また，特殊な要因として，関東大震災のため既存事業からの退出障壁が低くなったということもあった。それまでの無線機器や通信機器製造の能力を蓄積してきた有力企業もラジオに進出したが，こうした数多くの中小零細企業が乱立したことが当初のラジオ産業の特徴であった。

　それらの中小零細企業間の競争は，近代化以降の日本の多くの産業でそうであったように，容易に粗製濫造的な競争となった。他の多くの場合とも共通して，市場は貧しく低価格を志向していた。加えてラジオでは製品品質についての消費者側の知識は限られていて情報の非対照性が大きかったということもそれを促進した。

　また，制度面では知的所有権が実質的にはほとんど保護されなかったことも大きかった。この時期にはまだ，不正競争防止法もなかった。放送事業も英米のように既存機器製造業者に有利な形では発足しなかった。粗製濫造を聴取者増加を阻害する要因とみた放送協会は機器の認定制度を開始したが，なかなか

機能しなかった。つまり，市場や製品の特性に加え，ラジオ産業をとりまく法律や諸制度もこの粗製濫造的な競争の展開を阻止できなかったのである。その結果，偽造や模造が氾濫し，「悪貨が良貨を駆逐する」逆選択の傾向が生じたのであった。

こうした粗製濫造的な競争は二つの意味で産業の発展にはマイナスの作用をもっていた。一つは，これは受信機の品質を低下させることで市場の伸びを制約するように機能したことである。1920年代は，聴取者数に比して聴取廃止者数が多く，その有力な原因の一つは「機械の故障」であった。市場の悪機能は，成長にたいする制約になったのである。

またもう一つは，これで有力企業がラジオから退出を余儀なくされたということであった。東京電気や日本電気，芝浦製作所などは，日本のなかでも社内の研究開発機能を形成するという点で先進的な企業であった。そうした研究開発能力をもった企業を駆逐したという意味で，産業の長期的な革新能力にはマイナスに作用したとみてよい。

しかし他方，それは産業成長にはプラスの面ももっていた。まず何より，安価な製品を供給するという点では強力な効果をもっていた。とくに，所得水準の低い当時の日本ではそれは重要であった。当初のラジオ市場では安価な製品へのニーズが強かったからである。製品価格，部品価格が急速に低下したことは市場を成長させる重要な要因であった。

1920年代のラジオ価格を工場労働者の賃金と比較してみると，**表6-2**のように，当初の3球式受信機は非常に高価で労働者の月収の2～4倍していたものが，1920年代末には0.5まで急速に低下していることが分かる。当初のラジオは様々な種類があるので代表的なあるいは平均的な製品を特定するのは困難であり，この数値それ自体をあまり重視するわけにはいかないが，全体の傾向はこうしたものであったことは確実である。ラジオは急速に安価になっていったのである。

輸入が駆逐されたのもこの価格低下によるものであった。高価な輸入品は廉価な国産品に太刀打ちできなくなったのである。つまり，廉価品の供給による市場の拡大や輸入の駆逐という点では，この中小零細企業による粗製濫造的な

競争というシステムは強力な作用をもっていたとみてよいであろう。

もう一つは、このシステムでは知的所有権が実質的には機能しなかっただけに、技術革新の成果の急速な普及という点では少なくとも当初は能力が高かった。当初の様々なタイプの受信機の導入、その後の受信機の交流化、4極管、5極管の採用といった、欧米での技術革新はいちはやく採り入れられた。受信機の交流化でみれば、「電源交流化を目指してラジオアマチュアは結線方式の研究に、また真空管業者はその結線方式を生かすために真空管の研究へと、ラジオ関係の凡ゆる者は活発に動き出」(岩間 1944：158)すというような現象がみられた。その結果の一つである、

表6-2 ラジオ価格と労働者賃金の比較

年	ラジオ普及品小売価格(円)	工場労働者月収(円)	ラジオ価格／工場労働者月収
1925	180.00	46.62	3.86
1926	110.00	45.67	2.41
1927	-	-	-
1928	30.00	54.93	0.55
1929	27.50	55.52	0.50
1930	35.00	53.05	0.66
1931	35.00	49.56	0.71
1932	35.00	50.97	0.69
1933	24.00	50.55	0.47
1934	25.00	51.06	0.49
1935	25.00	50.68	0.49
1936	24.00	51.52	0.47
1937	26.70	53.03	0.50
1938	29.30	55.26	0.53
1939	37.00	54.89	0.67

注1) ラジオ価格の25, 26年は「コンドル・ベビー(3球)」、28, 29年は「3球再生式」の平均価格。30年は「三共・シンガー(3球)」、31年は「三共・シンガー(3球)」、「富久商会・サンダー(3球)」の平均価格、32年は「放電コンパニー(3球)」の価格。1933年以降は「並四球」の平均価格。新規聴取者の使用受信機は1931〜34年は交流3球式がもっとも多く、1935年以降は4球式が多くなるから、1934年以前は3球式、それ以降は「並四球」の価格をとるのが望ましいが、1933年の3球式の小売価格が判明しないので、1933年から並四球の価格をとった。
2) 工場労働者月収は、工場労働者平均現金給与額(日)と民営工場労働者就業日数(月)から計算した。

資料：ラジオ価格は、『無線タイムス』、『無線電話』、『日刊ラヂオ新聞』、『ラヂオ公論』、『日刊工業新聞』、『日本工業新聞』による。労働者月収は、『労働運動史料』第10巻、230, 284頁による)。

1928年の東京放送局の交流受信機組立懸賞に当選した5台のうち4台が個人の製品であったことに現われているように、これらの技術はまだ個人や中小企業で処理可能な大きさであった。松下がその一等を受賞することでラジオに直接、参入する契機となった1931年の東京放送局の交流受信機懸賞募集でも、その受信機開発はそれまで経験のなかった数人が数ヶ月努力した結果であった。

個人で処理ができ、しかも知的所有権が実質的には機能しなかったから、改

善や模倣が各所で生じた。技術普及のスピードは速かったのである。真空管では多少異なった展開がみられたが，1930年代前半までの受信機技術の順調なキャッチアップは，基本的にはこうしたメカニズムによるものであった。

この二つの点で，この中小零細企業の乱立と粗製濫造的な競争，およびそれを阻止できない法・制度というシステムは，それなりに産業成長を促進するシステムでもあったとみることができる。

（3） 産業発展のダイナミクス(2)——1930年代後半

しかし，このシステムによる成長には限界があることは明らかであった。現実に聴取廃止者数の増加によって市場拡大に鈍化傾向がみられるようになったし，可能性としても肝心の価格低下や技術革新の普及も長期的な革新能力を欠いていてはやがて限界に逢着したものと思われる。このままで推移すれば，産業のダイナミズムはやがて失われることになったであろう。

粗製濫造的な競争を抑止する試みやそれを克服するような戦略が放送当局や企業から様々に試みられることになるのは自然であった。システムを転換させる基本的な動力となったのは，企業行動の変化であった。ことに粗製濫造にたいして安定した品質の製品を大量生産しようとする戦略は，製品差別化戦略として幾つかの企業で繰り返し試みられた。しかし，なかなかそれは成功しなかった。その戦略は魅力的ではあったが，粗製濫造的な競争環境のなかでは容易には成功しない危険な戦略であった。

結局，その成功は，粗製濫造的な競争の中心地である東京からではなく，大阪から現われることになった。松下がそれであり，そのことで1930年代半ばには松下はいち早く高いシェアを獲得する寡占企業となった。その成功の基礎には市場ニーズにあった製品を開発する能力の形成があった。しかし，量産体制の琢磨，部品生産の拡充，販売制度の整備など，大量生産・販売のシステム自体は，同じく大阪の有力企業であった早川との競争，相互作用をとおして洗練されていったのであった。つまり，大阪では寡占的な有力企業間の競争をとおしてそれぞれが進歩していくシステムが形成されたのである。大阪が中小企業が中心であった東京を追い越したのは当然であった。また，やがて戦後に総合

家電メーカーとなる三社（松下，三洋，早川）がすべて大阪に関係していたことも偶然ではなかったのである。産業ダイナミズムを生むシステムは，東京の中小零細企業を中心とするものから大阪の寡占的有力企業を中心とするそれへと大きく転換したのである。

　この大量生産・販売システムの内容を事情が判明する松下の場合でみれば，社内の研究開発部門の拡充，製品開発における消費者ニーズの組織的な汲み取り，目標価格・目標原価の設定，開発部門と生産部門とが一体となった製品開発，生産部門への科学的管理法の導入，部品の内製や継続的な取引相手にたいする厳しい品質要求による部品品質の確保，代理店・小売店の組織化とそれによる価格の維持など，基本的に戦後の家電製品の開発，量産，販売システムと同じであったとみてよい。戦後，国際競争力をもつにいたる開発・生産・販売システムの基本が形成されたのである。しかも，それを競合他社との切磋琢磨をとおして進化させていくという，産業全体としての進歩のシステムも形成されたのであった。

　この1930年代後半に形成された寡占的な有力企業間の競争と相互作用というシステムは，そのそもそもの目標であった製品品質の安定には寄与したとみてよいであろう。第4章2(3)でみたように，当時の証言や機械故障による聴取廃止者数の相対的な減少，放送協会の認定受信機の増加など，幾つかの傍証は1935年ころに製品品質が安定したことを示している。専門的知識をもたない消費者でも安心して購入できる製品になったという意味で，このころラジオは家電製品として成熟したとみてよいであろう。戦後，本格的に展開することになる家電産業の嚆矢としての性格を備えたのである。その意味でこのシステムは聴取者を増やし，産業成長を促進するシステムであった。

　しかもそれは，安価な製品であった。松下，早川はともに，消費者ニーズに敏感なこともあって安価な製品への志向が強く，しかもその実行の能力に長けていた。「綿密な市場調査と徹底したコストダウン」（松下電器 1981：27），「ダイヤルの構造，シャーシ盤，キャビネットなどを徹底的に合理化し，全従業員が一体となってその開発・生産に取り組」む（同：81-82）など，上記の開発・生産・販売システムによる低価格の実現が企業成長の基本的な要因であった。

松下,早川の成功は,それだけ受信機価格を低下させたとみてよいであろう。

また,受信機技術の面でも,そうした企業戦略や放送体制など他の諸事情もあって,「並四球」という欧米技術からは後れた,簡易な受信機が普及することになった。欧米の受信機よりはるかに安価な製品が供給されたのである。

この「並四球」の価格を工場労働者の賃金と比べてみると(表6-2の1933年以降の価格),1933～36年には「並四球」価格は工場労働者の月収の半分を若干,切るくらいの水準であったことが分かる。工場労働者には高価ではあったが,手が届かないというものではなかった。事実,職工世帯が多かった東京の蒲田や大森でも世帯普及率は1936年末で約7割に達した(日本放送協会『業務統計要覧』)。労働者世帯ではラジオは珍しいものではなくなったのである。

この日本の価格／賃金数値は,国際比較のうえでは低いほうであった。1935～36年のアメリカの受信機平均価格は55ドル(Maclaurin 1949：訳書：165)であったから,製造業生産労働者平均月収の0.64(1935年),0.60(1936年)であった。ドイツの1933年の国民受信機(VE-301)は76マルク,1938年の小型受信機(DKE1938)は35マルクで,それぞれ鉱・工業・運輸業労働者の平均月収の0.51,0.21であった。もちろんこれらは受信機の内容が異なるので正確な比較とはいいがたいが,所得とラジオ価格のおおまかな関係という点で日本は他の諸国と変わらないかむしろ良かったことは確かである。

1930年代半ばのこの価格／賃金数値は,前の時期の1920年代末よりは若干,低いくらいであるが,受信機の内容が3球から4球へとそれなりに高度になっており,何より製品品質も安定したものになっていた。つまり,1930年代後半の産業システムは,消費者ニーズにあう,安くて品質のよい製品を供給するという点で以前のシステムよりは確実に進化したのであった。

こうした産業システムの進化が産業の発展を支えたといってよいであろう。

2 後れていくシステム

(1) 日本のラジオの後れ

日本のラジオ聴取者は1944年度には747万人,世帯普及率は50.4％に達した。

第6章　戦前ラジオの産業ダイナミクスとイノベーション・システム

表6-3　ラジオ普及率の国際比較（1938年末）

順位	国名	人口千人当り聴取者数	順位	国名	人口千人当り聴取者数
1	アメリカ	215.0	14	ルクセンブルグ	117.8
2	デンマーク	205.8	15	フランス	112.3
3	ニュージーランド	195.9	16	ダンチヒ	110.7
4	スウェーデン	194.7	17	カナダ	103.1
5	イギリス	192.9	18	南ア連邦	102.3
6	オーストラリア	160.5	19	アルゼンチン	91.4
7	ケニア	140.3	20	白領コンゴ	85.3
8	ベルギー	134.3	21	フィンランド	78.0
9	ドイツ	133.5	22	チェコスロバキア	72.8
10	オランダ	132.7	23	ラトビア	68.7
11	スイス	131.3	24	ウルグァイ	61.9
12	アイスランド	131.0	25	日本	57.5
13	ノルウェー	125.8	26	アイルランド	50.2

資料：『ラヂオ年鑑』昭和15年版，343～349頁より作成。

20年間の発達としては順調であったようにみえる。しかし，冒頭にも指摘したように，それを欧米の先進国との比較のなかにおくと決してそうではなかった。産業発展の相対的な後れははっきりしていた。普及率のカーブが寝ていることについては既に指摘した。ここではそれを確認する意味で，戦前のラジオ普及率の到達点を国際比較してみよう。

　表6-3のように，1938年末の人口千人当たりの聴取者数でみた普及率では，日本は世界の25位であった。米英独より低いのは当然としても，ノルウェー（13位），カナダ（17位），フィンランド（21位），チェコスロバキア（22位）などにも及ばなかったのである。潜在的な市場規模にたいして産業発展の実態が後れていたことは明らかであった。

　しかも，市場に普及している製品は日本の場合，より安価，簡易なものであった。受信機台数と価格という二重の意味で産業規模は先進国と比較した時に小さかったのである。他の先進国ではラジオ産業の規模，ひいてはエレクトロニクスの規模は日本よりはるかに大きかった。

　ラジオ産業の最先進国であったアメリカでは，ラジオは1920年代の「永遠の繁栄」を象徴するアイテムの一つであった。事実，ラジオ産業は急速に成長し，

1929年にはラジオは耐久消費財生産の5.8％を占めるにいたった（アメリカ合衆国商務省 1986：700）。時代を代表する産業の一つになったのである（Allen 1931）。欧米ではラジオは新興の成長産業として脚光を浴びていた。日本では，本来はこの時代の成長産業であるべきものの規模が小さかったこと，つまり成長産業の不在が特徴的だったのである。

また，繰り返しているように，技術的にも日本は後れていた。1930年代には先進国ではオールウェーブ・スーパーヘテロダイン・ダイナミックスピーカーという技術が普及したが，日本では中波・ストレート再生式・マグネチックスピーカーの「並四球」が普及した。劣った技術が普及したのである。

このように日本のラジオ産業が先進国に後れていった要因をこれまでの歴史を踏まえて考えてみよう。

（2） 所得水準の低さ

ある高額な製品が先進国では普及したのに戦前日本では普及しなかった，あるいは普及しても日本では簡易で安価な製品であった，という問題を解こうとするとき，通常，最初にくる解答は，戦前日本では所得が低かったからというものであろう。戦前日本の所得水準は先進国と比べれば低く，所得格差も大きかったからである。1935年で比較すれば，日本の製造業労働者の賃金はアメリカのそれの約1/6程度でしかなかった。ラジオについてもこの解答は基本的にはあてはまるといってよいであろう。

工場労働者の賃金も低かったが，とくにこの点で重要だったのは，1930年に全就業者の49.7％を占めていた第一次産業就業者の所得の低さであった。しかも1920年代末から1930年代半ばにかけては明治以来，もっとも悲惨といわれた昭和恐慌に入っていた。とくに農村の小作農の打撃は大きかった。純粋小作農は1935年には全体の27％であったが，その家計では，年間の「修養費」，「交際費」，「嗜好費」，「娯楽費」の合計が80円くらいしかなかった（農林省経済更生部『農家経済調査』昭和10年度）。受信機を購入し，月50銭～1円（1935年4月から50銭となる）の聴取料を払っていくのは困難だったことは容易に想像がつく。

しかし，前述したように，日本の受信機価格は国際比較のうえではかなり低

く，聴取料も1935年4月に50銭になってからは「世界中最も低廉なものとなった」から[3]，最初にあげた問題のうちの前者，つまり普及率の相対的な低さという問題は，この所得の低さだけでは説明はつかない。ラジオ価格／賃金比は，先進国より低いくらいだったからである。現に，1938年度からは放送の新規聴取者の職業では「農水産業」が一番多くなった（日本放送協会『業務統計要覧』）。1930年代末には農村でもラジオは普及していったのである。

また，後者の問題，つまり簡易な製品が普及したという問題も，所得問題だけで説明することはできない。戦後，スーパーヘテロダインは日本でも普及することになるが，その時の価格／賃金比は，1930年代の「並四球」のそれよりも高かった。戦後，1951年から1954年にかけてラジオ普及率は58.6％から75.2％へと急速に上昇するが，そのときの普及機種となった5球スーパーの価格は，1953年で工場労働者の月間現金給与総額の0.84であり[4]，1936年の「並四球」の0.47（表6-2）よりはるかに高かった。1950〜60年代のエンゲル係数は51.0％で，1920〜40年の53.7％と大差はなかった（尾高 1984：139）。戦前と同じ程度に家計の余裕はなかったのである。それでも，戦後にはより高いスーパーヘテロダインが普及したのであった。戦前でも他の条件が異なれば，より技術的に高度で高価な受信機も普及する可能性はあったといえる。

つまり，この問題にとって所得の低さが大きく作用していたこと自体は疑いないが，普及率の相対的低さも技術の後れについてもこのことだけが要因だと考えることはできない。

他方，この所得水準の低さは，外国製品の輸入が浸透しなかった要因の一つとしては重要であった。早い時期から輸入品は駆逐されてしまったが，その大きな要因は後にのべる放送や企業間競争の問題と並んでこの所得水準の低さが作用したことは疑いない。輸入品は国産品に比して大変高価だったからである。逆にいえば，日本の市場は外国製品にたいしては貧しすぎたのである。そのことは，日本の市場を国際競争から孤立させるのに寄与した。所得の低さは，日本のラジオが独自に進化する条件の一つとなったのである。

（3） 放送体制

　同じように日本のラジオの進化を孤立させた要因として，放送の体制と規制の問題があった。また，放送はそれだけではなく，ラジオのニーズ自体を左右するものとしてきわめて重要であった。既にみたように，1931年の満州事変，1937年の日中戦争の開始は聴取者数を急増させた。戦後でも民間放送の開始はラジオ・ブームを引き起こした。放送の内容に魅力があれば，聴取者は激増するというのがラジオ普及の歴史的傾向だからである。まず，この面からみよう。

　日本でラジオ普及率が容易に上昇しないのは，放送の内容に問題があるからだという議論は，当初から存在していた。民間からも指摘する声は大きかったし，放送協会自身も放送内容については常に問題にしていた。前者の事例として，『日刊ラヂオ新聞』の根岸栄隆の主張をとりあげると（根岸栄隆 1929），放送聴取者が増加しないのは，聴取料が高いからではなく，放送に魅力がないからだとした。番組のうち「講演」は常に大衆的興味を忘れた「社会教育」的意識の強いものばかりであり（日ラ新19290209），地方農村の聴取者を引きつけるような必要性も興味深さも欠いていた（日ラ新19290212）。ラジオを普及させるには，娯楽性がなくてはならぬというのである。さらに，中継放送の増加はますます聴取者の選択の幅を狭めた（日ラ新19290428，同19290429）。中継放送が始まる前は，各局，思い思いのプログラムを作成していたので，各々がそれぞれ関心のある放送局を受信するのに興味をもっていたが，「最近では何処をキャッチしても同じ」ということでアマチュアのラジオ熱も著しく減じてしまったという（日ラ新19290501）。つまり，娯楽放送に乏しいことと中継放送の増加で選択の幅が狭まってしまったことを聴取者が増加しないことの要因として根岸（1929）はあげたのである。

　事実，聴取者の放送にたいする満足度はそう高くはなかった。1927年4月の放送協会の調査では，ラジオ取付け当時とその時点現在での感想は，「当時より満足」は7割で「当時より興味を覚えない」が3割存在した（「聴取者加入期間別意向調査報告」『調査時報』192709：1）。

　聴取者が希望する番組は娯楽番組であった。1926年11〜12月と1928年5〜6月に東京放送局が行なった調査では，「報道」，「教養」，「慰安」のうち，もっ

とも希望が多かったのは「慰安」で，1926年には65％，1928年には52％がそう回答した（ラ年鑑1931：742-743）。1929年の東海支部の調査でも，「加入の動機」としてもっとも高かったのは「娯楽」で71.2％と他の理由を圧倒的に離していた（「東海支部加入者聴取状況調査資料」『調査月報』192907：55）。1930年度末の大阪放送局の嗜好調査でも，プログラムの「特別嗜好」では「慰安」が72.5％であり，「報道」は14.4％，「子供の時間」7.5％，「社会教育」5.5％であった（ラ年鑑1933：67）。1935年2月に行われた「農村ラジオ未加入者調査」（東京中央局管内の一府八県対象）でも，利用目的は娯楽が最高であった（日本放送協会1965：上：419）。多くの調査が同じ結果を示していたのである。

ただ，1930年代末になると，戦争の影響から「報道」への関心も高くなった。1938年末の新規加入者の動機調査では，「ニュースを早く聴くため」，「時局認識を深めるため」，「慰安娯楽のため」であり，その嗜好は，ニュースと浪花節が他を大きく引き離して1，2位であった（下郡山 1939：49-56）。1940年9月〜11月の東京での夜間の全国放送番組聴取調査では，もっとも聴取率が高かったのは「7時のニュース」80％であり，続いて「演芸」75％，「9時40分のニュース」70％であった（ラ年鑑1942：44-46）。

他方，放送側をみると，日本放送協会設立以前には娯楽番組がやや多かったものの，(5)放送協会となってからは1920年代には「慰安」，「教養」，「報道」が放送時間のほぼ1/3ずつを占めた（東京中央放送局）。その後，1930年代になると娯楽（「文藝」）の比率は20％前半に低下し，「教養」が40％程度，「報道」が37〜38％前後となった。東京中央放送局の全国放送（1939年以前の「第一放送」）でみると，「報道」，「教養」，「文藝」の放送時間比率は，1932年度には38％，38％，24％，1936年度には37％，42％，21％，1940年度には37％，39％，24％であった（『業務統計要覧』1940：12）。1930年代には放送の重点は娯楽（「慰安」，「文藝」）から「教養」や「報道」に移ったのである。

これは日本の放送の特徴であった。欧米では放送番組の中心は娯楽，とくに音楽であった。放送が民営のアメリカはもとより，放送事業形態が日本と類似していたイギリスでも，国家規制が強くなったドイツでも，放送時間割合では「音楽」が6割前後を占めていた。文化によって娯楽として何が好まれるかは

一概にいえないから単純な比較はできないとしても、日本の放送は他の諸国に比べると娯楽以外のものに偏向していたといって良いであろう。番組構成は聴取者の希望には必ずしもそっていなかったのである。

しかも、その娯楽の内容にも問題はあった。1930年代末、戦争体制に入ると、当局者から放送には「国民精神の作興」機能が求められるようになり、娯楽もそれに添うものが多くなった。1939年には「国民精神の作興に関する放送は主として講演放送、講座放送の中に盛られ、……又演芸放送の中に於ても大衆演芸やラジオドラマ等を通じこの内容を盛るものの相当多いのは我国放送の特徴の一つである」（宮本 1939：15-16, 宮本は通信省電務局）とされた。1940年にも、「慰安放送自体にも、国民に対する指導性が認められ之を活用するに至った」（田村 1940：14, 16, 田村は通信省電務局長）。

戦前日本の放送の体制では、欧米のように娯楽を中心とすることはできなかったのである。公共事業という点からも、また国民意識の操作という点からも聴取者が望んでいたような娯楽の提供は望ましくなかった。放送事業の構想の当初から放送は「実用的報道即チ時刻、気象、相場、新聞等ヲ主タル目的トシ、音楽ノ如キハ付随的ノモノ」（「調査概要」）とされていた（日無史：第7巻：15）。娯楽を提供するとしても、「営利主義的商業主義的経営によってむしばまれていない清新な慰安を供給する」（宮本 1940a：36-38）ことが重要であった。

この番組内容の問題に加えて、上記の『日刊ラヂオ新聞』の主張のように、放送の選択肢が少なかったということも放送の魅力を削ぐものであった。一方で二重放送の開始もあったが、上記の『日刊ラヂオ新聞』の指摘があった1929年以降、中継放送はますます増加した。とくに、1934年の放送協会の改組は、各支部の独立性を奪うことでさらにその傾向を促進した。各放送局の放送時間合計に占める「入中継」の比率は、1928年度の17.3％から1935年度には67.1％、1940年度には70.5％となった（『業務統計要覧』1940：135）。放送は全国一律となる傾向が強くなり、聴取者の選択の幅は狭まっていったのである。

また、国際比較の観点からは、日本の文化的、地理的位置もラジオ放送聴取には不利であった。ヨーロッパでは、自国放送を聞くとともに周辺諸国の放送を聞くことが流行した。アメリカでも、1930年代にはオールウェーブ・ラジオ

第6章　戦前ラジオの産業ダイナミクスとイノベーション・システム

が登場し，ヨーロッパの放送を聞くことも行われた。聴取者の選択の範囲が国を超えて広がったのである。文化が比較的等質であり，人々の交流もあったことがその背景にあった。

　日本では周辺諸国の放送を聞くことは，言語や文化の点から聴取者にとって重要ではなかった。また，オールウェーブ・ラジオは禁止されたから，欧米の放送を聴取するのは困難であった。ラジオのアマチュアが遠距離受信を誇るために満州や朝鮮の放送を聞くことはあったが，それが大衆に流行するということはなかった。聴取する放送がほぼ国内に限定されたのであり，この点が日本のラジオの特徴の一つであった。欧米との比較という意味では，このこともラジオの魅力を削減したといってよい。

　こうした放送内容の魅力の乏しさ，選択肢の少なさという，放送側の事情が，ラジオのニーズを欧米ほどには高めなかったとみて間違いないであろう。普及率上昇の後れの有力な要因であったのである。

　他方，この放送体制は，受信機技術の後れの重要な要因でもあった。放送の普及が重要であった放送協会にとっては，簡易で安価な受信機こそが望ましかった。第3章でみたように，そうした配慮が放送協会当事者には強く働いていた。もちろん，放送協会がそうした意図をもっていたとしても，受信機革新を簡単に左右することはできない。それは，認定制度や標準受信機，局型などの歴史的経緯をみれば明瞭である。

　しかし，放送協会が放送体制を構築する際の受信機像として，そうした簡易で安価な受信機を前提としていたことは受信機革新には重要な意味をもっていた。同協会は，当初の「全国鉱石化」に象徴されるように，なるべく簡易で安価な受信機を前提に放送網を構築していったからである。高級真空管を用いた高級受信機が必要ないような放送網の構築を放送協会は目指したといってよいであろう。第3章にみたように，「並四球」でも東京第二放送にたいして約70kmの範囲で実用になった。それ以上の受信機はそう必要はなかったのである。

　しかも日本では上にみたように，欧米のように他国の放送を聴取するというニーズはほとんどなかったし，オールウェーブは禁止されていた。その点での分離受信も遠距離受信も必要はなかったのである。

こうして日本のラジオ放送聴取需要は欧米と違って国内に孤立し，しかもその受信には高級受信機はあまり必要ないとなれば，日本の受信機技術が進歩しなくなるのはその意味では当然だったのである。

こうした意味で，日本での放送のあり方はラジオの普及と技術に大きく影響したとみることができる。日本の放送体制と政策規制，および文化的・地理的位置は，ラジオ市場を孤立させ，しかもそのニーズを量的にも高めず（魅力のない放送），質的にも停滞させる（簡易な受信機）ように機能するものだったからである。

しかし，この放送体制のもとでは，必ず普及率はそう高まらず，受信機技術は停滞したかといえば，そうとはいえないであろう。現実には起こらなかったことを想像することは難しいが，同じ放送体制のもとでも受信機革新はより進んでもよかったかもしれない。いっそうの価格低下や音質の向上，小型化，携帯化，逆に大型化，電蓄兼用などがその方向としてただちに考えられる。事実，そうした試みはみられた。それらが実現すれば，普及率はより上昇し，技術革新も進んだことになろう。しかし，それらは結局，十分には実現しなかった。その要因を考える必要があろう。

そのとき，先に検討した所得の問題は受信機の高級化への制約としては大きかったと考えることができる。しかし，価格低下や音質の向上，小型化，携帯化などは必ずしもそうとはいえない。そうだとすると，受信機革新を能動的に遂行していく側の問題も考えざるをえない。

（4） 供給サイドの問題

後進的な国において，ある産業の成長が遅い，また技術が後れるといったときに供給側の要因としてあげられることの多いのは，関連産業の後れやインフラストラクチャの未整備といったことであろう。

しかし，ラジオの場合はそのことはそうあてはまらない。放送はラジオにとってはインフラストラクチャともいえるが，全国的な放送網の建設はそう遅くはなかった。またラジオのインフラストラクチャとしては重要な家庭への電力供給についても，1930年代半ばの家庭電灯線の普及率は日本は欧米各国に比べ

第6章　戦前ラジオの産業ダイナミクスとイノベーション・システム

てむしろ非常に高かった。関連産業のキーとなる真空管技術についていえば，日本は順調にキャッチアップしており，欧米技術を日本の条件に合わせるように改良する能力を示していた。受動電子部品でも，炭素皮膜抵抗器や電解コンデンサなどの新しい技術の導入が行われていた。家庭への電力供給を除いて，それらは欧米に比べて進んでいたわけでは決してないにしても，それらが原因でラジオの普及や技術が後れたということはできないことは明らかである。

　このうち真空管技術についていえば，「昭和十年以後の受信機界は，真空管に対しまずストップ（一寸待て─原文注）の信号を与えた」（岩間 1944：203）といわれたように，1930年代半ばには自動車用6.3Ｖ球や金属真空管，トランスレス球，複合管などの新真空管が国産化されたにもかかわらず，自動車ラジオもトランスレス受信機もほとんど現れなかったし，金属真空管は市販されることもなかった。ラジオはそれらを積極的には採用しなかったのである。むしろ，受信機革新の後れが真空管技術の後れの一つの原因になっていくのであり，その逆ではなかった。その長年の結果は，1939年や1943年時点での日本のオールウェーブ技術の評価にあるように，あたかも部品技術の後れが日本の受信機技術の後れの要因のように見えることになったとしても，動態的な因果関係はその逆であったというべきである。ラジオの技術や普及の後れの供給側の要因は，あくまでラジオ産業自体にあったのである。

　戦前日本の代表的なラジオ・エンジニアであった，放送協会技術研究所の高村悟は，1940年に過去の日本の受信機革新を振り返って，「一般の我国受信機を見ますと，大体，昭和２，３年頃からの回路方式をそのまま踏襲したものが，依然として一般に普及して居」る事実を指摘し，日本の技術が後れた理由として，受信機工業には大メーカーが参加していないので技術者が少ないということをあげている（高村 1940b：690）。また，東京ラヂオ工業組合の専務理事だった石川無線電機の石川均は，1939年に日本のラジオ技術について「技術的に見ても，送信関係は日本放送協会の豊富な資力と技術を動員して，国際水準に達して居ますが，受信関係に至っては十数年来業者の手に任ねられ，自由競争の結果，随時随所に乱売乱造が行われ，技術向上の必要は叫ばれ乍ら営業上の桎梏から抜け得ず外国品に比較して著しい品質上の懸隔がある」（「ラヂオ工業を語

る（座談会）」『電気通信』193906：69）と指摘している。つまり，日本の受信機技術の後れについて，当事者は二つの点を指摘している。第一に，日本のラジオ工業は中小企業中心なので技術者が少ないということと（高村），第二に乱売乱造で技術向上に取り組めなかった（研究開発投資が十分行われなかった）こと（石川）である。

　本章1(2)で指摘したように，これらは1930年代前半までの産業ダイナミクスの特徴であった。中小零細企業による粗製濫造的な競争は，一方で社内研究開発機能を充実させつつあった有力企業を駆逐してしまったし，他方では技術革新の面では外国の技術を皆が模倣しようとする競争となった。そうした競争では，そもそも企業内部に研究開発に投資する志向はあまり生じないし，また革新による利得はなかなか占有できないから，その余裕も生じない。いきおい，もともと少ない企業内のエンジニアはなかなか増えず，そのことがまた革新能力を弱いままにさせたといってよい。長期的な技術革新能力の蓄積にはマイナスの作用をするシステムであった。

　1930年代半ば以降には産業ダイナミクスは転換し，寡占的企業がお互いに競争して進化していくシステムが成立するが，しかし，そうした企業は必ずしも研究開発志向型の企業ではなかった。新しく生れた有力企業は，安定した品質の製品を大量生産することを戦略とする企業であった。松下，早川は，消費者ニーズを汲み取った製品開発には優れていたが，画期的な新技術で製品差別化を図ろうという志向は強くはなかった。例えば，松下，早川は，スーパーヘテロダインの製品化がもっとも後れたグループであった。また，欧米では一般的であった，各年度毎に新型受信機を開発，発表する，制度化された革新システムも日本にはできなかった。松下，早川はエンジニアの雇用を増やし，社内の研究開発機能を充実させていったが，必ずしも技術先端的な製品の研究開発には向かわなかったのである。

　むしろ，戦前日本の代表的なラジオ・エンジニアは，通信省工務局や電気試験所，日本放送協会技術研究所など官庁や公的研究機関に集中していた。とくに，1930年に設立された放送協会技術研究所の第2部は受信機専門の研究機関であった（日本放送協会技術研究所 1961：1）。しかし，そこで行われていたのは，

主に外国製品の構造,性能の調査とその公表,及び放送協会の方針にそった受信機の開発,および認定機器の試験であった(日本放送協会技術所 1961：62-81)。

外国製品の分析はその雑誌等での公開によってメーカーには有益であったと思われるが,後二者は,放送協会の戦略にとっては重要ではあったが,受信機革新への寄与という点では積極的なものではなかった。優秀なエンジニアのエネルギーの多くが認定機器の試験や標準受信機の開発,局型受信機の開発など,簡易で安価な受信機の開発と普及に投入されたのである。しかも,それらはメーカー側の反発を引き起こし,官民の摩擦を激しくするような活動であった。もともと数少ないラジオ・エンジニアのエリート達もその努力は積極的な革新には向けられなかったのである。これまでの章でみたように,ラジオ技術革新において公的研究機関が果たした役割は大きなものではなかった。

また,1930年代半ばから始まった共同研究の試みも成果はいま一つであった。それまでにない,新しい研究開発の方法ではあったが,その対象となった電池式受信機もオールウェーブも,欧米が市場をとおして革新を進めた成果に及ぶことはとうていできなかった。

結局,戦前日本のラジオでは,研究開発投資は少なく,行なわれた投資も積極的な革新には向かわず,相互の共同による新しい研究開発活動の開始も技術面での成果は乏しかった。受信機革新を能動的に進めるシステムの能力が高くはなかったといわざるをえない。それが,受信機革新に後れていった供給側の要因であった。

この技術革新能力の低さは,製品革新の停滞をとおして普及率の相対的な伸びの低さにも影響したと考えられるが,普及率の問題自体についていえば,供給側のシステムもそれを制約するような作用をもっていたといえる。一つは,1930年代前半までの産業システムが低品質の製品を供給することで市場の伸びを制約していたことは既に指摘した。1920年代から30年前半まで,「機械故障」で聴取をやめる人はかなり多かったのである。

1930年代半ば以降のシステムは,その制約を克服したが,1930年代末には別の問題を発生させた。寡占的価格形成である。受信機革新が停滞したことはここにも作用した。受信機技術が停滞し,標準的な製品が長く続いたことも一つ

の背景となり，寡占的な体制の形成はプライス・リーダーシップをもたらし，それは製品価格の安定につながった。「並四球」価格は，1930年代末には小売物価と比較しても上昇するようになった。主要材料である真空管における東京電気の支配の確立もそれに影響した。合わせて1930年代末にはラジオ価格は寡占価格としての性格を強めたのであり，価格／賃金比はかなり上昇した。それは需要拡大を制約したとみてよいであろう。

　こうした意味で，供給側のシステムも受信機技術革新の停滞や普及率の上昇の相対的後れの一つの要因であったとみることができる。

（5）　システムとしての特性と進化——作用の強化と市場の孤立

　これらから，産業成長とその相対的後れのメカニズムおよび技術のキャッチアップと停滞のメカニズムは，様々な要因が複合していることが明らかであろう。あらためてあげれば，外国技術の動向，所得水準の低さ，所得格差，市場の志向，放送体制，政策，知的所有権の機能，地理的文化的位置の問題，公共研究機関の役割，個人，企業，共同研究体制，電気供給の普及や関連産業など，多くの要因がイノベーションを左右し，それとともに産業のダイナミクスに影響したのである。

　これまでみてきたように，その際，個々の要因自体は，異なる結果を生むことも可能であることに注意しなくてはならない。例えば，所得が低くてもスーパーヘテロダインの普及は可能であったであろう。同じ放送体制のもとでも製品革新は進んだかもしれない。

　しかし，それらの要因が組み合わさったとき，作用はより強力になったし，新たな状況も生じた。とくに後者としては，所得の低さ，市場の志向（低価格志向）という条件（輸入の排除）と独特な放送体制，政策規制（オールウェーブの禁止），文化的地理的位置が組み合わさったとき，日本のラジオ市場は国際的に孤立したことが重要であった。それは，海外からの競争圧力を免れるという機能をもったからである。そのもとで，所得の低さ，放送の問題，供給側の事情（粗製濫造，新技術志向でない企業の台頭）と相まって，日本のラジオは独特な進化（遅い成長，劣った技術）を遂げたとみることができる。システムとしての特性が

イノベーションと産業ダイナミクスにとっては重要だったのである。

（6） 技術システムの安定性

しかし，イノベーションと産業ダイナミクスとでは，多少，違った説明も必要である。とくに技術革新の停滞の問題については，実はこれらの要因とシステムをあげただけでは十分とはいえない。冒頭の問題のうち普及率の相対的低さは戦前全体の特徴であるのにたいし，技術の停滞は1930年代半ば以降の特徴であり，上記の要因の多くはこの期間全体に共通する要因だからである。とくに，そのうち大きな影響をもったと考えられる所得の低さや放送体制の問題は大きくいえば変化はなかった。こうした要因をあげただけでは，この期間の前半は技術面では順調なキャッチアップの過程であり，後半は後れていく過程であるという歴史的なダイナミクスを十分には説明できるようには思われない。

もちろん，供給側は1930年代半ば以降に大きく変化しているし，放送でも1934年の放送協会改組で全国統一的な放送の性格が強まったことの意味は大きかった。産業ダイナミクスは1930年代半ばで大きく転換したことは確かであった。そのことが技術革新に影響したことは確かである。

しかし，その前にも放送協会は志向としては同じ方向を目指していたし，供給システムでも1930年代半ば以降とは違った意味で，技術革新にはマイナスの作用をもっていた。それでも，キャッチアップは急速であった。技術面での歴史的転換の説明には新たな論点が付け加えられる必要がある。

技術革新論では，革新が進んでいく際の一つの重要な要因として要素技術間の不均衡や相互依存性という現象があげられることが多い。K. マルクス（1867）は，ある産業部門における機械化が社会的分業の部門間に生産力の不均等をもたらして他の産業の機械化を引き起こすことを指摘したし（同：邦訳：第1巻第13章第1節），Rosenberg（1976：108-125）は，革新をある方向に進める動力として，強制的連鎖や技術的不均衡をあげている。T. ヒューズ（1983）もこうした問題を「逆突出部（reverse salient）」と「決定的問題（critical problem）」というコンセプトを用いて説明している。不均衡の存在が，企業，研究者，エンジニアなどの努力をある一定の方向に向けさせ，そこでの革新を引き起こし，そ

のことで全体がある方向に進化していくというような過程である。

　「並四球」の成立にいたる歴史的プロセスをたどると，それまではこうした不均衡が次々と生じ，それらが解消されて技術が高度化していく過程であることが分かる。それにたいし，「並四球」の成立以降は，目立った不均衡が生じていないように見える。鉱石セットは，価格の点で普及には良かったが，放送協会の目指す全国放送はそれでは成立しなかったし，家族で放送を楽しむことができなかった。電池式受信機は，後二者には良かったが，高価で維持費がかかったし，取り扱いも不便であった。それを解決するために「電源交流化を目指してラジオアマチュアは結線方式の研究に，また真空管業者はその結線方式を生かすために真空管の研究へと，ラジオ関係の凡ゆる者は活発に動き出した」（岩間 1944：158）が，当初，出現した「鉱石レフ」は安定した技術ではなかったし，量産性にも乏しかった。傍熱型真空管の開発がそれを解決し，安定した交流受信機を可能にしたが，その中で「並四球」は量産にも適合的で，安定した品質の製品の大量供給という当時の企業の戦略を現実化させた。その結果，価格は下がり，需要は拡大した。さらに，東京第二放送の開始などは，分離受信という新たな課題を生み，新たに開発された多極管を使用した高周波増幅付のセット需要も拡大した。この状態が以後，長く続いた。

　つまり，受信機をめぐる回路技術，部品技術，放送の状態，市場の状態，企業の戦略などの諸条件が織りなすシステムのなかで，「並四球」は，ある安定した状態を獲得した製品種類であったように思われる。その安定した状態には，二つの次元がある。一つは，受信機そのものにとっては外部的な諸条件との間での不均衡という次元であり，もう一つは受信機の内部的な要素技術間のバランスという次元である。放送や市場条件は外部的な諸条件をなし，受信機技術は後者であるが，部品技術は前者と後者にまたがっている。

　前者のうち，「並四球」と部品技術との間は，当初の交流化の局面のように部品技術が後れているのではなく，逆に真空管技術が進んだという意味で不均衡が生じたが，その他の放送の状態，市場の状態，企業の戦略との間では大きな問題はなかったように思われる。首都圏での聴取にはほぼ問題はなかったし，他の諸国の受信機に比べて安価であった。有力企業も新技術志向ではなかった。

第6章　戦前ラジオの産業ダイナミクスとイノベーション・システム

　後者の受信機内部の問題については，同じ交流受信機であっても，初期の「鉱石レフ」では，鉱石による検波と真空管による増幅との間に不均衡があったし，雑音も大きかった。傍熱型真空管を利用できるようになってその不均衡が解消し，「並四球」では製造上も簡単な回路となったのであった。他方，欧米でのスーパーヘテロダインは，その周波数変換という独特の回路が複合管の開発を要求したり，選択度の高さが同調を容易にさせる様々な工夫（ダイヤルを大きくする，自動電話式のダイヤルで同調する，ボタンを押して自動的に同調する，陰極線を利用して目で見ながら同調する）を引き起こしたり（丸毛1937），また低音再生の悪さがスピーカーの革新につながるなど，様々な問題を引き起こしていった。その解決をとおして受信機は進化していったのである。それが，欧米における受信機革新が継続していった要因の一つであった。ところが日本では「並四球」の成立以降，そうした問題が生じたようにはみえない。

　そうした意味で，「並四球」の登場で受信機技術は周りの諸条件とある安定した状態に入ったように思われる。受信機技術をめぐるシステムのそうした安定状態への移行を1930年代半ば以降の日本の受信機技術の停滞の要因としてあげることができる。

　逆にいえば，その均衡状態が破られれば，基本的に同じシステムのもとにあっても革新は可能であった。例えば，戦時下の材料制約という不均衡の発生で，「並四球」も抵抗結合の採用から検波球の変革へと進み，それまでの安価な3極管のみの構成から5極管の採用へと進化したのであった。しかし，それ以上の大きな不均衡は発生しなかったことが「並四球」が継続した要因であったと考えられる。

　しかもこのシステムの技術的安定状態の達成は，自己強化的性格をもっていたものと思われる。受信機をめぐる技術的環境は挑戦的ではなくなるから，メーカーは研究開発投資を行う動機が弱くなるし，それだけエンジニアへのニーズも弱くなり，エンジニアの側でも受信機技術は魅力的な領域ではなくなる。戦前日本の電気通信関係の研究者，エンジニアの関心は主に送信を中心とした通信技術に向かい，放送用受信機にはあまり向かわなかった。

（7） システムの静態的合理性

　こうして，1930年代半ば以降の日本のラジオ技術は，相互に関連する諸条件が安定する状態に入ったものと思われる。この状態は，放送とその受信という次元でみれば，静態的な効率性には優れていたことに注意すべきであろう。これは，比較的少数の放送局を計画的に全国適当の位置に配して放送し，聴取者は真空管数の少ない簡単な受信機で聴取するシステムであり，アメリカのように，小電力放送局が多数設置されて競って放送し，それを聴取するために多くの真空管を備えた受信機を使用する場合より，放送と受信の効率性は優れていた。例えば，放送—受信に要する建設コストや消費電力は日本の方が優れていたことは確実である。1938年末では，アメリカは日本より世帯普及率が2.7倍も高かったにもかかわらず，聴取者一人当たりの放送電力数は日本より3割多かったし，受信機の消費電力も多かった。また，受信機側でも，日本は簡易，安価な受信機であったばかりではなく，製造の面でも，製品種類を限定して量産するという点では日本の方が効率的であったであろう。

　つまり，放送の内容（聴取者の選択肢）という問題を別にすれば，基本的に市場に任されていたアメリカより，規制された放送のもとで独特な進化をとげた日本の方が放送と受信という点では効率的なシステムであったのである。このことが技術的なシステムの安定性の背後にあることは見逃すべきではない。静態的には合理性をもっていたからこそ，それ以上の不均衡が生じにくかったのである。

　しかし，このシステムは動態的な革新能力には劣っていた。そして長期間をとれば，その方が重要であった。当初は優れていても進歩しなければやがて追い越されるからである。例えば，肝心の受信機価格についてみても，「並四球」は，当初こそ他国の受信機に比べて格段に安価であったが，第4章 p. 161でみたように徐々にそうとはいえなくなっていった。厳密な比較は困難としても，アメリカの消費者は1940年頃には日本の消費者が「並四球」を買う価格より安い価格で5球スーパーが購入できた。もはや「並四球」は安価ともいえなかったのである。このまま推移すれば，静態的な効率性の優位も次第に失われていったことは確実である。

第6章　戦前ラジオの産業ダイナミクスとイノベーション・システム

③　戦前ラジオの技術と産業のダイナミクス

　戦前日本でラジオの普及や技術が後れたのは，したがって，日本が単に後進的で所得が低かったり，関連産業が発達していなかったからではなかった。そうした後進性に由来する要因が作用しなかったわけではないが，放送体制や政策，企業など，本章2(5)にあげたような諸要因とともに複合してシステムとして作用したこと，及びその結果市場が孤立したことや技術的なシステムの安定的な状態の達成が重要だったのである。

　ここで，序章に指摘した問題の一つに解答することができる。ラジオ技術の後れはキャッチアップ仮説の反証となるかどうかという問題であるが，その解答は肯定的である。ラジオ技術の後れは，キャッチアップの特殊なあり方とはいえないからである。日本のラジオ技術が後れたのは日本が後進的だったからではなく，システムの所産なのである。日本のラジオ技術は後れていたのではなく，後れていったのであり，キャッチアップとは逆のコースをたどったのであった。

　もちろん，同じような要因，同じようなシステムでも産業と技術を発展させていくメカニズムをもっていた。日本のラジオ聴取者数は世界で第5位の大きさにはなったのである。しかし，同時にそのなかに制約の要因をもはらんでいたものも多かった。粗製濫造的な競争も寡占的な相互進歩の体制も産業成長にはプラスの面とマイナスの面をもっていた。全国的な放送網の整備も効率的な放送で普及を促進する面と聴取者の選択肢を狭めて普及にマイナスになる面とがあった。技術システムの安定性も静態的な合理性と動態的な無能力とを合わせもっていた。そのことは，発展も停滞も個々の要因によるばかりではなく，全体のシステムとしての特性の如何にかかっていたことを示している。システムの特性のなかに，発展と停滞の可能性はともに潜んでいたのである。

　そのことを逆にみれば，その後れが単に後進的だったことだけによるものではないだけに，諸要因自体の変化や均衡状態の破綻が生じれば，容易に新たな革新プロセスや産業発展が開始されてもおかしくはなかったとみることができ

る。例えば，所得水準や関連産業の状態などが変わらなくとも，放送政策や放送体制，産業組織の変化などで，新たな技術の登場や普及率のさらなる上昇は起りうることになる。ここに戦後のラジオ，ひいてはエレクトロニクスの発展を展望することができる。

注
(1) 製造業生産労働者平均月収は，週平均所得（1935年19.91ドル，1936年21.56ドル）を月収に換算した。アメリカ合衆国商務省編『アメリカ歴史統計』第Ⅰ巻，斎藤眞・鳥居泰彦翻訳監修，原書房，1986年，169～170頁。
(2) 鉱・工業・運輸業労働者の平均月収は，時間当たり収入と週労働時間で月収を計算した。ILO, Yearbook of Labour Statistics.
(3) 岩原謙三・日本放送協会長の定時総会での発言（日本放送協会 1965：上：337）。1935年の主要各国の聴取料は，イギリスは年10シリング（月71銭），ドイツは年24マルク（月2.82円），フランスは年50フラン（月96銭）だったから（ラ年鑑1936：262-263)，日本の月50銭は，主要各国のなかではもっとも安かった。
(4) 1953年10月の「ST管スーパー5球」の東京都中心の受信機市場価格平均は，12,900円であった（日本放送協会 1977：資料編：640)。
(5) 1925年の東京放送局では音楽演芸の娯楽番組は放送時間の42％を占めた（日本放送協会 1951：205)
(6) 例えば，1937年1～4月の各国放送局の放送時間のうち「音楽」が占める比率は，イギリスのロンドン・ナショナル放送局で65.2％，アメリカのNBCニューヨーク放送局で58.7％，ドイツの全国中継番組で55.5％，フランスのリモージュ国営放送局で52.5％であった（ラ年鑑1938：300-303)。
(7) 当時，「ラヂオプログラム中の骨子を為すものは，何といっても娯楽放送に在らねばならぬ」と主張するある論者は，「娯楽的プログラムは特に我国に於て編成が最も困難な事情がある。何となれば我国の家庭生活に於ては共通的性質を有する中心的娯楽が欠けて居るのである。西洋ならダンスミュージックさえやれば，どんな家庭にも，どんな場所にも相当に受けられる。……然るに我国では甲の好む処必ずしも乙之を欲しない」としている（赤坂 1928：34)。赤坂は安中製作所の重役であった。
(8) ただ，興味深いのは，戦争体制が行き詰まり，敗戦直前になるとかえって娯楽は重要になったことである。落語も太平洋戦争初期のころはふさわしくないとされて月4～5回の放送であったが，戦争が激烈化して国民感情が暗くなるとともに「月八回程度に増加し，活況を呈するようになった」（日本放送協会1965：上：550）のであった。

(9) 1935年の電灯普及率は，日本では89％であったが，アメリカは68％，ドイツは85％，1933年のイギリスは44％であった（桑島 1939：496）。

(10) 1938年末の日米の放送局数，放送電力数，一局当たり放送電力数，聴取者一人当たり放送電力数は，アメリカは747局，3,365kW，4.5kW，0.12W，日本は39局，349kW，8.9kW，0.09Wであった（ラ年鑑1940：345-347）。放送局数は日本はアメリカの1/20であるが，一局当たり放送電力数は日本が倍大きく，世帯普及率がアメリカ79.2％，日本29.4％とアメリカの方が遙に高いにもかかわらず，一人当たりの電力数は日本の方が低かった。地理的な条件が異なるので単純な比較はできないとしても，日本の方が放送局の建設コストや放送電力の点で放送の効率性は高かったとみて間違いない。他方，受信機の消費電力は，「並四球」では20W以下，1938年のアメリカの普及品クラスのRCA・5球スーパー（85T型）では55Wであった（木内 1938：20）。

終章

戦前ラジオの位置
――イノベーションと産業発展の社会的能力――

「スイスの時計，日本のラジオ」
(1947年ころ，日和佐忠行・商工省電気通信機械局無線課長による商工省の
壁の貼り紙，『電子工業20年史』354頁)

　最後に，戦後に起ったこととの比較のなかに戦前ラジオのイノベーション・システムと産業ダイナミクスをおいてその特性をみよう。それは，戦前ラジオのシステムの歴史的な位置と性格を明確にすることでもある。

① 技術・産業システムの歴史的位置――戦後との対比

　第6章の最後に，戦前ラジオの技術と産業が後れたのは日本が後進的だったからではなく，システムの特性によるのであり，したがってシステムを構成する諸要因の変化や均衡状態の破綻が生じれば，容易に新たな革新プロセスや産業発展が開始されてもおかしくはないと論じた。
　戦後に起こったことは基本的にそうした性格のプロセスであった。戦前と同じように，所得水準は低く，関連産業の水準は高くなく，技術は後れていたが，戦後のエレクトロニクスの発展は急激であった。急速に欧米にキャッチアップしただけではなく，やがてそれらを追い越していったのである。そのイノベーション・システムと産業ダイナミクスと比較すると，戦前ラジオのそれにはどんな特徴をみいだせるのであろうか。長期的な歴史比較のなかでその特性を明らかにしよう。

比較の対象としてとりあげるのはテレビである。テレビは，技術的にも産業的にも民生用電子機器としてラジオの後継者であったし，戦後のエレクトロニクスの成長を代表する製品の一つであった。産業ダイナミクスの構造もいちおう明確だからである（平本 1994）。

（1） 相違点

冒頭でもあげたように，戦後のテレビは戦前のラジオとは普及率の上昇や技術革新の点でまったく逆であった。テレビも後発であったことは同様であったが，普及率の上昇は欧米より速く，短期間に欧米を追い越してしまった。技術面でもトランジスタ化や IC 化などで世界の最先端にたつようになった。どこが違っていたのであろうか。テレビの産業発展のダイナミクス，イノベーションのシステムをラジオとの比較を念頭においてみると次のよう点が特徴的であった（平本 1994）。

第一に，放送のあり方が大きく違った。テレビでは民間放送が最初から開始された。むしろ，最初のテレビ放送の予備免許は1952年7月に民間の日本テレビ放送網に与えられ，NHK はその次であった。視聴者は当初から複数の放送を選択することができたのである。

さらに，1953年のテレビ放送の開始（白黒）に続いて，1960年には実質的に世界で2番目となるカラーテレビ放送を開始した。1978年には音声多重放送が始まり，1984年には衛星放送の試験放送が開始された。次々と放送の革新が続いたのである。ある程度多様な放送から全国統一的な放送に向かったラジオとは方向が大きく違っていた。それは，受像機にも次々と革新の圧力がかかったことを意味していた。

このこと関連して，公共研究機関の役割がラジオのときとはかなり違っていた。ラジオのときと同じような簡易な受像機の開発も行われなかったわけではないが，NHK 技術研究所は次々と続く放送の革新を技術面で先導する役割を担った。その過程で受像機やその部品の研究開発についてもある程度進められ，その技術が各メーカーに移転されていった。公共研究機関は，テレビのイノベーション・システムの重要な一環を形成したのであった。

終章　戦前ラジオの位置——イノベーションと産業発展の社会的能力

　また，テレビでは重要な放送方式では，日本独自の方式をとろうとする企図は敗れ（メガ論争），アメリカ方式を採用した。技術面で市場が孤立することは避けられたのである。それは後の輸出には有利に働いた。

　第二に，企業間競争のあり方も違っていた。既にラジオで寡占体制が形成されていたこともあって，粗製濫造的には当初からならなかった。もちろん，そうした傾向がなかったわけではなかった。テレビも当初は部品さえ揃えばアマチュアでも組み立てられるようなものであり，事実，そうした自作生産もあった。それを反映して，自作用のキットも多く生産され，1954年までのテレビ生産のうち15％を占めるほどであった（平本 1995）。

　メーカー数も多かった。当初，テレビ生産に参入したのは35社にのぼり，その後，撤退する企業がでる一方で新たに参入する企業も多かった。人々の所得水準もテレビ価格にたいしてはかなり低かった。部品ではテレビ以前から模造品も多く出現した[1]。しかし，そうした粗製濫造を引き起こしかねない傾向は大勢を占めるには到らなかった。

　粗製濫造にはならなかった要因の一つは，テレビの場合は知的所有権が機能したということであった。1951年に連合国工業所有権戦後措置が実施され，戦時期の外国の発明についての国内特許が確定したから，テレビの生産は，特許を保有する外国企業との契約なしにはできなかった。テレビには多くの特許が存在したが，とくに重要だったのはアメリカ・RCAのそれで，通産省はその認可に一定の基準を設けて1953年，37社に認可したのであった。

　また，市場もラジオのときとは違って，製品品質に厳しい市場であった。外国の消費者なら問題にしないような欠陥も日本だとすぐに返品の対象になるといわれ，それが日本セットメーカーのブラウン管規格をアメリカの最低水準以上のものにさせ，ブラウン管の良品率を低下させたといわれた（平本 1994：48-49）。真空管でも，「昨日までの良品は今日はもう不良品と断定される苛烈な品質レベルの上昇が月々何品種かは起きた」（『茂原工場新聞』19560701：1）。抵抗器，コンデンサなどへの品質要求も厳しかった。その結果，1960年ころには，「ラジオ，テレビ用部品については概ね世界的品質水準とな」った（『テレビ・ラジオ年鑑』1960：137）。戦前ラジオでの松下のような企業行動（部品・材料メーカー

235

への厳しい要求）が戦後テレビでは一般的となった。そうしたことの繰り返しが，やがて電子部品ではPPM（Parts Per Million）管理と呼ばれる百万個に数個の不良品レベルという世界的にきわめて高度の品質水準の達成に結びついていったのであった。

　生産・販売の条件としても，テレビはラジオよりは規模の経済性が大きかったし，販売網は系列化されたからそれを形成し維持するためには大規模で多角的な事業体が有利であった。ともに大企業に有利だったのである。しかもそうした大企業は社内での研究開発を組織化していたし，外国企業と特許権の実施協定や技術提携を結んでいた。

　そうした大企業としては，ラジオで成長した松下，早川はもとより，東芝，日立，三菱電機など関連企業が参入した。多くの大企業が参入し，しかもそれらのシェアは近接していた。松下が圧倒的に優位だったラジオとは違ったのである。

　こうしたことから，企業間競争は中小企業間の粗製濫造的なそれではなく，それぞれ研究開発能力をもつ寡占体間の激しい競争となったのである。

　第三に，政策と官民の関係もラジオの時代とは違っていた。通産省は，テレビの振興に様々な政策手段で取り組んだ。製品の輸入規制，外国企業との技術提携の認可，日本開発銀行の融資，試験研究補助金の交付，共同研究の組織化，輸出の調整などが行なわれた。技術革新や国際競争力の強化を強く志向していたのであり，戦前の逓信省・日本放送協会が放送受信の普及を第一議として，技術的には簡易で安価な受信機を理想としたのとは大きく違っていた。冒頭の標語は，ラジオのものだがそれを象徴している。業界側でもGHQの指導で1948年にできた無線通信機械工業会が，テレビの普及型の設定，物品税問題，販売の乱売問題，共同研究など様々な問題に取り組んだ。なかなか工業組合すら形成できなかった戦前とは業界の組織性も異なっていた。

　そして，官民の関係は，戦前のように対立的ではなく，おおむね同一の方向を向いていた。戦前は，放送制度，局型受信機，戦時の配給問題など，官は権威主義的で強硬であり，民は民で機会主義的な行動がめだった。官民の利害は一致せず，相互の対立が制度の機能を阻害する傾向が強かった。それと比較す

ると，戦後のテレビでは，通産省と無線通信機械工業会，NHK技研と各メーカーの協力，協働関係が印象的である。

　こうした産業政策や官民の協力関係がテレビ産業の発展の主要な要因であるとまではいえないが，ラジオの場合よりは技術革新や産業成長に寄与したことは確かである。

　そして第四に，テレビでは産業全体として進歩していくスピードが速かった。先進国であったアメリカと比べるとこの点が大きな特徴であった。同じような企業が同じような戦略で競争することで企業間競争は激しくなり，また競争が特定の製品種類に焦点化されることで製品革新のスピードが速くなった。関連産業の発展やNHK技術研究所の研究開発などもイノベーションを促進した。産業政策も技術革新を志向していた。各構成者の努力は同じ方向を向いていたし，そのことは競争をより激しくし，いっそうの努力をひきだした。全体として進歩していくスピードが速くなったのである。

　例えば，白黒テレビでは，普及型の設定の試みや物品税の設定などから14型という単一の製品種類に各社は生産を集中させた。14型での製品革新と価格の低下に各社が激しく競争したことで市場は急速に掘り起こされ，そのことが規模の拡大を生んでさらなる価格低下をもたらした。単一品種への集中という静態的合理性と激しい革新という動態的な効率性がともに達成されたのである。カラーテレビでも，RCAだけが開発を続けたアメリカと違って，キー技術であるブラウン管の開発を官民一体となった共同研究で行ない，主要企業は皆，カラーテレビに参入して，激しく競争した。そのことで早くから輸出を伸ばすことができ，それが量産規模の拡大に結びついて価格低下から国内市場の本格的成長をもたらした。こうしたことが繰り返されていったのであり，その結果，短期間に日本のテレビは世界を追い越したのであった。日本のテレビでは，一つの企業が国際的優位を確立したのではなく，一連の企業群が優位を確立したのであった。

　その過程では，一見，ラジオと同じような現象がみられた。普及期における安価な製品への集中である。ラジオの「並四球」のようにテレビでは14型に集中した。両者は，単一品種の量産という静態的合理性を獲得できたという点で

は同一の効果をもっていた。しかし、テレビの14型の場合は、産業の構成者も技術的な状態も違っていた。企業は社内に研究開発機能を備えた大企業であり、技術面では14型のなかでも革新が続いたし、何より14型で普及率が高まれば、次の製品（画面の多様化やカラーテレビ）が待望された。14型への集中は製品革新の一時的な現象であった。動態的な意味が「並四球」とはまったく異なっていたのである。

また第五に、その結果、戦後のテレビでは革新が相次ぎ、戦前のラジオで出現したような技術的に安定な状態も出現しなかった。新しい放送の出現（カラーテレビなど）、製品技術（カラーテレビ、大型化など）、部品技術（トランジスタ、ICなど）、市場の制約ないし拡大（当初の放送と市場の悪循環の形成、輸出など）、などで次々と不均衡が生じ、各構成者の努力はそれらの不均衡の突破に向けられ、革新を競った。技術と産業は激しい変動を重ねたのである。

（2） 類似点

他方、テレビとラジオ、とくに1930年代半ば以降のそれが類似していたのは、システムを構成する、政府と放送当局を除く構成者のあり方（大企業や公共研究機関）と構成者間の関係（同質的な製品戦略による競争、相互の競争と協調で進化していくシステム、共同研究の仕組み）であった。また、所得水準（製品価格と比べた場合の当初の市場の貧しさ）や内外の技術ギャップという条件も同様であった。

このシステムの類似性のうち、企業についてみれば、企業内の製品開発、量産、部品調達、販売などのシステムは、テレビの方が洗練されていたことはもちろんであるが、1930年代半ば以降のラジオでも基本的な性格は同じであった。製品戦略も「並四球」を中心とした同質的なものになった。寡占企業間の相互の競争と協調をとおして進化していくシステムも形成されていた。公共研究機関も既にラジオで存在していた。官民一体となった共同研究も開始された。もちろん、前項で指摘したように、企業の構成（どんな企業か）や企業間競争の様相、公共研究機関の研究の方向、業界団体のあり方などは違っており、システムのパフォーマンスにとってそのことの意味は小さくはなかった。しかし、システムの基本をなす、政府部門以外の構成者のあり方とそれらの関係はそう違

わなかったのである。

　ただ,システムの各構成者や構成者間の関係が似ていても,それらの努力の向う先は大きく違っていた。1930年代半ば以降のラジオでは,公共研究機関と各企業の努力は,大きくいえば,技術の最先端の追求ではなく,簡易な受信機の研究,開発,生産,販売という方向に向ったのにたいし,戦後のテレビでは,各構成者はたえず先端技術を目標として努力を重ねた。その結果が,上記第四であげた産業全体としての進歩していくスピードの速さであった。

　その努力の向う先に影響したのは,ある部分は構成者自らの志向であり,ある部分は産業をとりまく諸条件であった。構成者の志向についてみれば,戦後のテレビ企業は研究開発機能をもった大企業や研究開発志向型の成長企業（ソニー）であり,公共研究機関も新たな放送技術の研究開発に積極的であった。産業をとりまく諸条件についてみれば,前項の第一の放送のあり方や第二の市場の厳しさ,知的所有権のあり方が重要であった。産業をとりまく諸条件は各構成者に革新を迫り,各構成者はその志向もあって革新を競ったのであった。

　つまり,テレビとラジオの技術と産業のシステムの基本は似ていても,その志向は異なっていた。しかも,放送体制や政策など,システム自体に違う部分もあった。結果として全体のシステムの機能は大きく違ったのである。

　このように,技術と産業の変動のあり方は戦前と戦後とでは激変したが,そのシステム自体はまったく入れ代わったというわけではなかった。この意味でも,戦前日本のエレクトロニクスの発展の後れは,単なる経済全体の発展の後れや関連産業の未発達によるものではなかったことは明らかである。同じような構成者やそれらの関係でも,システムが違えば努力の方向は異なり,その結果は大きく違うことが戦後との比較でも明らかだからである。

②　技術・産業システムと社会経済

　そのシステムの機能の違いをもたらした上記の要因をあらためて具体的に整理すると,放送体制の違い（放送自体の革新と民間放送の有無）,公共研究機関の機能（製品の普及志向か革新的技術か）,企業の志向（技術革新志向かどうか）,市場の志

向（低価格志向か品質に厳しいか），知的所有権の機能，政策（技術の規制―オールウェーブ―か革新の促進か）と業界団体（有効な団体を形成できたかどうか），そして国内市場の孤立の程度や技術システムの安定性の有無などをあげることができる。このうち，放送体制や市場の志向，知的所有権，政策など，基本的な要因のいくつかは社会経済の特性と深く結びついていることは明らかであろう。もちろん，戦前日本の社会経済ではこれ以外のシステムはありえなかったということはできないとしても，当時の社会経済のあり方ではこうしたシステムになりやすかったとはいえる。その点をあらためて確認しておこう。

典型的なのは放送体制の問題である。戦後に実現するような民間放送の構想が戦前にもなかったわけではない。放送体制の最初の案（通信省通信局義）では，放送経営の主体は民営であり，次の「放送用私設無線電話ニ関スル議案」でも一定の地域内に放送局は一つで「組合又は会社」がそれを設置するものとされた。民間側でもそれに対応して，放送事業の出願が相次いだ。

しかし，結局，それは実現しなかった。官僚は民間の営利事業に強い反感をもっていたし，民間側でも既存企業の損失を新放送会社に肩代わりさせようとしたり，官側の依頼を受けたと称して放送会社に他を参加させないなどの利権獲得的な行動が相次いだ。強硬な官僚にたいし，民間では機会主義的な行動が目立った。そこで，放送事業は儲からぬ組織にすればよいという犬養通信大臣の裁断が下されたのであった。その後も，放送事業の形成は「一面，官民の闘争史」（日本放送協会 1951：344）となった。そのなかで官が勝利を収めたのであった。こうした意味で，当時の官と民との関係のもとでは，民営構想から社団法人の三放送局の設立，その合同による社団法人日本放送協会の設立，1934年のその改組と続く一連の放送の国家管理への方向は，ある種の必然性をもっていたといえる。

しかしそれでも，戦前日本では民間放送の可能性はまったくなかったとまではいえないであろう。犬養大臣の裁断にも参事官会議は反対の決定をしたし，1926年の日本放送協会の設立でも1934年のその改組でも，紛糾，非難が相次ぎ，官の方針を強行するのは容易ではなかった。政治的な争いの結果なのであった。

そして，前章 p. 2 (3) でみたように，この放送体制が選択されたということ

は，経路依存的（path dependent）な意味でラジオ市場には大きく影響した。もし，民間放送が開始されていればラジオの技術と産業は大きく違っていたであろうことは戦後と比較すれば明瞭である。しかし，戦前日本の政治と経済のあり方はこの放送の国家管理と親和性が高かったのである。

　市場の問題や知的所有権の機能でも同様のことが指摘できる。模倣や偽造，粗製濫造の横行は，戦前日本の他の多くの産業でみられたことであった。「安かろう悪かろう」は長いこと日本製品の特徴とされていたのであった。もちろん，戦後になって同様の現象がなくなったわけではないが，企業の品質管理の導入とその日本的な変質，全社的な運動の興隆，及び消費者の品質への意識の高まりなど，戦後には異なる方向へ企業と市場が全体として向かっていったことは確かである。ラジオの粗製濫造的な競争は戦前日本の経済の文脈に沿っていたといってよいであろう。

　政策の問題がそうであることははっきりしている。オールウェーブの規制（外国の放送聴取の禁止）は戦前日本の政治体制では当然の帰結であった。逆に戦後，GHQは「並四球」のような再生式ラジオの生産をやめてスーパーへテロダインを製作するように指示した。政策の方向は逆になったのである。

　政策の産業にたいするスタンスという点でも，戦前は「一戸一受信機」にみられるように情報の伝達，操作，そのためのラジオの普及促進こそが優先的な課題であった。戦後は普及ももちろん重要だが，輸入への対抗や輸出の促進が大きな問題であった。冒頭に掲げた商工省の担当課の標語はそれを象徴している。戦前は政府当局者にとっては安価で簡易な受信機が理想であり，戦後は生産性の向上，技術革新への取り組みが重要であった。それぞれが政府の目標や性格から由来していることはいうまでもないであろう。

　こうした意味で，戦前と戦後のシステムの機能の差をもたらした諸要因のいくつかは，それぞれの社会経済のあり方と深く結び付いていたといってよいであろう。戦前日本のラジオ，ひいてはエレクトロニクスの技術と産業が後れていったのは，その意味では当然の結果だったのである。

　これまで，経済成長論や工業化の文脈では工業化の「社会的能力（social capabilities）」がしばしば問題にされてきた（大川・ロソフスキー 1973, Abramovitz

1986など)。それにならっていえば、戦前日本のエレクトロニクスでは、イノベーションと産業発展の社会的能力が劣っていたということができよう。同時期の国際的な比較のうえでも、同じ社会経済の歴史的な比較のうえでもその社会的能力は劣っていたのである。

注
(1) 有名なのは、神田で販売されたマツダ（東芝）製の真空管を偽造した「神マツ」である。
(2) 国民的革新能力（National Innovative Capacity）という概念が既に使用されているが（Furman et al. 2002），計量的な国際比較の枠組みとして提起されたもので，構成する要因は単純であり，歴史的ないし進化的な接近のための概念として構成されたものではない。
(3) このうち技術形成に関していえば，戦前日本の社会経済の特質が技術の後れをもたらしたとみる点では，この結論は，戦後に技術史研究が本格的に開始されたときの主なアプローチである，伝統的なマルクス経済学をベースとした考え方に近いとみえるかもしれない。そこでは，日本の技術の「官僚的な性格，軍事的な性格，植民地的な性格」が強調されたり（星野 1956：1），「外国依存，跛行・不均等性，官僚的・軍事的性格」が指摘され（中村 1968：306），日本の技術は必然的に後れたり，歪んだりするとされた。

　　しかし，序章でも指摘したように，伝統的なマルクス経済学に基づくアプローチが，日本の技術は先進国に追いつくのが自然なのに，何故，追いつけないのかと問うているのにたいし，ここでは，そもそも技術形成はそれぞれの社会のあり方と関連していると仮定したうえで，日本は何故，後れた技術を採用したのかを問題としている。まず，視角が違っているのである。

　　具体的な因果関係のレベルでいっても，ここでは，前者が主張するように，外国技術への過度の依存が自主的な技術形成努力を損なって技術が後れたわけではなく（日本の技術の「植民地的性格」），関連産業や技術との有機的関連を欠いているわけでもなく（同じく「跛行的性格」），低賃金だったから高度な技術採用を犠牲にしたわけでもない。また，ラジオは民生技術であり，軍事技術ではなく，軍事技術によって発展がゆがめられたわけでもない（同じく「軍事的性格」）。むしろラジオの後れが軍事技術にマイナスの影響をもたらした。確かに官僚は「一戸一受信機」を進めようとしたが，ドイツと違って意図どおりには実現しなかった（同じく「官僚的性格」）。要するに，前者が想定する因果関係で戦前日本のエレクトロニクスの後れを説明するのは困難である。

　　もっと重要なことは，ここでは，社会経済のあり方と技術形成との因果関係は，

終章 戦前ラジオの位置——イノベーションと産業発展の社会的能力

前者が想定するほど直接的なものとしているわけではないことである。伝統的なマルクス経済学をベースとしたアプローチでは，国家や資本のそれぞれの利害，およびその結びつきが技術形成の主要な要因と考えられているが，ここでのイノベーション・システムはもっと広い構成要素と関係を視野に入れている。例えばここでは，アマチュアの大量の存在や消費者のあり方も重要であった。したがってその社会との関連も強弱さまざまなものを含み，さらにはそれとは関連のない要素（日本の地理的な位置）も含んでいる。社会経済と関連するとして上にあげた要因でも，放送体制，市場，政策は，それぞれ社会経済の特質との関連の距離は同じではない。放送体制では異なる体制を選択する可能性はまったくなかったわけではないのにたいし，オールウェーブの規制は戦前であれば必然的であったといってよいであろう。

　ここでは，イノベーション・システムのうち，その特性に大きく影響したような要因のいくつかが社会経済の特性と深く結びついているといっているにすぎない。そういう意味で，この戦前日本のエレクトロニクスでは，イノベーションと産業発展の社会的能力が重要だったとしているのである。

［付　表］

付表1　ラジオ聴取者数・普及率推移

（単位：千人，普及率は％）

年度	年度末現在数	加入数	廃止数	増加数	普及率	市部	郡部
1924	5	5		5	0.1		
1925	259	265	12	253	2.1		
1926	361	184	81	103	3.0		
1927	390	130	101	29	3.2		
1928	565	307	132	174	4.7		
1929	650	253	167	86	5.4		
1930	779	301	173	128	6.1	11.5	3.8
1931	1,056	465	188	277	8.3	15.3	5.1
1932	1,420	529	165	364	11.1	25.7	4.5
1933	1,714	500	205	295	13.4	30.2	5.6
1934	1,979	511	246	265	15.5	34.6	6.5
1935	2,422	659	216	443	17.9	36.8	8.1
1936	2,905	729	246	483	21.4	42.1	10.4
1937	3,584	943	263	680	26.4	48.2	14.3
1938	4,166	878	297	581	29.4	49.8	17.3
1939	4,862	997	300	696	34.4	55.5	21.3
1940	5,668	1,163	357	806	39.2	61.6	26.3
1941	6,624	1,325	368	956	45.8	65.2	32.4
1942	7,051	829	402	427	48.7	66.9	35.7
1943	7,347	640	343	296	49.5	69.8	37.1
1944	7,474	365	239	127	50.4	68.8	38.9
1945	5,728	305	2,039	-1,746	39.2	38.0	40.2

注：普及率は100世帯当り聴取者数。
資料：聴取者数は日本放送協会『業務統計要覧』などから，普及率は日本放送協会『日本放送史』上巻，巻末図表・統計より作成。

付表2 ラジオ聴取者使用受信機種類別

(単位:総台数以外は%)

年度	総台数	鉱石式(%)	真空管式(%)						
			小計	電池式	交流式	1~2球	3球	4球	5球~
1926	170,113	70.5	29.5						
1927	114,725	45.7	54.3						
1928	306,300	39.0	61.0						
1929	243,684	25.0	75.0						
1930	302,325	17.0	83.0						
1931	397,749	11.5	88.5	11.0	77.6	4.7	52.1	16.8	3.9
1932	523,222	5.7	94.3	7.6	86.8	3.9	51.1	26.4	5.3
1933	499,958	4.2	95.7	4.6	90.8	2.5	49.9	34.1	4.3
1934	510,224	1.6	98.4	3.5	94.9	0.8	45.1	44.4	4.6
1935	659,910	0.8	99.2	2.9	96.3	0.5	35.3	56.9	3.6
1936	729,106	0.6	99.4	2.7	96.7	0.2	22.8	70.4	3.3
1937	935,884	0.4	99.6	2.3	97.3	0.1	15.7	78.3	3.2
1938	878,118	0.3	99.7	1.2	98.5	0.1	11.1	84.4	2.9
1939	996,654	0.1	99.9	0.8	99.0	0.1	9.0	86.0	4.0
1940	1,163,909	0.1	99.9	0.7	99.2	0.0	7.9	86.3	4.9
1941	1,324,754	0.1	99.9	0.6	99.3	0.0	10.6	85.1	3.6

注:各年度新規加入者の受信機の種類別推移。
資料:1926~30年度は,日本放送協会『放送五十年史』資料編,428頁(原資料は,日本放送協会編『聴取者統計要覧』ほか),それ以外は,日本放送協会『業務統計要覧』1933,39,41年度,より作成。

付表3 ラジオ生産・輸出入

(単位:千円)

年	生産	輸出	輸入
1928			594
1929			568
1930			322
1931			417
1932			490
1933			338
1934			355
1935		1,693	384
1936		2,024	350
1937		2,577	409
1938		2,299	100
1939	26,335	4,200	9
1940	49,554		
1941	64,772		
1942	60,077	3,960	

注1) 輸出入には部品を含む。
資料:生産は,「家庭用ラヂオ受信機械器具」で商工大臣官房調査課『工業統計表』,輸出入は,「電話機及び同部分品(放送無線電話聴取用ノモノ)」で大蔵省編『日本外国貿易年表』による。

参考文献

相原大三（1940），「最近のタイ国事情に就いて」『電気通信』第 3 巻第 8 号，1940年 3 月。

青木洋（2004），「第二次大戦中の研究隣組活動―研究隣組趣旨及組員名簿による実証分析」『科学技術史』第 7 号。

赤坂東司（1928），「ラヂオの進路」『調査月報』第 1 巻第 4 号，1928年 8 月。

秋間保郎（1925），「大正十四年　ラヂオ回顧録」『無線電話』第 2 巻第12号，1925年12月。

浅尾荘一郎（1927），「真空管の最近の発達と其の傾向」『ラヂオの日本』第 5 巻第 6 号，1927年12月。

アメリカ合衆国商務省編（1986），『アメリカ歴史統計・第Ⅱ巻』斎藤眞・鳥居泰彦翻訳監修，原書房。

新井和平編（1972），『思い出の記録　市村繁次郎』富久無線電機株式会社。

有沢広巳（1959），「産業論のはじめに」有沢広巳編『現代日本産業講座　Ⅰ　近代産業の発展』岩波書店。

安立電気株式会社（1964），『創立30年史』同社。

安立電気株式会社（1982），『安立電気五十年史』同社。

池谷理（1975-1979），「受信管物語」(1)～(33)『電子』1975年11月号～1979年 7 月号。

伊藤賢治（1932），「ラヂオ界空前の難局に立ちて　(五)」『日刊ラヂオ新聞』1932年 7 月22日。

稲田三之助伝刊行会編（1965），『稲田三之助伝』電気通信協会。

井上好一（1949），「早川電機におけるタクト式流れ作業を語る」『日本能率』第 8 巻第 9 号，1949年 9 月。

今井孝（1937），「進み行く各国ラヂオ用真空管界の近情」『マツダ新報』第24巻第 6 号，1937年 6 月。

岩間政雄編（1925），『ラヂオ年鑑　一九二六』ラヂオファン社。

岩間政雄編（1938），『無線機器産業総覧』放送サービス社。

岩間政雄編（1944），『ラヂオ産業廿年史』無線合同新聞社。

植村東彦（1926），「軍需工業動員に就て」『工政』第83号，1926年10月。

梅田徳太郎（1988），「受信管製造の記録」(「真空管製造開始当時から終戦直前までの状況に就いて」（手稿）) 日本電子機械工業会電子管史研究会編『電子管の歴史―資料編』同会。

SMK株式会社 (1986),『信頼のブランド　SMKの60年』同社。
X. T. Y. 生 (1935),「ラヂオ商工業者の知り置くべき諸統計とその観察」「同Ⅲ」『無線と実験』第22巻第9号, 1935年9月, 第22巻第11号, 1935年11月。
大川一司・ヘンリー・ロソフスキー (1973),『日本の経済成長―20世紀における趨勢加速―』東洋経済新報社。
大阪変圧器株式会社 (1972),『大阪変圧器五十年史』同社。
太田昌宏 (2005),「ラジオ放送草創期の諸論議―新聞界, 実業界, 逓信省の確執―」『放送研究と調査』第55巻第4号, 2005年4月。
大塚久 (1994),『クラシック・ヴァルヴ―幻の真空管800種の軌跡―』誠文堂新光社。
岡崎良太郎 (1941),「2600年度の受信用真空管」『マツダ新報』第28巻第1号, 1941年1月。
岡部豊比古 (1942),「受信用真空管の小型化」『無線と実験』第29巻第10号, 1942年10月。
岡本次雄 (1963),『アマチュアのラジオ技術史』誠文堂新光社。
岡本康雄 (1973),「松下電器のマーケティング行動・販売網と販売組織」同編『わが国家電産業における企業行動―松下電器の実態分析―』私家版。
尾崎久仁博 (1989),「戦前期松下のチャネル行動と経営戦略」滋賀大学『彦根論叢』第257号, 1989年6月。
尾高煌之助 (1984),『労働市場分析』岩波書店。
尾山和安 (1938),「放送受信用機器と規格統一の促進」『放送』第8巻第11号, 1938年11月。
加藤誠之 (1931),「英国における受信機の現状」『ラヂオの日本』第12巻第4号, 1931年4月。
川島真 (2006),「満州国とラジオ」貴志俊彦・川島真・孫安石編『戦争・ラジオ・記憶』勉誠出版。
木内憲一 (1938),「RCAビクター八五T型五球スーパーヘテロダイン」『ラヂオの日本』第27巻第1号, 1938年7月。
貴志俊彦 (2006),「東アジアにおける『電波戦争』の諸相」貴志俊彦・川島真・孫安石編『戦争・ラジオ・記憶』勉誠出版。
清川雪彦 (1987),「日本の技術発展：その特質と含意」南亮進・清川雪彦編『日本の工業化と技術発展』東洋経済新報社。
清川雪彦 (1995),『日本の経済発展と技術普及』東洋経済新報社。
金栄熙 (2006),「植民地時朝鮮におけるラジオ放送の出現と聴取者」(孫安石訳) 貴志俊彦・川島真・孫安石編『戦争・ラジオ・記憶』勉誠出版。

参考文献

久野古夫 (1982), 「必ずテレビ時代が来る！」松下幸之助監修『技術者魂―中尾哲二郎の歩んだ道―』松下電器産業株式会社中尾研究所。

グラシエラ・クラビオト (1986), 「戦前・戦時における松下電器の商品開発と組織」京都大学『経済論叢』第158巻第2号, 1996年8月。

桑島正夫編 (1938), 『電気学会五十年史』電気学会。

桑島正夫編 (1939), 『本邦における輓近の電気工学』電気学会。

ゲルツ博士 (1935), 「ラヂオ工業の将来」『放送』第5巻第8号, 1935年8月。

後藤睦美 (1943), 「RCA Q12型全波受信機に就て」『電波日本』第36巻第4号, 1943年4月。

小林圭司編 (1979), 『松下電器・営業史（戦前編）』松下電器産業株式会社社史室。

崔相鐵 (2004), 「家電流通―家電メーカーと家電商人の対立と協調―」石原武政・矢作敏行編『日本の流通100年』有斐閣。

佐々木聡 (1998), 『科学的管理法の日本的展開』有斐閣。

佐野昌一 (1926), 「受信機の選び方」『無線電話』第3巻第6号, 1926年6月。

沢井実 (2005), 「戦間期日本の研究開発体制―官公私立鉱工業試験研究機関の変遷とその特質―」中村哲編著『東アジア近代経済の形成と発展―東アジア資本主義形成史Ⅰ―』日本評論社。

下郡山信吉 (1939), 「新規加入者に観た聴取時間と嗜好種目」『放送』第9巻第7号, 1939年7月。

下谷政弘 (1994), 「流通系列の形成と松下電器グループ」京都大学『経済論叢』第153巻第1・2号, 1994年1・2月。

下谷政弘 (1998), 『松下グループの歴史と構造―分権・統合の変遷史―』有斐閣。

全波受信機技術調査委員会 (1941), 「全波受信機標準仕様書に就て」『ラヂオの日本』第32巻第4号, 1941年4月。

総務局計画部（日本放送協会）(1939), 「受信機普及状況調査の概要」『放送』第9巻第5号, 1939年5月。

側面子 (1928), 「我が国のヴァルヴ発達史側面観」『無線と実験』第9巻第2号, 1928年5月。

高橋衛 (1994), 『「科学的管理法」と日本企業』御茶の水書房。

高橋雄造 (2007), 「ラジオ技術における非公式な研究交流団体の歴史 Ⅰ．十日会の足跡」『科学技術史』第10号, 2007年10月。

高村悟 (1939), 「ラヂオ受信機の新傾向(2)」『ラヂオの日本』第28巻第6号, 1939年6月号。

高村悟（1940a），「欧米受信機最近の情勢」『放送』第10巻第2号，1940年2月。

高村悟（1940b），「ラヂオ受信機の趨勢」『電気通信学会雑誌』第213号，1940年12月。

田口達也（1993），『ヴィンテージラヂオ物語』誠文堂新光社。

谷口正治（1984），『私の流通人生』私家版。

玉置正美（1976），「ラジオ放送の開始とラジオ工業」通商産業省編『商工政策史』第18巻，商工政策史刊行会。

田村謙治郎（1940），「放送事業の使命と本邦斯業の将来」『電気通信』第3巻第9号，1940年7月。

田山彰・高橋雄造（2000-2001），「回想　日本のラジオ・セット(I)」，「同II」電気学会『電気技術史資料』HEE-00-15，2000年9月13日。同 HEE-01-12，2001年6月28日。

智田次郎（1936），「再生障害と受信機」『放送』第6巻第12号，1936年12月。

通商産業省編（1964），『商工政策史』第14巻，商工政策史刊行会。

逓信省電気試験所（各年度），『電気試験所事務報告』同所。

逓信省電気試験所（1944），『電気試験所五十年史』同所。

逓信省電務局（1939），「放送用私設無線電話規則の改正」『放送』第9巻第11号，1939年11月。

逓信省・日本放送協会（1934），『第一回　全国ラヂオ調査報告』日本放送協会。

電気・電子辞典編集委員会編（1965），『電気・電子辞典』技報堂。

電気通信協会編（1958），『電気通信協会二十年史』同会。

電子機械工業会編（1968），『電子工業20年史』同会。

電波監理委員会（1950-1951），『日本無線史』第1巻〜第13巻，同会。

東京芝浦電気株式会社（1963），『東京芝浦電気株式会社八十五年史』同社。

東京市役所編（1938），『ラヂオ商工業事情概要』同所。

東京市役所商工課編（1931），『東京市工場要覧』昭和六年版，同所。

東京電気株式会社（1934a），『我が社の最近二十年史』同社。

東京電気（1934b），「新型並に特殊小型真空管」『電信電話学会雑誌』第141号，1934年12月。

苫米地貢（1934），「受信機の価格協定の急務」『無線と実験』第20巻第4号，1934年1月。

中岡哲郎（1986），「技術史の視点からみた日本の経験」中岡哲郎・石井正・内田星美『近代日本の技術と技術政策』国連大学出版局。

中岡哲郎（2006），『日本近代技術の形成―「伝統」と「近代」のダイナミクス―』朝日新聞社。

中垣良二（1930），「新しい抵抗増幅のセット」『ラヂオの日本』第10巻第6号，1930年6月。

中郷孝之助（1934），「独逸の国民受信機 VE 三零一号について―その存在理由と配給機構の概略―」『無線と実験』第20巻第6号，1934年3月。

中村静治（1968），『戦後日本経済と技術発展』日本評論社。

中村静治（1975），『技術論論争史』上，下，青木書店。

中村隆英・原朗（1973），「経済新体制」日本政治学会編『「近衛新体制」の研究』（年報政治学；1972）岩波書店。

中村利雄（1985），『ラジオの生い立ちと組合設立50年の歩み』私家版。

中山龍次（1931），『欧米における放送事情調査』日本放送協会関東支部。

中山龍次（1939），「新東亞建設と電気通信事業」『電気通信』第2巻第6号，1939年10月。

七尾菊良（1935），「優良受信機製作の合理化」『放送』第5巻第12号，1935年12月。

日通工株式会社（1993），『日通工75年史』同社。

日本経営史研究所（1981），『沖電気一〇〇年のあゆみ』沖電気工業株式会社。

日本ケミコン株式会社（1982），『日本ケミコン五〇年史』同社。

日本電気株式会社（1972），『日本電気株式会社七十年史』同社。

日本電気社史編纂室編（2001），『日本電気株式会社百年史』，『同　資料編』，同社。

日本電子機械工業会電子管史研究会編（1987），『電子管の歴史―エレクトロニクスの生い立ち―』オーム社。

日本放送協会編（各年），『業務統計要覧』同協会。

日本放送協会編（1935），『全国ラヂオ商工人名録』日本放送出版協会。

日本放送協会編（1951），『日本放送史』日本放送協会。

日本放送協会編（1965），『日本放送史』上巻，下巻，別巻，日本放送出版協会。

日本放送協会編（1977），『放送五十年史』，『同　資料編』，日本放送出版協会。

日本放送協会技術研究所編（1961），『三十年史』日本放送協会。

日本放送協会周知課技術部（1939），「市場に現はれて居る国策型受信機10種の試験報告（1）」『無線と実験』第26巻第9号，1939年9月。

日本放送協会総合技術研究所・放送科学基礎研究所編（1981），『五十年史』日本放送出版協会。

日本無線株式会社（1971），『五十五年のあゆみ』同社。

根岸栄隆（1929），「聴取料問題と放送政策」(1)～(92)，『日刊ラヂオ新聞』1929年1月～6月23日号。

根岸みだ六（1926），「国産真空管の特質」『無線と実験』第 6 巻第 3 号，1926 年 12 月．

芳賀千代太（1927），「米国に於けるラヂオ・電源の動力化」『無線と実験』第 7 巻第 5 号，1927 年 8 月．

橋本寿朗（1994），「戦前日本の技術政策」東京大学社会科学研究所『社会科学研究』第46巻第 3 号，1994年12月．

濱地常康（1926），「受信用三極真空球の出来上るまで」『無線と実験』第 5 巻第 6 号，1926年 9 月．

早川電機工業株式会社社史編集委員会編（1962），『アイデアの50年―早川電機工業株式会社50年史』同社．

早川徳次（1963），『私と事業　改訂版』実業の日本社．

早川徳次（2005），『私の考え方　新装改訂版』浪速社．

平本厚（1994），『日本のテレビ産業―競争優位の構造―』ミネルヴァ書房．

平本厚（2000a），「日本における電子部品産業の形成―受動電子部品―」東北大学『研究年報・経済学』第61巻第 4 号，2000年 1 月．

平本厚（2000b），「日本版 RCA 構想の挫折―形成期無線機器産業の特質―」『経営史学』第34巻第 4 号，2000年 3 月．

平本厚（2000c），「日本におけるラジオ工業の形成」『社会経済史学』第66巻第 1 号，2000年 5 月．

平本厚（2000d），「松下のラジオ事業進出と事業部制の形成」『経営史学』第35巻第 2 号，2000年 9 月．

平本厚（2004），「電池式受信機普及委員会―エレクトロニクスにおける共同研究の濫觴―」東北大学『研究年報・経済学』第65巻第 3 号，2004年 1 月．

平本厚（2005a），「エレクトロニクスと現代資本主義：支配的産業の歴史的位相」村上和光・半田正樹・平本厚編『転換する資本主義：現状と構想　大内秀明先生古希記念論文集』御茶の水書房．

平本厚（2005b），「『並四球』の成立(1)―戦前日本のラジオ技術革新」『科学技術史』第 8 号，2005年12月．

平本厚（2006a），「ラジオ産業における大量生産戦略の登場」東北大学『研究年報・経済学』第67巻第 2・3 号，2006年 1 月．

平本厚（2006b），「ラジオ産業における大量生産・販売システムの形成」『経営史学』第40巻第 4 号，2006年 3 月．

平本厚（2006c），「『並四球』の成立(2)―戦前日本のラジオ技術革新」『科学技術史』第9号，2006年10月。

平本厚（2007），「日本における真空管産業の形成」東北大学『研究年報・経済学』第68巻第2号，2007年2月。

平本厚（2008），「戦前戦時期松下の分社経営」『経営史学』第42巻第4号，2008年3月。

広島県家電業界50年の歩み編集委員会（1979），『広島県家電業界50年の歩み』広島県電器商業組合。

広瀬太吉（1967），『自我像』金剛出版。

広瀬太吉（1971），『自我像 第二巻 ぼうふらや蚊になるまでの巻』牧野出版社。

藤室衛（2000），『真空管半代記』東京文献センター。

古澤匡市郎（1937），「大阪ラヂオ工場見学記(1)」『無線と実験』第24巻第8号，1937年8月。

放送係（1943），『受信機等価格決定関係』昭和一八年八月（国立公文書館蔵）。

星野芳郎（1956），『現代日本技術史概説』大日本図書。

星野芳郎・向坂正男（1960），「機械工業の史的展開」有沢広巳編『現代日本産業講座 Ⅴ 各論Ⅳ機械工業1』岩波書店。

D．ポスカンザー（1996），「無線マニアからオーディエンスへ」古賀林幸訳，水越伸『二〇世紀のメディア①エレクトリック・メディアの近代』ジャストシステム。

本誌記者（1941），「新帰朝者・ビクター味生勝氏に米国無線界最近の動向を訊く」『無線と実験』第28巻第4号，1941年4月。

前田直造（1940），「満州放送事業の発達に就て」『電気通信』第3巻第9号，1940年7月。

牧野文夫（1996），『招かれたプロメテウス―近代日本の技術発展―』風行社。

松尾博志（2000），『武井武と独創の群像―生誕百年・フェライト発明七十年の光芒―』工業調査会。

松下幸之助（1986），『私の行き方考え方―わが半生の記録―』PHP研究所，PHP文庫（旧版は，甲鳥書林，1954年）。

松下幸之助監修（1982），『技術者魂―中尾哲二郎の歩んだ道―』松下電器産業株式会社中尾研究所。

松下電器産業株式会社（1945），『松下電器産業株式会社無線製造所業容書』昭和貮拾年壹月壹日現在。

松下電器産業株式会社（1953），『創業三十五年史』同社。

松下電器産業株式会社（1961-1966），『社史資料』No.1-15，同社。

松下電器産業株式会社技術本部（1968），『松下電器の技術50年史』同本部。

松下電器産業株式会社ラジオ事業部（1981），『飛躍への創造―ラジオ事業部50年のあゆみ―』同事業部。

松下電子部品株式会社（1986），『部品の揺籃時代（昭和6年～昭和32年)』（社史資料No.1）同社。

松下電子部品株式会社固定抵抗器事業部（1981カ），『500億個達成の歩み』同事業部。

松下無線株式会社（1936），『業務規範』同社，1936年3月。

松下無線株式会社（1937，1938），『松下無線株式会社業容書』。

松下無線株式会社内田工場（1944），『工場概況報告書』。

松原環（1928），「受信機器取扱資格者検定制度の考察」『調査月報』第1巻第2号，1928年6月。

松本望（1978），『回顧と前進　上』電波新聞社。

丸毛登（1937），「受信機の新傾向　三」『日本工業新聞』1937年12月27日。

丸毛登（1939），「物資統制下の受信機と其の将来」『放送』第9巻第9号，1939年9月。

水越伸（1993），『メディアの生成―アメリカ・ラジオの動態史―』同文舘。

宮島英昭（1987），「戦時統制経済への移行と産業の組織化―カルテルから統制団体へ―」近代日本研究会『戦時経済　年報・近代日本研究9』山川出版社。

宮本吉夫（1939），「国家と放送（下）―ラヂオ普及の国家的必要―」『放送』第9巻第8号，1939年8月。

宮本吉夫（1940a），「時局と放送」『電気通信』第3巻第9号，1940年7月。

宮本吉夫（1940b），「現下の放送政策　二」『放送』第10巻第11号，1940年11月。

安井正太郎編（1940），『東京電気株式会社五十年史』東京芝浦電気株式会社。

安川第五郎（1970），『わが回想録』百泉書房。

矢作敏行（2004），「チェーンストア経営革新の連続的展開―」石原武政・矢作敏行編『日本の流通100年』有斐閣。

山岡紫朗（1941），「輸出受信機に対する我が社の態度と用意(4)」『無線と実験』第28巻第3号，1941年3月。

山田耕二（1929），「在市場のラヂオ部分品の価値」『無線タイムス』1929年5月10日。

横山英太郎（1929），「本邦受信機の現状」『ラヂオの日本』第8巻第3号，1929年3月。

吉田禎男（1938），『早川徳次氏傳』八ツ橋出版部。

吉田晴（1929），「真空管受信機に就て」『ラヂオの日本』第9巻第4号，1929年10月。

吉見俊哉（1995），『「声」の資本主義』講談社。
米村等（1941），「日本電気・金属真空管」『電気通信』第4巻第15号，1941年7月。
和田英男（1939），「全波受信機」『ラヂオの日本』第29巻第6号，1939年12月。
渡部英雄（1983），「狐崎電機株式会社の生い立ち」日本電子機械工業会抵抗器研究会『創立25周年記念論文集（わが社の生い立ち・抵抗器の想い出）』同会。

Abramovitz, M. (1986), 'Catching up, Forging ahead, and Falling behind'. *Journal of Economic History*, No. 46, 385-406.

Allen, F. L. (1931), *Only Yesterday : An Informal History of the Nineteen Twenties*. New York ; London : Harper & Brothers Publishers.（藤久ミネ訳『オンリー・イエスタディー1920年代・アメリカ』筑摩書房，ちくま文庫，1993年）

Baker, W. (1970), *A History of the Marconi Company*. London : Methuen.

Bijker, W., Hughes, T. and Pinch, T. (eds.) (1987), *The Social Construction of Technological Systems*. Cambridge and London : The MIT Press.

Briggs, A. (1961), *The Birth of Broadcasting*. Oxford and New York : Oxford University Press.

Bussey, G. (1990), *Wireless the Crucial Decade : History of the British Wireless Industry*. London : Peter Peregrinus Ltd.

Carlsson, B. (1997), 'Introduction'. In Carlsson, B. (ed.), *Technological Systems and Industrial Dynamics*. Boston : Kluwer Academic Publishers, 1-21.

Carlsson, B. (2007), 'Innovation Systems : A Survey of the Literature from a Schumpeterian Perspective'. In Hanusch, H. and Pyka, A. (eds.), *Elgar Companion to Neo-Schumpeterian Economics*. Cheltenham, UK and Northamton, MA. : Edward Elgar, 857-871.

Cooke, P. (1998), 'Introduction : Origins of the Concept'. In Braczk, H., Cooke, P., and Heidenreich, M. (eds.), *Regional Innovation Systems : the Role of Governances in a Globalized World*. London : UCL Press Ltd, 2-25.

Douglas, A. (1988, 1989, 1991), *Radio Manufacturers of the 1920's*, Vol. 1-3. New York : Vestal Press.

Douglas, S. J. (1987), *Inventing American Broadcasting 1899-1922*. Baltimore and London : The Jhons Hopkins University Press.

Edquist, C. (ed.) (1997), *Systems of Innovation : Technologies, Institutions and Organiza-*

tions. London : Pinter.

Edquist, C. (2005), 'Systems of Innovation : Perspectives and Challenges'. In Fagerberg, J., Mowery, D. C. and Nelson, R. R. (eds.), *The Oxford Handbook of Innovation*. Oxford : Oxford University Press, 181-208.

Eoyang, T. T. (1936), *An Economic Study of the Radio Industry in the United States of America*. New York : Columbia University. (reprinted by Arno Press, New York in 1974)

Freeman, C. (1987), *Technology Policy and Economic Performance : Lessons from Japan*. London and New York : Pinter. （大野喜久之輔監訳，新田光重訳『技術政策と経済パフォーマンス：日本の教訓』晃洋書房，1989年）

Furman, J. L., Porter, M. E., and Stern, S., (2002), 'The Determinants of National Innovative Capacity,' Research Policy, No. 31, 899-933.

Geddes, K. (1991) in collaboration with Bussey, Gordon, *The Setmakers : A History of the Radio and Television Industry*. London : The British Radio & Electronic Equipment Manufacturers' Association.

Hasegawa, S. (1995), 'International Cartels and the Japanese Electrical Machinery Industry until the Second World War'. *Aoyama Business Review*, No. 20, March 1995, 29-45.

Hughes, T. P. (1983), *Network of Power : Electrification in Western Society, 1880-1930*. Baltimore and London : The Jhons Hopkins University Press. （市場泰男訳『電力の歴史』平凡社，1996年）

Kasza, G. (1988), *The State and the Mass Media in Japan, 1918-1945*. Berkeley : University of California Press.

Landes, D. (1969), *The Unbound Prometheus : Technological and Industrial Development in Western Europe from 1750 to the Present*. Cambridge : Cambridge University Press. （石坂昭雄・冨岡庄一訳『西ヨーロッパ工業史』1，2，みすず書房，1980年，1982年）

Lundvall, B. (1988), 'Innovation as an Interactive Process : from User-Producer Interaction to the National System of Innovation'. In Dosi, G., Freeman, C., Nelson, R., Silverberg, G., and Soete, L. (eds.), *Technical Change and Economic Theory*. London : Pinter, 349-369.

Lundvall, B. (1992), *National Systems of Innovation : Towards a Theory of Innovation and Interactive Learning*. London and New York : Pinter.

Maclaurin, R. (1949), *Invention and Innovation in the Radio Industry*. New York : The Macmillan. （山崎俊雄・大河内正陽訳『電子工業史』白揚社，1962年）

Malerba, F. (ed.) (2004), *Sectoral Systems of Innovation : Concepts, Issues and Analyses of Six Major Sectors in Europe*. Cambridge : Cambridge University Press.

Marshall, A. (1890), *Principles of Economics*. London : Macmillan.（1920年第8版，永澤越郎訳『経済学原理』1〜4，岩波ブックセンター，1985年）

Marx, K. (1867), *Das Kapital* 1. Hamburg and New York : Meissner, O. and Schmdt, L. W.（向坂逸郎訳『資本論』岩波書店，1967年）

Morris-Suzuki, T. (1994), *The Technological Transformation of Japan : From the Seventeenth to the Twenty-first Century*. Cambridge, New York and Melbourne : Cambridge University Press.

Mowery, D. C. and Nelson, R. R. (1999), 'Explaining Industrial Leadership'. In Mowery, D. C. and Nelson, R. R. (eds.), *Sources of Industrial Leadership : Studies of Seven Industries*. Cambridge : Cambridge University Press, 359-382.

Nelson, R. R. (ed.) (1993), *National Innovation Systems : A Comparative Analysis*. New York and Oxford : Oxford University Press.

Nelson, R. R. and Winter, S. G. (1982), *An Evolutionary Theory of Economic Change*. Cambridge, Mass.: Belknap Press of Harvard University Press.（後藤晃・角南篤・田中辰雄訳『経済変動の進化理論』慶應義塾大学出版会，2007年）

Odagiri, H. and Goto, A. (1996), *Technology and Industrial Development in Japan : Building Capabilities by Learning, Innovation, and Public Policy*. Oxford : Clarendon Press.（河又貴洋・絹川真哉・安田英士訳『日本の企業進化―革新と競争のダイナミック・プロセス―』東洋経済新報社，1998年）

Ortega y Gasset, J. (1930), *La rebelion de las masas*. Madrid : Revista de Occidente.（桑名一博訳『大衆の反逆』白水社，1991年）

Page, L. (1960), 'The Nature of the Broadcast Receiver and its Market in the United States from 1922 to 1927'. *Journal of Broadcasting*, No. 14, Spring 1960, 174-182.

Porter, M. E. (1990), *The Competititve Advantage of Nations*. New York : The Free Press.（土岐坤・中辻萬治・小野寺武夫・戸成富美子訳『国の競争優位』上，下，ダイヤモンド社，1992年）

Rogers, E. M. (1962), *Diffusion of Innovations*. New York : The Free Press of Glencoe.（藤竹暁訳『技術革新の普及過程』培風館；1966年）

Rosenberg, N. (1976), *Perspectives on technology*. Cambridge : Cambridge University Press.

Saxenian, A. (1994), *Regional Advantage : Culture and Competition in Silicon Valley and Route 128*. Cambridge, Mass.: Harvard University Press.（大前研一訳『現代の二都物語』講談社，1995年）

Sobel, R. (1986), *RCA*. New York : Stein and Day.

Stokes, J. W. (1982), *70 Years of Radio Tubes and Valves : A Guide for Electronic Engineers, Historians and Collectors*. New York : Vestal Press. (Second edition, by Sonoran Pub. in 1997. 斎藤一郎訳『真空管70年の歩み―真空管の誕生から黄金期まで―』誠文堂新光社，2006年）

Smulyan, S. (1994), *Selling Radio*. Washington and London : Smithsonian Institution Press.

Sterling, C. H. and Kittross, J. M. (1990), *Stay Tuned : A Concise History of American Broadcasting*. second edition, Belmont California : Wadsworth Publishing Company.

初出一覧

1. 「日本におけるラジオ工業の形成」『社会経済史学』第66巻第1号，2000年5月。(第1章に修正のうえ収録)
2. 「松下のラジオ事業進出と事業部制の形成」『経営史学』第35巻第2号，2000年9月。(一部を第2章に修正のうえ収録)
3. 「『並四球』の成立(1)―戦前日本のラジオ技術革新」『科学技術史』第8号，2005年12月。(一部を第1章，第2章に修正のうえ収録)
4. 「ラジオ産業における大量生産戦略の登場」東北大学『研究年報・経済学』第67巻第2・3号，2006年1月。(第2章，第4章に修正のうえ収録)
5. 「ラジオ産業における大量生産・販売システムの形成」『経営史学』第40巻第4号，2006年3月。(第2章，第4章に修正のうえ収録)
6. 「『並四球』の成立(2)―戦前日本のラジオ技術革新」『科学技術史』第9号，2006年10月。(一部を第3章に修正のうえ収録)
7. 「日本における真空管産業の形成」東北大学『研究年報・経済学』第68巻第2号，2007年2月。(一部を第1章に修正のうえ収録)
8. 「戦前戦時期松下の分社経営」『経営史学』第42巻第4号，2008年3月。(一部を第4章に修正のうえ収録)

索　引

ア行

アーノルド, H.　32, 58
アームストロング, E. H.　103
RCA　20, 24-26, 30, 37, 39, 45, 48, 49, 60, 61, 69, 84, 85, 103-106, 113, 191, 231, 235, 237
R48　84, 88, 89, 121, 161
愛国工機製作所　203
朝日新聞社　24
葭村外雄　168
安達謙蔵　28
Atwater Kent　60
アメリカラジオ
　——価格　160, 212, 228
　——各社シェア　155
　——技術革新　68, 83, 104
　——世帯普及率　3
　——放送　20, 21, 60, 213, 217
アリア　78, 180
有沢広巳　15
安藤博　24, 44, 53
安中電機製作所　36, 37, 39, 44, 54, 57-59
井植歳男　119-121
イギリスラジオ
　——技術革新　104
　——放送　21, 60, 217
石川製作所　108
石川均　221
石川無線電機　180, 221
石田宇三郎　41, 52
維持費　63, 68
磯野無線電信電話機製作所　44
市村繁次郎　79

一戸一受信機　164, 165, 241, 242
伊藤賢治　24, 25, 42, 82
犬養毅　27, 240
井上好一　129
イノベーションと産業発展の社会的能力　242
茨木悟　42, 46, 47
今井田清徳　23, 64
今村電気　132
今村久義　91, 132
イリス商会　49
岩崎商店　143
岩原謙三　53, 230
Winter, S. G.　13
ウェーヴ　180
ウェスタン・エレクトリック　25, 27, 32, 39, 51, 58, 96
ウェスチングハウス　19, 30, 61, 185
上野陽一　129
HW 真空管　187
エーコン管　105, 113
AT & T　27, 32, 58
エスキ商会　143
ST 管　86, 107, 114, 115
NVV　45
NHK　234
　——技術研究所　234, 237
NK ダイン　83
NBC　30
エマーソン　48, 155
MT 管　106, 113, 115
エルマン　78, 180
エレクトロニクス
　——の定義　1, 16

──産業規模　17
エンゲル係数　215
大蔵省　48, 169, 170
大倉商事　48, 58
大阪十五日会　170
大阪変圧器　107, 108, 117, 141, 198
大阪放送局（社団法人）　27, 28, 39, 44, 49, 100
大阪無線　154, 156, 180-182, 185, 187, 203
大阪ラヂオ卸商業組合　176
大阪ラヂオ組合　55, 156
大阪ラヂオ研究所　86
大阪ラヂオ工業組合　169, 171, 174, 175, 177, 178, 191-193, 202
──技術研究部　176
大阪ラヂオ小売商業組合　176, 182
大阪ラヂオ商業組合　174
大阪ラヂオ商工組合　168, 173, 174, 176
大阪ラヂオ製造組合　174
大阪ラヂオ電器卸商業組合　176
大阪ラヂオ配給株式会社　182
オーダ　180
オーディオン　31, 34
大西立二　168
オールウェーブ　5, 6, 14, 103, 104, 106, 116, 184, 187-191, 194, 195, 214, 218, 219, 221, 240
──規則　106, 224, 241, 243
──共同研究　223
小川忠作商店　90
沖商会　36
沖電気　35-37, 39, 57, 59
尾崎久仁博　140
小野孝　188
オリオン　65
卸・小売の対立　80
卸業者の小売問題　76
卸商報　79, 143, 145
卸問屋　71, 79, 80, 82, 90, 143, 144, 147

──決済　80

カ行

カードウェル　48
Carlsson, B.　12, 16
海軍　24, 33-37, 45, 49, 58, 113, 175, 196, 197
──艦政本部　33, 35
──省　102, 164
──造兵廠電気部　33, 34
外部経済　12
外務省　102
科学的管理法の導入　129, 130, 211
梶井剛　149, 196
加島斌　36
型式証明　23, 24, 30, 37-39, 44, 46, 50, 51, 57, 61, 64
加藤・武井特許　187
加藤乾電池　72
神奈川県第二電気機器製造工業組合ラヂオ部　174
可変増幅率管　104, 108
可変増幅率4極管　85, 107
華北11号　193, 203
華北13号　193, 203
ガルピン　155
関西ラヂオ卸商協会　55, 56, 156
関税　48, 56
官庁ラヂオ　168
関東州　82, 115, 194
関東大震災　24, 41, 42, 45, 207
企画院　174
菊地久吉　41
技術システムの安定性　225, 227, 229, 238, 240
技術論論争　7
偽造（品）,模造（品）　13, 51-53, 56, 57, 62, 208, 235, 241, 242
北尾鹿治　92, 93

索　引

北村政次郎　88, 89
木下英太郎　36
木下李吉　33
木村駿吉　36
木村電機　117
逆選択　56, 62, 208
キャッチアップ仮説　6, 8-10, 229
キャトキン管　86, 105, 113
キャラバン　78, 180
ギャング・バリコン　84
QRK商会　96, 127
九八式高声指令器　196
共存共栄　90, 94, 139, 140, 142
協電社　109, 122
共同研究　34, 236-238
共同作業場　175
共同試験所　175
清川雪彦　7, 18
玉音放送　163
ギルフィラン　52
金属真空管　86, 104, 105, 113-115, 191, 195, 221
Cooke, P.　12
久野古夫　124
久保田無線　107
組合型受信機　168, 173, 176
クラウン　180
グリッドリーク　52
クルス電機商会　86
呉羽丸　36
クローバー　87
黒島織布　201
クロスレー（Crosley）　48, 60, 90
軍需会社の指定　197
警視庁　106
京成電気軌道株式会社　91, 147
携帯ラジオ　106
経路依存　241
KX-12B　109, 160, 167, 186

KX-12F　108, 157, 160, 185
KX-112B　88
KX-280B　86
ケーオー真空管　85, 86
ゲージ統一運動　191
ゲーデ，W.　32
KDKA　20
ゲーデ式分子ポンプ　32, 33, 35, 64
ゲーデ式ロータリーポンプ　32
ゲーリーストロング商会　41, 52
ゲッチンゲン大学　33
月賦販売　65, 78, 91, 139, 167
ケロッグ　69
コイル　17, 40, 73, 131, 133, 135, 136, 187, 206
興亜院　193
工業組合法　172, 173
高周波増幅付き受信機　70, 103, 104, 107, 226
――（高一）　110, 111, 117
高周波電気炉　47
硬真空管　31-36, 45, 46, 58
厚生省　165
鉱石検波器　31, 35
鉱石式受信機　5, 37-39, 44, 48-50, 56, 63, 68, 70, 76, 89, 226
鉱石レフ　69, 70, 96, 226, 227
小売店
　　――実態　76, 77
　　――身元　41, 65
交流式受信機　5, 14, 65, 67, 68, 70, 71, 73, 80, 83, 87, 89, 94, 96, 105, 185, 186, 206, 209, 226, 227
交流用真空管　69, 114
5・15事件　67
コーテッド・フィラメント特許　59
コーン型スピーカー　70, 88
小型化　83
5球スーパー　230
5極管　84-86, 88, 89, 104, 107, 110, 111, 114, 121, 206, 209

国際無線電話　58
国勢院　35
国道電機製作所株式会社　92
国民受信機　108, 111, 122, 161, 166, 167, 212
小作農　214
　　──家計費　214
国家総動員法　181
小森七郎　101
コロンビア　180
コンサートン　180
コンソールタイプ　83
コンデンサ　54, 131, 134, 137, 148, 177, 190, 206, 235
紙──　73, 95, 133
電解──　136, 137, 206, 221
マイカ──　52
コンドル　44, 71, 73, 83, 84, 87
コンベアシステム　129, 131, 142
コンラッド　20

サ行

再生検波・低周波増幅　88, 110
　　──型受信機　70
再生式　51, 53
　　──受信機　5, 6, 17, 49, 214, 241
細胞組織販売網　90, 139
サイモトロン　45
サイモフォン　44, 57
材料の共同購入　173, 175
材料配給　170, 172-174, 178, 194
榊丸　36
坂根製作所　87
坂本製作所　42, 70, 73, 83, 107, 148, 167
向坂正男　17
Saxenian, A.　8, 12
探り式　50
佐藤電機工業所　41, 206
佐藤敏雄　41

佐鳥仁佐　177
産業全体としての発展スピード　237, 239
三共電機工業株式会社　72, 81-84, 90, 91, 96, 117, 120, 122, 139, 147
3極真空管　2, 36, 109
参事官会議　27, 240
三ペン　109, 110
三陽社製作所　148
三洋電機　119, 211
GE　20, 24, 25, 27, 35, 37-39, 48, 51, 53, 57-59, 61, 62, 85, 105
GEC　60
G型　105
GT型　106
GT管　113, 115, 191
塩田留蔵　96, 127
市場の孤立　224, 240
システムの静態的合理性　228, 229
私設無線電信規則　21
下請　80, 178, 203
自動車ラジオ　104, 106, 117, 185, 186, 221
　　──規則　106
　　──用真空管　86, 107, 221
品川電機　187
芝浦製作所　24-26, 39, 51, 53, 57, 62, 65, 117, 208
島津製作所　36
シャーシ　88, 109, 121, 123, 140
シャープ　44, 83, 180
遮蔽格子4極管　84
上海　81, 82, 116
　　──事変　67
12ZP1　187
周波数帯切換転換器　190
重要産業団体令　176, 177
受信機配給問題　179, 236
受信機普及奨励金　170
受話器　37-39, 48-50, 54
商業組合法　76, 175

索　引

商工省　　169, 170, 173, 176, 177, 181, 183, 188,
　　　192, 241
　　──資材局　　178
商工大臣　　167, 169, 173
招待付き販売戦略　　90
昭和無線工業　　72, 178
ジョンファースカードウェル　　48
シンガー　　83, 91, 117, 122
真空管　　177
　　──技術革新　　105, 112
　　──工業組合　　177
　　──式受信機　　5, 49, 50, 56, 63, 68, 70, 89
水銀拡散ポンプ　　36, 47, 48
スーパーヘテロダイン　　5, 6, 14, 17, 39, 42, 48,
　　49, 53, 57, 82, 86, 103, 104, 106-108, 111, 116,
　　126, 127, 186, 214, 215, 222, 227, 241
　5球スーパー　　161, 192, 215, 228, 231
スーパーラヂオトロン　　45
　　──製作所　　45
杉浦文一　　91
鈴木商店　　48
ストレート式受信機　　5, 17, 88, 103, 104, 214
青電社　　72, 180
制度化された革新システム　　222
青年団ラヂオ　　168
製品品質の安定　　137, 211
関根商店　　80
全国鉱石化　　27, 28, 50, 219
全国ラヂオ商組合連合会　　56
全波受信機技術調査委員会　　188-190
全波受信機調査委員会　　188, 191
全波受信機特別委員会　　189
全波受信機標準仕様書　　189, 190
宗正路　　34
粗製濫造　　13, 14, 50, 54-58, 62, 64, 81, 89, 92,
　　94, 95, 120, 129, 132, 133, 140, 156, 158, 207,
　　210, 222, 229, 235, 236, 241
ソニー　　239

タ行

タイ　　82, 116
第8013研究隣組　　193
タイガー電機　　108, 154, 170, 180, 182, 198,
　　203
タイガー電池製作所　　72
大震災　　52
大同電気　　59, 91, 139, 147
大同電盟　　143
大東無線電機　　108
ダイナミックスピーカー　　5, 14, 17, 88, 103,
　　104, 107, 108, 136, 214
大日本聯合青年団　　168
太平洋無線電信電話真空管工業社　　45
ダイヤモンド　　44, 84
太陽蓄電池　　72
太洋無線電機　　180
代理店　　144, 183
大連　　82
台湾　　82
高田商会　　58
高村悟　　221
田辺綾夫　　41, 42
田辺商店　　41, 42, 64, 65, 70, 76, 79, 82, 87, 93,
　　96, 141, 156, 175
谷口商店　　79, 80
谷口正治　　79
玉置正美　　17
田村謙治郎　　99, 101, 165, 166
蓄電器工業組合　　177
知的所有権　　235, 239, 240
中央放送審議会　　102
中央ラヂオ　　143
中間技術　　10, 18
中国　　116, 195
　　──向け輸出　　194
　　──ラジオ放送　　117

265

中波　6, 214
中馬商店　143
調査概要　23
聴取施設特許料（聴取許可料）　29, 30, 165
聴取廃止　63, 64, 67, 138, 208, 210, 211
聴取料　29, 99, 215, 216, 230
　　——半減期成同盟会　29
朝鮮　82, 219
　　——放送協会　86, 116
　　——ラジオ普及　116
通産省　235-237
定価　140, 141, 144
抵抗器　54, 133, 134, 185, 190, 206, 235
炭素皮膜——　133, 136, 206, 221
抵抗結合　121, 185, 227
帝国通信社　24
帝国無線　37, 44
　　——電信製作所　38
低周波トランス　71, 185, 202
通信省　22, 24, 27-30, 36-38, 45, 46, 48, 49, 52, 58, 64, 99-102, 106, 164, 166-170, 172, 176, 177, 181, 187-189, 192, 196, 236
　　——官吏練習所　33
　　——官吏練習所実験室　32
　　——工務局　222
　　——工務局無線課　188
　　——通信技術調査委員会　170
　　——通信局工務課　23
　　——通信局電話課　23, 26
　　——電気試験所　23, 31-36, 45, 64, 188-191, 222
　　——電気通信委員会　170
　　——電気通信技術委員会　168
　　——電務局　106, 165
　　——電務局業務課　101, 166
　　——電務局無線課　102, 178
通信大臣　167, 170
デービス，A.　24
適正技術　10, 18

テストラン　44
デュビリア　52
テレビ　3, 5, 11, 15, 22, 136, 234, 236-239
　　——各社シェア　155
　　——普及型の設定　236, 237
　　——世帯普及率　5
14型——　237, 238
テレビアン　180
テレフンケン　38, 49, 51, 53, 58, 114
電気機械統制会　175, 177-179, 181, 183, 184
　　——通信部　177, 181, 193
電気蓄音機　136
電気通信協会　188, 189
電源トランス　71, 85, 171, 185, 186
電池式受信機　5, 48, 63, 68, 70, 77, 89, 188, 192, 226
　　——受信機共同研究　223
電灯普及率　220, 231
電力会社　138, 139
　　——の受信機販売　78, 80
電話拡張実施及改良調査委員会　23
ド・フォレスト，L.　2, 64
ドイツー戸ー受信機　163, 165, 166
ドイツラジオ
　　——価格　212
　　——技術革新　104
　　——放送　21, 100, 217
東京市電気試験所　48
東京芝浦電気　114, 149, 176, 187, 202, 206, 236
東京真空管工業組合　159
東京電気　24-26, 34-37, 39, 44, 45, 48, 51, 57, 58, 59, 62, 65, 69, 73, 84-86, 96, 108, 113, 128, 134, 137, 148, 159, 162, 186, 187, 202, 206, 208, 224
　　——化学工業　187, 203
東京電燈　91, 139
　　——静岡支店　81
東京都南ラヂオ商業組合　176

索　引

東京府ラヂオ商業組合連盟　169
東京放送局（社団法人）　27, 28, 37, 39, 48, 49, 53, 100, 230
東京無線電機　38, 39, 42, 44, 57-59
　――電信電話製作所　38
東京無線電話機商組合　42, 55, 56, 65
東京ラヂオ卸商組合　55, 76, 80, 156
東京ラヂオ組合　76
東京ラヂオ工業組合　157, 168, 169, 171, 173-175, 177, 178, 191-193, 221
東京ラヂオ小売商組合　76
東京ラヂオ商組合　56, 156
東京ラヂオ製造業組合　76, 156, 173
同時送受真空管式無線電話　32-34
動態的な革新能力　228, 229
東京大学理学部　32, 33
東門無線株式会社　44
東洋電気　108
東洋レディオ株式会社　25
戸川政治　23, 26
土岐重助　35
徳久　72
特許権　61, 62
　――侵害　58, 65
苫米地貢　166
富久商会　69, 79, 87, 145, 186
トムフォン　38
トランス　44, 50, 54, 72, 73, 93, 130, 133, 135, 161, 185
　――・キット　71, 72
　――レス受信機　171, 185-187
　――レス真空管　86, 187, 221
鳥潟右一　31
取引コスト　141
トリマー蓄電器　190
ドン真空管製作所　159, 162, 186

ナ行

内務省　102, 164, 168
　――警保局図書課　102
中岡哲郎　10, 18
長岡半太郎　32
中尾哲二郎　124, 130, 134, 135, 162
仲買人　79, 80
中川章輔商会　108
中郷孝之助　166
中島電気工業所　83
中西ラヂオ店　143
中村静治　7
中山龍次　100
名古屋放送局（社団法人）　27, 28, 49, 100
ナショナル　78, 83, 87, 124, 145, 180
　――・ミーズダイン　92
　――受信機連盟店　142
七尾菊良　132, 177
ナナオラ　78, 83, 96, 180
七欧　83, 87, 107, 117, 141, 151, 154, 156, 167, 185, 190
　資金の源泉　151
　――商会　72
　――無線電気商会　73, 110, 132, 148, 177, 180, 189, 195, 198
7極管　86, 104
並四球　6, 109-112, 115-117, 158-161, 179, 186, 190, 212, 214, 215, 219, 226-228, 231, 237, 238, 241
　――価格　224
軟真空管　31, 33, 36, 46
南方電気通信調査委員会　191
南方向け受信機　193
25Z5　186, 202
2・26事件　99
2極真空管　2
西崎勝之　33

267

24ZK2　187
日蓄工業　193
日中戦争　99, 163, 164, 174, 188, 216
日本真空管製作所　45, 58, 59, 65
日本精器　91, 154, 169, 180
日本西部ラヂオ商工組合　56, 156
日本蓄音器商会　180
日本蓄電池工業組合　177
日本通信工業株式会社　148, 188, 190
日本鉄鋼製品工業組合連合会　173
日本テレビ放送網　234
日本電器　92
日本電気　24-27, 39, 51, 57-59, 62, 65, 96, 113, 148, 176, 177, 196, 200, 208
日本電気機器工業組合　177
日本電気計測器工業組合　177
日本電気通信機器工業組合　177
日本電興　202
日本ビクター　194, 195
　──蓄音器　180
日本放送協会　28, 55, 63, 64, 69, 79, 100, 101, 163, 164, 166, 167, 169-171, 174-177, 181, 183, 184, 186, 192, 193, 207, 216, 217, 219, 221, 223, 226, 236, 240
　──の認定受信　211
　──大阪放送局　29, 102, 157, 217
　──改組　225
　──技術研究所　167, 187, 188, 192, 193, 221, 222
　──技術研究所第2部　222
　──技術相談部　55
　──計画部長　168
　──第一期放送施設五ケ年計画　28
　──第二期放送施設五ケ年計画　28
　──東京放送局　29, 68, 69, 70, 87, 89, 93, 94, 209, 216, 217
　　──懸賞募集　69, 70, 87, 93, 94, 209
　　──東京中央放送局技術部　88
　──名古屋放送局　29

──ラヂオ相談所　55, 202
日本無線　37, 39, 42, 48, 49, 53, 57, 58, 87, 93, 114, 133
　──電信機製造所　36
　──電信電話　38
日本ラヂオ輸出株式会社　195
日本ラヂオ協会　166, 188, 191
日本ラヂオ工業組合連合会　171, 174-176, 181, 192
　──整備委員会　178
日本ラヂオコーポレーション　91, 139
ニュートロダイン　42, 44, 49, 53, 77, 84
認定（日本放送協会）　65, 117, 178, 211, 223
　──制度　55, 138, 166, 191, 207, 219
根岸栄隆　216
Nelson. R. R.　8, 12, 13
野地無線電機　178

ハ行

Bijker, W.　8
萩工業　41, 87
　──貿易　178
白山電池　180
橋本電機製作所　92
橋本寿朗　8
Hasegawa, S.　17
畠山敏行　27
濱地常康　24, 26, 45
濱地バルヴ　45
早川（早川金属工業研究所）　14, 41, 44, 81, 83, 84, 86, 96, 108, 109, 119, 127, 128, 132, 137, 139, 141, 142, 145, 147-149, 153-157, 167, 177, 180-182, 185, 194-198, 203, 211, 212, 222, 236
　──事業部制　128
　──資金の使途と源泉　149, 201
　──新販売制度　142
　──総務部　162

索引

――代理店　142, 182
――電機部　162
――福祉券　142
――無線部　162
早川徳次　41, 44, 82, 128-130, 197, 201, 202
林房吉　33
原愛次郎　44, 70, 87
原口電機　72, 86
原口無線電機　180
バリコン　44, 52, 54, 73, 88, 187, 203
バンタム・ステム　106, 114
販売指定価格　192
PPM（Parts Per Million）管理　236
BBC　21, 27, 30, 60, 61, 100
ビクター　180
菱美電機　117
非常時特別課税　157
日立　176, 236
Hughes, T. P.　8, 225
標準受信機
――制定問題　184, 219
――対策全国協議会　167
――問題　166-169, 191
平尾亮吾　45
平塚新次郎　193
ヒロキヤ商店　86
広瀬商会　79, 87
広瀬太吉　79
Pinch, T.　8
フィリップス　85, 86, 106, 134, 159, 188, 189
フィルコ　155
フェッセンデン, R. A.　64
フェライト　187, 203
フォーディズム　14
フォード, H.　92
複合管　86, 107, 221
藤尾津与次　121, 124
不正競争防止法　51, 62, 207
フタバ　108, 180

二葉（双葉）電機　117, 194, 180, 182, 203
二葉商会　92
仏印　195
普通四球　109, 110, 117, 192
物品税　169, 170, 175, 237
プライス・リーダーシップ　156-158, 164, 224
ブラウン管規格　235
Freeman, C.　8, 12
プリオトロン　34
フレミング, J. A.　2
文化的, 地理的位置　218, 224
北京放送局　194
ヘルメス　107, 108, 180
ベルリン・オリンピック　99
放送内容　29, 101, 102, 216, 218, 219
　娯楽番組　29, 164, 216-218, 230
　自局編成番組　29, 101, 102
　第二放送　29
　東京第二放送　112, 219, 226
　二重放送　28, 83, 84, 87, 218
放送局型受信機　165, 170, 172-175, 187, 219, 236
――規程　169, 172
――需給調整規程　171
――需給調整事務　171
――第11号　170, 171, 180
――第122号　171, 180, 187
――第123号　95, 96, 171, 180, 187, 192
――第1号型　167, 169, 170
――第3号型　167, 169, 170
放送審議会　102
放送聴取受信機特別委員会　168
放送聴取廃止　55
放送編成会　102
放送無線電話許可方針に関する件　28
放送用私設無線電話監督事務処理細則　24
放送用私設無線電話規則　24, 25, 51, 165, 170
放送用私設無線電話ニ関スル議案　23, 24,

269

240
報知新聞社　24
放電コンパニー　79, 107, 108
宝電社　109
傍熱型真空管　68, 105, 226, 227
Poter, M. E.　8, 12
ホームラン　109, 122
ホーン型スピーカー　70, 103
星野芳郎　7, 17
ボタン・ステム　106, 114
香港　81
本多貞次郎　91
本堂平四郎　25

マ行

マーシャル，A.　12
マイスナー特許　58
マカレック・セールズ　69
牧野文夫　18
マグネチックスピーカー　6, 17, 70, 88, 90, 103, 110, 214
マクローリン，R.　61, 64
増永元也　165
松　下　14, 73, 83, 84, 88, 89, 92-96, 107-109, 120, 122-128, 130, 132-137, 139-143, 145, 146, 151, 155-157, 167, 177, 181-183, 185, 190, 194-196, 203, 206, 209-212, 222, 236
　──大阪支店　140
　──門真工場　131
　──感謝積立金　144
　──感謝配当金　141, 144
　──乾電池　162
　──九州支店　140
　──研究部研究第一課　120
　──事業部制　140
　──資金の使途と源泉　199
　──試験場　133
　──正価販売運動　141

──専売感謝金　144
──第一事業部　119, 120, 122
──第一事業部営業課　121
──第一事業部ラヂオ部東京出張所　140
──第七工場　120, 122
──代理店　94, 139-141, 143, 182
──台湾配給所　140
──電気器具製作所　92, 119
──電器産業　146, 200
──電器産業無線製造所　137, 146
──電器製作所　87
──東京支店　95, 120, 140
──当選号　93, 95, 121, 140
──名古屋支店　140
──配当金付感謝積立金制度　143
──北海道配給所　140
──連盟店制度　141, 142, 144, 162
　共益券　142, 144
松下幸之助　39, 92-95, 121, 140, 141, 147, 200
松下無線株式会社　123, 124, 130, 137, 140, 144, 146, 148, 149, 152, 154, 157, 162, 180, 189, 196, 203
台湾──　195
朝鮮──　195
　──内田工場　197
　──営業部　124
　　──営業企画課　124
　　──製品企画課　124, 125
　──株式公開　200
　──研究課　136
　　──特殊機器製作係　196
　──工場技術係　136
　──工場決算制度　197
　──郡山工場　197
　──資金の使途と源泉　152
　──四条工場　197
　──第七工場能率研究課　131
　──第二事業部　196
　──東京研究所　136

270

索引

――特殊機器課　196
――無線製作部能率研究課　130
松代松之助　64
松田達生　33, 34
マドリッド協定　51
マルクス，K.　225
マルコーニ　20, 21, 30, 34, 35, 45, 48, 60, 84
Malerba, F.　8, 12
満州　82, 194, 195, 219
――国　115
――事変　67, 100, 101, 195, 216
――電信電話株式会社　116, 117, 168, 194, 195, 202
――無線工業株式会社　195
――ラジオ普及　116
ミゼット　71, 72, 83, 88, 96
ミタカ電機　72, 107, 108, 141, 154, 180, 198
ミタカ無線　177
三田無線電話研究所　42, 46, 47, 87, 189, 190
三井物産　48
三菱電機　236
三森電機製作所　203
南弘　101
三宅矩夫　124
宮田製作所　36, 46, 48, 70, 85, 96, 159, 186
宮永金太郎　82, 90, 91
民間放送　216, 239-241
無線雑誌　25, 40, 41
無線通信機械工業会　236, 237
無線通信機器取締規則　106
無線電信法　21-23, 99, 101
無線電報通信社　36
メロデー　180
Mowery, D. C.　12
Morris-Suzuki, T.　8
目標価格・目標原価の認定　125, 211
文部省　102
――社会教育局成人教育課　102

ヤ行

屋井乾電池　70, 72
――ラヂオ研究所　69
八代五郎　36
安田一郎　47, 64
安田電球製造所　45, 186
八幡製鉄　135
山口喜三郎　24, 25
山口兵左衛門　177
山中　14, 82, 84, 85, 87-89, 92, 96, 126, 137, 145, 154-156, 167, 177, 185, 190, 194, 195, 198
――資金の使途と源泉　150, 198, 199
――製作所　44
――電機　73, 80, 108, 121, 135, 148, 150, 157, 162, 180, 189
――無線電機製作所　147
山中栄太郎　44
山本電文社　143
闇取引　175
ヤング，O.　24
油圧ポンプ　35
有線放送用受信機　192
UV-199　38
UV-201A　38, 54
UX-12A　109, 157, 160, 185, 186
UX-26B　107, 109, 157, 160, 185, 186
UX-109　86
UX-110　86
UX-112A　69, 88
UX-171A　85
UX-201A　69
UX-222　84
UX-226　69, 88, 107
UX-227　86
UZ-2A5　108
UZ-2A6　107

UZ-57　　86, 87, 108, 157, 160, 167, 185
UZ-58　　86, 87, 107, 108
UZ-77　　108
UZ-78　　108
Ut-2A7　　107
UY-24B　　107, 109, 110, 185, 202
UY-27A　　107, 109, 110, 112, 160, 185
UY-47B　　108, 109, 167
UY-56　　185
UY-224　　84-88, 107, 114, 121
UY-227　　69, 85, 88, 96, 107-109
UY-227B　　86
UY-235　　85, 86, 107
UY-247　　85, 86
UY-247B　　85, 86, 88, 89, 114, 121
湯川電機　　72
輸　出　　81, 82, 91, 115, 129, 139, 174, 188, 189, 194
輸出調査委員会　　188
輸出入品等臨時措置法　　172, 181
輸　入　　24, 30, 44, 48, 49, 56, 59, 71, 208, 215, 224
要素技術間の不均衡　　225
米岡無線研究所　　86
4極管　　84, 88, 103, 114, 206, 209
43　　186, 202

ラ，ワ行

ラウディオトロン　　45
ラジオ
　——価格／賃金比　　208, 212, 215, 224
　——価格協定　　173-175
　——価格統制　　179
　——各社シェア　　154
　——寡占価格　　223, 224
　——機械故障　　63, 64, 223
　——規格の統一　　175
　——規模の経済性　　94
　——原価構成　　57, 65, 95, 96, 159, 179
　——産業規模　　3, 205
　——世帯普及率　　3, 14, 67, 99, 163, 205, 212, 213, 215, 216, 219, 220, 223, 228, 230, 231
ラジオ・アマチュア　　13, 22, 40, 41, 46, 50, 69, 71, 73, 207, 209, 219, 226, 235, 243
ラジオ受信機統制組合　　175, 177-179, 183
ラジオ受信機配給株式会社　　183, 184
ラヂオ規格統一協議会　　191
ラヂオ協和会　　170
ラヂオ受信機規格調査委員会　　191
ラヂオ受信機製造同盟　　96, 156
ラヂオ電気商会　　25, 42, 82
ラヂオトロン　　45
ラヂオ貿易協会　　82
ラヂオ用品委員会　　192
ラヂオ用品統一委員会　　192
ラヂオラ　　48, 49, 69, 103
ラングミューア，I.　　31-33
ラングミューア特許　　58, 59, 62, 65, 159
ランデス，D.　　2
蘭領印度　　116
リーベン，R.　　33
リーベン管　　31, 33
理化学研究所　　133, 206
陸　軍　　24, 34, 35, 49, 52, 58, 91, 113, 175, 196, 197
　——航空本部　　197
　——省　　102, 164
　——兵器本部　　196, 197
　——無線電信調査委員会　　36
リケノーム　　133, 206
臨時資金調整法　　172
Lundvall, B.　　8, 12
レフレックス増幅　　84
連合電機　　87
連鎖店　　90
　——制　　139

索　引

Rosenberg, N.　8, 225
ローラ　87
ローラーコンパニー　87
ローレンツ　49

ロッキー　86
ワイローム　133
和田英男　190
エーブル　87

【著者紹介】

平本　厚（ひらもと・あつし）

1950年　東京都に生まれる
1973年　東北大学経済学部卒業
1978年　東北大学大学院経済学研究科博士課程単位取得
現　在　東北大学大学院経済学研究科教授

著　書　『情報化への企業戦略』同文舘，1990年（共著）。
　　　　Japanisches Personalmanagement-ein anderer Weg? Campus Verlag, Frankfult, 1991（共著）.
　　　　『日本企業・世界戦略と実践』同文舘，1991年（共著）。
　　　　『日本のテレビ産業――競争優位の構造』ミネルヴァ書房，1994年。

戦前日本のエレクトロニクス
――ラジオ産業のダイナミクス――

2010年10月25日　初版第1刷発行　　　　　〈検印省略〉

定価はカバーに
表示しています

著　者　　平　本　　　厚
発行者　　杉　田　啓　三
印刷者　　林　　初　彦

発行所　株式会社　ミネルヴァ書房
607-8494　京都市山科区日ノ岡堤谷町1
電話代表　（075）581-5191番
振替口座　01020-0-8076番

© 平本　厚，2010　　　　　　太洋社・新生製本

ISBN978-4-623-05645-3
Printed in Japan

近代日本と三井物産	木山 実 著	A5判 二八八頁 本体 五〇〇〇円
三井物産人事政策史1876～1931年	若林幸男 著	A5判 二六四頁 本体 五〇〇〇円
業績管理の変容と人事管理	佐藤 厚 編著	A5判 二五六頁 本体 四五〇〇円
チャンドラー経営史の軌跡	橋本輝彦 著	A5判 三二四頁 本体 四五〇〇円
現代日本の株式会社	後藤泰二 編著	A5判 三三二頁 本体 三五〇〇円
日本企業の生産システム革新	坂本 清 編著	A5判 二九〇頁 本体 三八〇〇円
東南アジアのオートバイ産業	三嶋恒平 著	A5判 三六四頁 本体 五五〇〇円

―― ミネルヴァ書房 ――

http://www.minervashobo.co.jp/